杨清德　陈　剑　主编

电工基础

微课版

U0231355

化学工业出版社

·北京·

图书在版编目（CIP）数据

电工基础：微课版 / 杨清德，陈剑主编 . —北京：
化学工业出版社，2018.12（2023.8重印）
ISBN 978-7-122-33116-8

Ⅰ.①电… Ⅱ.①杨…②陈… Ⅲ.①电工-基本
知识 Ⅳ.①TM1

中国版本图书馆CIP数据核字（2018）第230380号

责任编辑：高墨荣 装帧设计：刘丽华
责任校对：王鹏飞

出版发行：化学工业出版社（北京市东城区青年湖南街13号　邮政编码100011）
印　　装：北京虎彩文化传播有限公司
787mm×1092mm　1/16　印张20½　字数534千字　2023年8月北京第1版第3次印刷

购书咨询：010-64518888　售后服务：010-64518899
网　　址：http://www.cip.com.cn
凡购买本书，如有缺损质量问题，本社销售中心负责调换。

定　价：88.00元

随着科学的进步，社会电气化程度不断提高，各行各业对电工的需求越来越多，新电工不断涌现，新知识也需要不断补充，为了满足广大初学者学习电工技术的要求，我们组织编写了本书。电工是一个很接地气的、技术性很强的工种，一个在今后很长时间段内都不会消失的工种。作为一名合格电工，不仅应具备十分丰富的专业理论基础知识，还特别需要动手实践，在实践操作中积累工作经验，提高技术水平。

大多初学者认为电工基础难学，其主要表现是原理多、概念多、知识点多，内容太抽象，且逻辑严密等。如何分散和化解这些难点，让初学者在轻松愉悦的氛围中掌握知识和技能，是一个值得认真深入研究的课题。

本书具有以下特点：

一、便于自学，将理论知识有机地融合到工作实践的操作过程之中，在实践中学习理论，用理论来指导实践，较好地避免了理论学习中的枯燥无味。

二、全书嵌入100多个微课（视频），帮助读者理解和掌握书中的重点和难点知识，更加直观地学习电工操作技能。

三、每章节后面还配有习题，随堂测试学习的效果，附录中有习题参考答案。

四、内容丰富，取材合适，深度、广度适宜，采用通俗易懂的语言，图、表、文配合恰当，口诀归纳，叙述生动，可读性强，使读者能够看得懂，学得会。

总之，面向广大读者奉献一本电工技术普及读物，是编写本书的宗旨和夙愿。

本书共9章，立足于电工初学者，以企业电工应当具备的专业理论基础知识和基本操作技能为主线，主要包括直流电路基础知识及应用，交流电路基础知识及应用，电场与磁场基础知识及应用，常用元器件基础知识及应用，常用电工工具、电工材料及电工仪表的使用，供配电及用电安全，电气照明电路安装，三相异步电动机维护与接触器控制电路安装，电动机的智能控制等内容，为读者将来继续学习更高层次的电工专业技能奠定基础。

本书由杨清德、陈剑担任主编。杨清德是重庆市垫江县第一职业中学教授、特级教师，主编教材、教辅及电工电子类图书140余本；陈剑是江苏省盱眙中等职业学校青年骨干教师，长期从事电工技术基础理论及专业技能实训教学工作，积累了比较丰富的教学经验，主要负责编写第4、5、7章。参加本书其余章节编写工作的还有：鲁世金、胡立山、石波、王函、李永佳、彭贞蓉、李晓宁、刘钟、李杰、吴吉芳、张川、彭德江。

本书内容浅显易懂，贴近生产实际，学用结合，实用性、创新性强，可作为职业院校电类相关专业的教材，也可供电子、电气工程技术人员以及电子、电工爱好者阅读。

由于水平有限，加之时间仓促，书中难免有疏漏及不当之处，敬请广大读者及时批评指正。

编者

目录 CONTENTS

微课视频二维码索引

第 **1** 章

直流电路及应用

1.1 电路及电路图

1.1.1 电路

我们的生活离不开电路，每一个用电设备都是由电路构成的。电路的种类多种多样，在日常生活以及生产、科研都有着广泛的应用。如各种家用电器、传输电能的高压输电线路、自动控制线路、卫星接收设备、邮电通信设备等，这些电器及设备都是实际的电路。

（1）电路的组成

电路就是电流通过的路径，是人们将电子元件或电气设备按一定规则或要求连接起来构成的一个整体。在技术上，电路通常由电源、负载、控制与保护装置、连接导线4部分组成，如图1-1所示。

我们也可以把控制与保护装置、连接导线、有的电路中还连接有测量仪表及测量设备等称为中间环节，此时，电路的组成为电源、负载和中间环节，如图1-2所示。

1.1 认识电路

图 1-1 最简单电路的组成　　　　　图 1-2 比较复杂电路的组成

（2）电路各个组成部分的作用

电路各个组成部分的作用见表1-1。

表 1-1 电路各个组成部分的作用

组成部分	作用	举例
电源	是供应电能的设备，属于供能元件，其作用是为电路中的负载提供电能	干电池、蓄电池、发电机等
负载	各种用电设备（即用电器）总称为负载，属于耗能元件。负载是取用电能的装置，其作用是将电能转换成所需其他形式的能量	灯泡将电能转化为光能；电动机将电能转化为机械能；电炉将电能转化为热能等
控制与保护装置	根据需要，控制电路的工作状态（如通、断），保护电路的安全	开关、熔断器等控制电路工作状态（通/断）的器件或设备
连接导线	是电源与负载形成通路的中间环节，请其作用是输送和分配电能	各种连接电线

记忆口诀

电流路径叫电路，四个部分来组成。
电源设备和负载，还有开关和连线。
电路工作怕短路，断路漏电要维修。
开关一合电路通，用电设备就做功。

（3）电路的类型

电路按照传输电压、电流的频率可以分为直流电路和交流电路；按照作用不同，可将电路分为两大类：一是用于传输、分配、使用电能，如电力供、配电线路；二是传递处理信号，如电视机、DVD 机中的电路。电路的分类如图 1-3 所示。

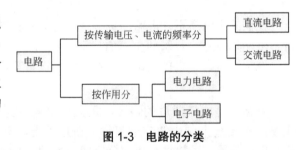

图 1-3 电路的分类

（4）电路的作用

电路的作用主要有两个：一是进行电能的传输、分配和转换，例如电力电路；二是对各种信号进行传递与处理，如图 1-4 所示为扩音系统电路的作用。

图 1-4 电路的作用举例

（5）电路的工作状态

① 通路   是指在电路中能构成电流的流通，能形成闭合回路的电路。

② 断路   是指电路中断，电流不能通过，电路处于断电状态。发生断路后，电气设备

便不能工作，运行中的设备陷于停顿状态或异常状态。

③ 短路 是指电路中两条及以上的电路短接在一起了，引起电流走了捷径，而不是通过正常的回路，走捷径的电流，是正常回路电流的 n 倍，甚至无穷大。所以，短路时，经常会烧毁电路。

1.1.2 电路图

（1）什么是电路图

由于组成实际电路的器材、元器件种类繁多复杂，要绘制出这些实际电路图并清楚地用文字表示出来，几乎是不可能的。因此，人们通过简洁的文字、符号、图形，将实际电路和电路中的器材、元器件进行表述，我们把这种书面表示的电路称为电路模型，也叫实际电路的电路原理图，简称为电路图。把实际电路中的电源、负载、控制与保护装置（开关）等元器件的图形符号称为元件模型。

（2）电路图的绘制

电路图必须按照国家统一的规范绘制，采用标准的图形符号和文字符号。例如，手电筒电路用电路模型可绘制为如图 1-5 所示的电路图。

1.2 电路的三种状态

1.3 绘制电路图

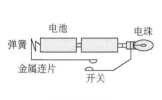
(a) 实际接线图

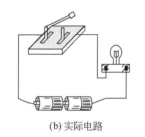
(b) 实际电路

(c) 电气原理图

图 1-5 手电筒电路的电路图

记忆口诀

图形符号及连线，就可绘制电路图。
文字符号做标注，一目了然不糊涂。
注意名称及作用，电路分析识读图。
电工能绘电路图，安装维修心有数。

想一想

1. 最简单电路的电路有哪些部分组成？
2. 断路状态的特征是什么？
3. 为了防止发生短路事故，常在电路中串接什么元件？
4. 电路图有何作用？

1.2 电路的基本物理量及应用

1.2.1 电流

（1）什么是电流

1.4 电流

水管中的水沿着一个方向流动，我们就说水管中有水流。同样，电路中的电荷沿着一个方向定向运动，就形成了电流。

在图1-1所示的电路中，当新电池装入时，灯泡能正常发光，说明电路中有电流通过；若换上电能已耗尽的无电电池时，灯泡不能发光，说明电路中没有电流通过。

如图1-6所示，当有电电池接入电路时，自由电子向电池正极（+）移动，电池的负极（−）供给电子，这样就产生了连续的电子流。我们把电荷的定向有规则移动称为电流。

在导体中，电流是由各种不同的带电粒子在电场作用下作有规则地运动形成的。

电流这个名词不仅仅表示一种物理现象，也代表一个物理量。

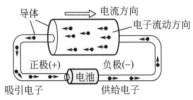

图1-6 电路中导体内的电子运动及电流方向

记忆口诀

电流神速来传输，好似钢管进钢珠，
电子流动负向正，电流规定正向负。
钻研电工有兴趣，多思多想道理出，
博采电学智慧树，有了知识穷变富。

（2）电流的大小

电流大小取决于在一定时间内通过导体横截面电荷量的多少，一般用以下公式进行计算：

$$I = \frac{q}{t}$$

式中，电荷q的单位为C（库），时间t的单位为s（秒），电流的单位为A（安）。

电流的常用单位还有kA（千安）、mA（毫安）、μA（微安），其换算关系为

$$1A = 10^3 mA = 10^6 \mu A$$

在实际运用时，电流的大小可以用安培表进行测量。注意测量前要选择好电流表的量程。

（3）电流的方向

电流的实际方向有两种可能，如图1-7所示。我们规定电流的方向为正电荷定向运动的方向；在金属导体中，电流的方向与自由电子定向运动方向相反。

电流参考方向的表示法有箭标法和双下标法。例如

图1-7 电流的实际方向

某电流的参考方向为 A 指向 B，其表示法如图 1-8 所示。

(a) 箭标法　　　　　　　　　　　　(b) 双下标法

图 1-8　电流参考方向的表示法

在分析与计算电路时，常常需要知道电流的分析，但有时对某段电路中电流的方向往往难以判断，可先假设一个电流方向，称为参考方向（也称为正方向）。如果计算结果电流为正值（$i > 0$），说明电流实际方向与参考方向一致；如果计算结果为负值（$i < 0$），表明电流的实际方向与参考方向相反。也就是说，在分析电路时，电流的参考方向可以任意假定，最后由计算结果确定，如图 1-9 所示。

图 1-9　电流的参考方向与实际方向

形成电流有规定，电荷定向之移动。
正电移动的方向，定为电流的方向。
金属导电靠电子，电子方向电流反。

（4）形成电流的条件

电场是产生电流的微观必要条件。如图 1-10 所示，电路中能产生持续电流必须同时具备两个条件。

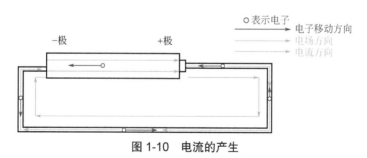

图 1-10　电流的产生

① 要有电源（导体两端必须保持一定的电压）。

② 电路要闭合（形成通路）。

电路中有电流通过，常常表现为热、磁、化学效应等物理现象。如灯泡发光、电饭煲发热、扬声器发出声音等。

> **特别提醒**　电路中有电流时一定有电压；有电压时却不一定有电流，关键是看电路是不是通路。

（5）电流的种类及特点

依据电的性质划分，电流可分为直流电流与交流电流，直流电流也可以分为稳恒直流电流和脉动直流电流。稳恒直流电流、脉动直流电流和交流电流与时间的关系曲线如图 1-11 所示。

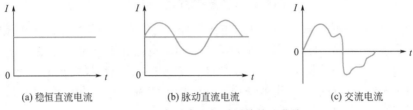

　　　　(a) 稳恒直流电流　　　　　　(b) 脉动直流电流　　　　　　(c) 交流电流

图 1-11　各种电流与时间的关系曲线

① 直流电流　是指方向不随时间变化的电流。直流电的正负极是固定不变的。

a. 输送相同功率时，直流输电所用线材仅为交流输电的 2/3 ～ 1/2。

b. 在电缆输电线路中，直流输电没有电容电流产生。直流输电发生故障的损失比交流输电小。

c. 稳恒的直流电不产生电磁辐射。

② 交流电流　又称为交变电流，简称"交流"。一般指大小和方向随时间作周期性变化的电压或电流。它的基本形式是正弦电流。交流电的正负极没有固定，在随时间交替变化，所以交流电有"频率"的概念。

单相交流电供电只需要 2 根导线即可。三相交流电供电至少需要 3 根导线，最多可用 5 根导线，分别是 3 根火线、1 根零线和 1 根接地线。

（6）安全电流

① 负载的安全电流　为了保证电气线路的安全运行，所有线路的导线和电缆的截面都必须满足发热条件，即在任何环境温度下，当导线和电缆连续通过最大负载电流时，其线路温度都不大于最高允许温度（通常为 700℃左右），这时的负载电流称为安全电流。

② 人体的安全电流　在特定时间内通过人体的电流，对人体不构成生命危险的电流值称为安全电流。

电流越大，致命危险越大；持续时间越长，死亡的可能性越大。能引起人感觉到的最小电流值称为感知电流，交流为 1mA，直流为 5mA；人触电后能自己摆脱的最大电流值称为摆脱电流，交流为 10mA，直流为 50mA；在较短的时间内危及生命的电流值称为致命电流，如 100mA 的电流通过人体 1s，可足以使人致命，因此致命电流为 50mA。

（7）电流的测量

直流电流的测量采用直流电流表串联在被测电路内，接线时要注意"正""负"极性，如图 1-12 所示。正确接线，还要正确选择量程，估计的被测电流应为满刻度的 75% 左右。

（8）电流的热效应及应用

实验证明，当电流过导体时，由于自由电子的碰撞，导体的温度会升高。这是因为导体吸收的电能转换成为热能的缘故，这种现象叫做电流的热效应。

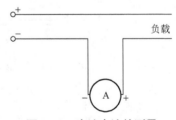

图 1-12　直流电流的测量

电流通过导体时所产生的热量与电流强度的平方、导体本身的电阻以及电流通过的时间成正比，这一结论称为焦耳－楞次定律，其数学表达式为

$$Q=I^2Rt$$

式中　Q——电流通过导体所产生的热量，J；

　　　I——通过导体的电流，A；

　　　R——导体的电阻，Ω。

如果热量以卡为单位，则公式 $Q=I^2Rt$ 可写成

$$Q=0.24I^2Rt=0.24Pt$$

此公式称为焦耳－楞次定律。其中 t 的单位为 s（秒），R 的单位是 Ω（欧），I 的单位是 A（安），热量 Q 的单位是 Cal（卡）。

电流的热效应在生产上有许多应用。电灯是利用电流产生的热使得灯丝达到白炽状态而发光，熔断器是利用电流产生的热使其熔断而切断电源。电流的热效应也是近代工业中的一种重要加热方式，如利用电炉炼钢、电机通电烘干等。

电流的热效应也有它不利的一面，由于构成电气设备的导线存在电阻，所有电气设备在工作时要发热，使温度升高。如果电流过大，温度升高得多就会加速绝缘体老化，甚至损坏设备。

为了保证电气设备能正常工作，各种设备都规定了限额，如额定电流、额定电压和额定电功率等。电气设备的额定值通常用下标"e"表示，如 I_e、U_e、P_e 等，各种电气设备的铭牌上都有标注它们的数值。

> 额定值是指导使用者正确使用电气设备的重要依据。但要提醒注意的是电气设备的额定值并不一定等于该设备使用时的实际值（电压、电流和功率等）。
>
> 额定值表示方法如下：
> ① 利用铭牌标出（电动机、电冰箱、电视机的铭牌）；
> ② 直接标在该产品上（电灯泡、电阻）；
> ③ 从产品目录中查到（半导体器件）。

特别提醒

（9）电流的趋肤效应及应用

① 趋肤效应　当导体中有交流电或者交变电磁场时，导体内部的电流分布不均匀，电流集中在导体的"皮肤"部分，也就是说电流集中在导体外表的薄层，越靠近导体表面，电流密度越大，导线内部实际上电流较小，如图 1-13 所示。其结果使导体的电阻增加，使它的损耗功率也增加，这一现象称为趋肤效应。

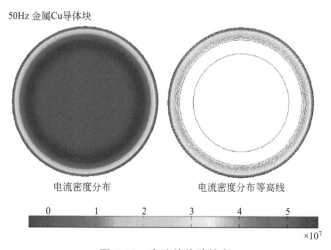

50Hz 金属Cu导体块

电流密度分布　　　　电流密度分布等高线

0　1　2　3　4　5　$\times10^7$

图 1-13　电流的趋肤效应

② 趋肤效应的应用　在高频电路中可用空心铜导线代替实心铜导线以节约铜材。架空输电线中心部分改用抗拉强度大的钢丝。虽然其电阻率大一些，但是并不影响输电性能，又可增大输电线的抗拉强度。利用趋肤效应还可对金属表面淬火，使某些钢件表皮坚硬、耐磨，而内部却有一定柔性，防止钢件脆裂。

（10）电流的化学效应及应用

电流通过导电的液体会使液体发生化学变化，产生新的物质，电流的这种效果叫做电流的化学效应。如电解、电镀、电离等就属于电流的化学效应的例子，如图 1-14 所示为水的电解。

（11）电流的磁效应及应用

给绕在软铁芯周围的导体通电，软铁芯就产生磁性，这种现象就是电流的磁效应。如电铃、蜂鸣器、电磁扬声器等都是利用电流的磁效应制成的，如图 1-15 所示为电铃的结构示意图。

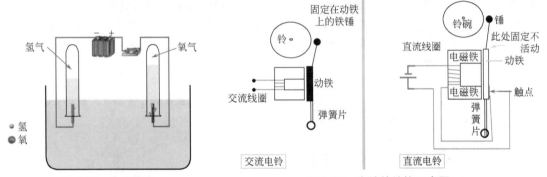

图 1-14　水的电解

图 1-15　电铃的结构示意图

1.2.2　电位和电压

（1）电位

电的情况与水相同，将某一点相对于某一基准点的电的"压力"称为电位。那么，什么是电位呢？电位是指电路中某一点与某参考点（基准点）之间的电压。

这里指的某一参考点或基准点，一般为大地、电器的金属外壳或电源的负极，通常称为接地。为了分析与计算方便，一般规定参考点或基准点的电位为零，又称为零电位。

1.5　电压和电位

电位的符号用带下标的字母 V 表示，例如 V_A、V_B。电位的单位为伏［特］，用字母 V 表示。

（2）电压

如图 1-16 所示，水在管中所以能流动，是因为有着高水位和低水位之间的差别而产生的一种压力，水才能从高处流向低处。电也是如此，电流所以能够在导线中流动，也是因为在电流中有着高电位和低电位之间的差别。这种差别叫电位差，也叫电压。换句话说。在电路中，任意两点之间的电位差称

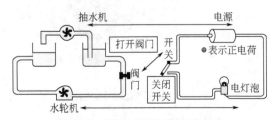

图 1-16　类比法研究电压的形成

为这两点的电压。

表示电压的符号用 U，单位为伏［特］，符号为 V，即

$$U=V_A-V_B$$

电压是指电路中任意某两点之间的电位差，其大小等于电场力将正电荷由一点移动到另一点所做的功与被移动电荷电量的比值，即

$$U=\frac{W}{q}$$

式中，W 的单位为 J（焦耳），电荷 q 的单位为 C（库），电压 U 的单位为 V（伏）。

电压的国际单位制为 V（伏特），常用的单位还有 mV（毫伏）、μV（微伏）、kV（千伏）等，它们与伏特的换算关系为

$$1mV=10^{-3}V；1\mu V=10^{-6}V；1kV=10^3V$$

电压的大小可以用电压表测量。

（3）电压的方向

对于负载来说，规定电流流入端为电压的正端，电流流出端为电压的负端，电压的方向由正指向负。

对于电阻负载来说，没有电流就没有电压；有电流就一定有电压。电阻器两端的电压通常称为电压降。

电压的方向在电路图中有三种表示方法，如图 1-17 所示，这三种表示方法的意义相同。

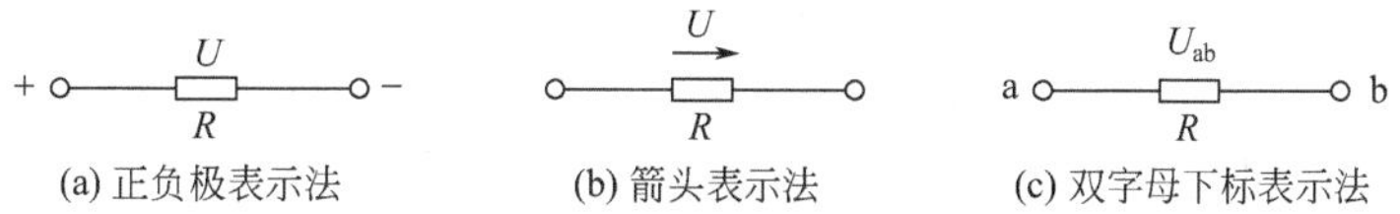

$$\begin{array}{ccc} + \dashv\!\!R\!\!\vdash - & \xrightarrow{U} R & a \dashv\!\!R\!\!\vdash b \\ (a)\ 正负极表示法 & (b)\ 箭头表示法 & (c)\ 双字母下标表示法 \end{array}$$

图 1-17 电压方向的表示方法

在分析电路时往往难以确定电压的实际方向，此时可先任意假设电压的参考方向，再根据计算所得值的正、负来确定电压的实际方向，如图 1-18 所示。

参考方向　　　　　　　　　　　参考方向

$+$　　　U　　　$-$　　　$+$　　　U　　　$-$

$+$　　　实际方向　　　$-$　　　$-$　　　实际方向　　　$+$

$U>0$　　　　　　　　　　　$U<0$

图 1-18 电压的实际方向与参考方向

（4）电压的种类

电压可分为直流电压和交流电压。电池的电压为直流电压，直流电压用大写字母 U 表示，它是通过化学反应维持电能量的。交流电压是随时间周期变化的电压，用小写字母 u 表示。发电厂的电压一般为交流电压。

在实际应用中提到的电压，一般是指两点之间的电位差，通常是指定电路中某一点作为参考点。在电力工程中，规定以大地作参考点，认为大地的电位等于零。如果没有特别说明，所谓某点的电压，就是指该点与大地之间的电位差。

（5）电压的等级

我国规定标准电压有许多等级。例如：安全电压有 42V、36V、24V、12V、6V；照明灯用的单相电压为 220V；三相电动机用的三相电压 380V；城乡高压配电电压 10kV 和 35kV；输电电压 110kV 和 220kV，还有长距离超高压输电电压 330kV 和 500kV。

（6）电压的测量

为了测量电压，要将电压表跨接在需要测量电压的元件两端，这样的连接称为并联连接，电压表的负端必须连接到电路的负极端，而电压表的正端必须连接到电路的正极端。如图 1-19 所示是在一个简单电路中连接电压表测量电压的例子。

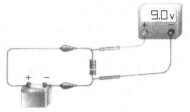

图 1-19　测量电压

1.2.3　电动势

（1）什么是电动势

1.6　电动势

我们都知道电压的产生就好比水压，一头水位（类比电位）高，一头水位低，就会有水压。但是水压不会平白无故地产生，此时电源力就好比一种能抽水的东西，这个东西会使劲地把"负极"中的水往一个叫做"正极"的水库中抽，这样"正极"中水位很高（类比电位高），而"负极"水库缺水，这样形成水压，电源也就有了电压。而当从"正极"水库中开条沟渠（类比电源外接的导线）后水就会流到"负极"水库中，而此时电源中的专门"抽水"的电源力又看到负极中有好多水，它又开始不停地往正极中抽，就这样电路就一直工作着。

电源是个特殊的设备，它的作用就是利用电源中的化学能、光能、机械能转换成"电源力"这台超级"抽水机"可以使用的动力，而电源力获得动力后就努力做功将"正电荷"使劲往"正极"抽，而这个功就是电动势（也称为电源电动势）。

电动势是产生和维持电路中电压的保证。电源的电动势一旦耗尽，电路就会失去电压，就不再有电流产生。例如在图 1-1 所示的实验中，当换上无电动势的电池后，合上开关，灯泡不亮，就是这个道理。

（2）电动势的大小

电动势等于在电源内部电源力将单位正电荷由低电位（负极）移到高电位（正极）做的功与被移动电荷电量的比值。即

$$E=\frac{W}{q}$$

式中，W 的单位为 J（焦），q 的单位为 C（库），E 的单位为 V（伏）。

电动势是衡量电源的电源力大小（即做功本领）及其方向的物理量。

（3）电动势的方向

规定电动势方向由电源的负极（低电位）指向正极（高电位）。在电源内部，电源力移动正电荷形成电流，电流由低电位（正极）流向高电位（负极）；在电源外部电路中，电场力移动正电荷形成电流，电流由高电位（正极）流向低电位（负极），如图 1-20 所示。

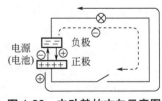

图 1-20　电动势的方向示意图

> **特别提醒**
>
> ① 电动势既有大小，又有方向。其大小在数值上等于电源正负极之间的电位差；电动势与电压的实际方向相反。
>
> ② 电源电动势由电源本身决定，与外电路的性质以及通断状况无关。
>
> ③ 每个电源都有一定的电动势。但不同的电源，其电动势则不一定相同。

④ 对于一个电源来说，既有电动势，又有端电压。电动势只存在于电源内部，其方向是由负极指向正极；端电压只存在于电源的外部，其方向由正极指向负极。一般情况下，电源的端电压总是低于电源内部的电动势，只有当电源开路时，电源的端电压才与电源的电动势相等。

（4）生活中常用电源

电源是将其他形式的能转换成电能的装置，生活中常见的电源是干电池（直流电）与交流电源。

直流电源是一种能量转换装置，它把其他形式的能量转换为电能供给电路，以维持电流的稳恒流动，如图 1-21 所示。能够提供一个稳定电压和频率的电源称交流稳定电源。

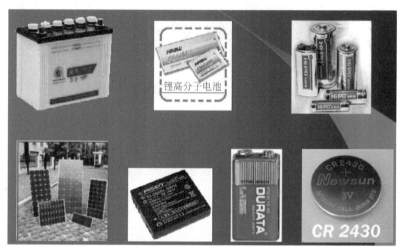

图 1-21 常用直流电源

1.2.4 电功率

（1）什么是电功率

电功率是描述电流做功快慢程度的物理量，通常所谓用电设备容量的大小，就是指的电功率的大小，它表示该用电设备在单位时间内做功的能力。我们平常说这个灯泡是 40W，那个灯泡 60W，电饭煲 750W，这就是指的电功率。一般把电功率简称为功率。

（2）电功率的大小

电气元件或设备在单位时间内所做的功称为电功率，用符号"P"表示。计算电功率的公式为

$$P=\frac{W}{t}$$

式中，W 的单位为 J（焦耳），t 的单位为 s（秒），则 P 的单位为 W（瓦特）。

由于用电器的电功率与其电阻有关，电功率的公式还可以写成

$$P=UI=\frac{U^2}{R}=I^2R$$

如图 1-22 所示，在相同电压下，并联接入同一电路中的 25W 和 100W 灯泡的发光亮度明显不同，这是因为

图 1-22 电压相同功率不同的灯泡发光亮度不同

100W 灯泡的功率大，25W 灯泡的功率小。

当负载一定，电源电压发生波动时，会影响到电气设备的实际值。例如额定值为 220V、40W 的电灯泡，在电源电压高于或低于 220V 时，它的实际值也会随之大于或小于额定值。其表现为同一盏灯在不同电压的时候发光强度不一样，如图 1-23 所示，这说明电功率与电压有关。

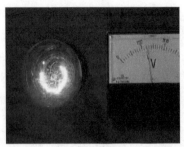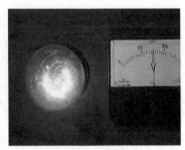

(a) 180V时的亮度   (b) 220V时的亮度

图 1-23   同一灯泡在不同电压时亮度不同

电灯电器有标志，额定电压额功率。
消耗电能的快慢，功率为 P 单位瓦，
常用代号达不溜，大的单位为千瓦。
功率计算有多法，阻性负载压乘流。
电流平方乘电阻，也可算出电功率。

（3）电功率的单位

电功率的国际单位为 W（瓦特），常用的单位还有 mW（毫瓦）、kW（千瓦），它们与 W 的换算关系是

$$1mW = 10^{-3}\ W$$
$$1kW = 10^{3}\ W$$

在机械工业中常用"马力"来代表电功率单位，马力（PS）与电功率单位转换关系为

$$1PS=735.49875W$$
$$1kW=1.35962162PS$$

1.2.5 电能

（1）电能及应用

电能是自然界的一种能量形式。电能改变了人类社会，使人类社会进入了电气时代。各种用电器必须借助于电能才能正常工作，用电器工作的过程就是电能转化成其他形式能的过程。

日常生活中使用的电能主要来自其他形式能量的转换，包括水能（水力发电）、风能（风力发电）、原子能（原子能发电）、光能（太阳能）等。电能也可以转化为其他形式的能量。电能可以有线或无线的形式作远距离的传输。

电能在现代社会中的广泛应用如图 1-24 所示。

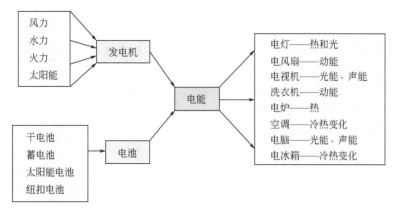

图 1-24 电能的广泛应用

（2）电能的计算

在一段时间内，电场力所做功的称为电能，用符号"W"表示。

$$W=Pt$$

式中，W 为电能，P 为电功率，t 为通电时间。

电能的单位是 J（焦耳）。对于电能的单位，人们常常不用焦耳，仍用非法定计量单位"度"。焦耳和"度"的换算关系为

$$1 度（电）=1kW \cdot h=3.6 \times 10^6 J$$

即功率为 1000W 的供能或耗能元件，在 1h（小时）的时间内所发出或消耗的电能量为 1 度（电）。

（3）电能的测量

电能测量对了解能量转换效率及用户用电的经济核算有重要意义。测量电能的主要方法是电能表法，常用电能表如图 1-25 所示。

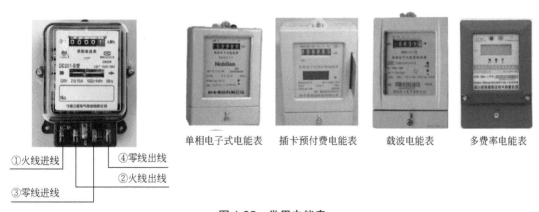

图 1-25 常用电能表

 想一想

1. 电位与电压之间的关系是什么？
2. 如何理解电位具有相对性？
3. 如何理解电功率和电能？

4. 电压和电动势的正方向是（   ）。

A. 电压从高电位指向低电位，电动势从电源负极经电源内部指向电源正极

B. 电压从低电位指向高电压，电动势从高电位指向低电位

C. 电压和电动势都是从高电位指向低电位

D. 电压和电动势都是从低电位指向高电位

5. 下面是对电源电动势概念的认识，正确的是（   ）。

A. 同一电源接入不同的电路，电动势就会发生变化

B. 1 号 1.5V 干电池比 7 号 1.5V 干电池大，但电动势相同

C. 电动势表征了电源把其他形式能转化为电能的本领，电源把其他形式能转化为电能越多，电动势越大

D. 电动势、电压和电势差虽名称不同，但物理意义相同，所以单位也相同

6. 判断正误：在电源外部，电流总是从高电位点流向低电位点。（   ）

7. 判断正误：加在用电器上的电压改变了，但它消耗的功率是不会改变的。（   ）

1.3　电阻器及其应用

1.3.1　电阻和电阻器

（1）什么是电阻

汽车在公路上行驶时，由于车流量大，造成行车拥堵给行车带来阻碍。同理，自由电子在导体中作定向移动形成电流时也要受到阻碍，我们把导体对电流的阻碍作用称为电阻。

电阻是电路的基本参数之一，不仅电阻器（常见的电子元件）有电阻，几乎所有的导体都有电阻，比如金属导线、电灯泡、电烙铁等用电设备都是具有电阻的元件（有的电阻就是直接用金属导线绕成的）。

电阻在电路图中的图形符号是"—▭—"，文字符号为"R"，单位是欧姆，简称欧，用符号"Ω"表示。电阻的常用单位还有 $k\Omega$（千欧）和 $M\Omega$（兆欧），它们的换算关系为

$$1k\Omega=10^3\Omega$$

$$1M\Omega=10^3k\Omega=10^6\Omega$$

1Ω 的物理意义为：设加在某导体两端的电压为 1V，产生的电流为 1A，则该导体的电阻则为 1Ω。

　特别提醒　　电阻的主要物理特征是变电能为热能，它在使用的过程中要发出热量，因此电阻是耗能元件。如电灯泡、电饭煲等用电器通电后要发热，这就是因为有电阻的原因。

电工在导线与导线、导线与接线柱、插头与插座等连接时，一定要注意接触良好，尽量减小接触电阻，如图 1-26 所示。否则，若接触电阻较大，就会留下"后遗症"，在使用时连接处要发热，容易引起电火灾事故。

（2）电阻器的种类

电阻是电路中应用最多的元件之一。不同物质对电流的阻碍作用是不同的，所以可用不同物质制作成多种电阻器（简称电阻），以满足不同场合的需要。常用的电阻器种类见表1-2。

图1-26　导线连接时要尽量减小接触电阻

表1-2　电阻器的种类

种类	说明	图示
碳膜电阻	气态烃类在高温和真空中分解，碳沉积在瓷棒瓷管上，形成一层结晶碳膜。改变碳膜的厚度和用刻槽的方法，改变碳膜的长度，可以得到不同的阻值。成本低，性能一般	
金属膜电阻	在真空中加热合金，合金蒸发，使瓷棒表面形成一层导电金属膜。刻槽或改变金属膜厚度，可以控制阻值。这种电阻和碳膜电阻相比，体积小、噪声低，稳定性好，但成本较高	
水泥电阻	将电阻线绕在无碱性耐热瓷件上，外面加上耐热、耐湿及耐腐蚀的材料保护固定并把绕线电阻体放入方形瓷器框内，用特殊不燃性耐热水泥充填密封而成。水泥电阻的外侧主要是陶瓷材质	
线绕电阻	用康铜或镍铬合金电阻丝在陶瓷骨架上绕制而成。这种电阻分固定和可变两种。它的特点是工作稳定，耐热性能好，误差范围小，适用于大功率的场合，额定功率一般在1W以上	
电位器	分为碳膜电位器和绕线电位器，其阻值是可以改变的。应用范围广	

除了一些常用的电阻器以外，还有一些新型的电阻器，如热敏电阻、光敏电阻、熔断电阻、贴片电阻等。

① 热敏电阻　热敏电阻的阻值会随温度的变化而变化。按照温度系数不同分为正温度系数热敏电阻（PTC）和负温度系数热敏电阻（NTC）。热敏电阻的典型特点是对温度敏感，不同的温度下表现出不同的电阻值。PTC在温度越高时电阻值越大，NTC在温度越高时电阻值越低。

热敏电阻应用广泛，如在电磁炉、电饭煲、温度计与温度传感器等中都有应用，常用热敏电阻的外形如图1-27所示。

② 光敏电阻　光敏电阻是用硫化镉或硒化镉等半导体材料制成的特殊电阻器。光照越强，阻值就越低，随着光照强度的升高，电阻值迅速降低，亮电阻值可小至1kΩ以下。光敏电阻对光线十分敏感，其在无光照时，呈高阻状态，暗电阻一般可达1.5MΩ。

光敏电阻如图1-28所示，一般用于光的测量、光的控制和光电转换（将光的变化转换为电的变化）。

图1-27　热敏电阻的外形

图1-28　光敏电阻

③ 熔断电阻　熔断电阻器有固定的电阻值，具有熔断器的功能，是一种具有电阻器和熔断器双重作用的特殊元件，它在电路中用字母"*RF*"或"*R*"表示。

熔断电阻器可分为可恢复式熔断电阻器和一次性熔断电阻器两种，如图1-29所示。

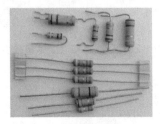　

(a) 一次性熔断电阻器　　　　　　(b) 可恢复式熔断电阻器

图1-29　熔断电阻器

④ 贴片电阻　是将金属粉和玻璃釉粉混合，采用丝网印刷法印在基板上制成的电阻器。贴片电阻件具有体积小、重量轻、安装密度高、抗振性强、抗干扰能力强、高频特性好等优点，目前广泛应用于各类电子产品中，如图1-30所示。

图1-30　贴片电阻

（3）电阻器的主要参数

电阻器的主要参数有标称阻值、允许偏差、额定功率和材料等，见表1-3。

表1-3　电阻器的主要参数

主要参数	含义	表示法
标称阻值	标称阻值就是在电阻器的外表所标注的阻值。它表示的是电阻器对电流阻碍作用的强弱	一般用数字、数字与字母的组合、色环标注在电阻体表面
允许偏差	电阻器在生产过程中，由于技术的原因，不可能制造出与标称值完全一样的电阻器而存在一定的偏差，为了便于生产的管理和使用，规定了电阻器的精度等级，确定了电阻在不同等级下的允许偏差	四色环电阻的允许偏差有 ±5%、±10%、±20% 三种；五色环电阻的精度较高，其允许误差只有 ±1%、±2% 两种。其允许误差的表示法如下

百分比	色环	文字符号	罗马数字	色环电阻
1%	棕	F		五色环电阻
2%	红	G		
5%	金	J	I	四色环电阻
10%	银	K	II	
20%	无色	M	III	

主要参数	含义	表示法
额定功率	在正常条件下，电阻长时间工作而不损坏，或不显著改变其性能时，所允许消耗的最大功率	常用的有 1/16、1/8、1/4、1/2、1、2、5、10（W）等，功率在1W以上的电阻，一般把功率值直接标注在电阻体表面
材料	指构成电阻体的材料种类。不同材料的电阻的性能有较大的差异	一般用字母标注材料，有的可通过外观颜色来区分电阻材料，如红色为金属膜电阻

最典型的常用电阻器的阻值范围为 $1\Omega \sim 22M\Omega$。电阻的描述还可用其他参数，如温度系数、噪声、电压系数等。

1.3.2 色环电阻的识别

1.7 色环电阻
的识别

（1）色环的含义

目前，大多数普通电阻器都采用色环来标注电阻自身的阻值，即在电阻封装上（即电阻表面）印刷一定颜色的色环来表示电阻器标称阻值的大小和误差，被称为色环电阻。可保证电阻无论按什么方向安装均方便、清楚地看见色环。不同的色环代表不同的数值，见表1-4。只要知道了色环的颜色，就能识读出该电阻的阻值。

表 1-4 色环电阻中各色环的含义

颜色	黑	棕	红	橙	黄	绿	蓝	紫	灰	白
数字	0	1	2	3	4	5	6	7	8	9

特别提醒 色环的含义为：棕1，红2，橙3；黄4，绿5，蓝6；紫7，灰8，白9，黑0。这样连起来读，多复诵几遍便可记住，也可以用下面的口诀来帮助记忆。

记忆口诀

棕1红2橙是3，4黄5绿6是蓝；

7紫8灰9雪白，黑是圆圈大鸡蛋。

金5银10表误差，读准色环就计算。

（2）四色环电阻的识别

四色环电阻就是指用四条色环表示阻值的电阻。从左向右数，第一、二环表示两位有效数字，第三环表示倍乘数（即数字后面添加"0"的个数），第四色环表示阻值允许的偏差（精度）。四个色环代表的具体意义如图1-31所示。

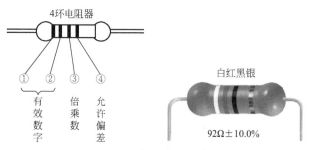

图 1-31 四色环电阻的表示法

例如，一个电阻的第一环为红色（代表2）、第二环为紫色（代表7）、第三环为棕色（代表1）、第四环为金色（代表 ±5%），那么这个电阻的阻值为 270Ω，阻值的误差范围为 ±5%。

四色环电阻的第四环用来表示精度（误差），一般为金色、银色和无色，而不会是其他

颜色（这一点在五色环中不适用）；这样，我们就可以知道哪一环该是第一环了。此外，在四条色环中，有三条相互之间的距离比较近，而第四环距离稍微大一点，如图 1-31 所示。

（3）五色环电阻的识别

五色环电阻的精度较高，最高精度为 ±1%。用五色色环表示阻值的电阻，第一环表示阻值的最大一位数字；第二环表示阻值的第二位数字；第三环表示阻值的第三位数字；第四环表示阻值的倍乘数；第五环表示误差范围。五个色环代表的具体意义如图 1-32 所示。

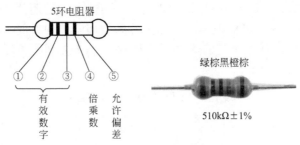

图 1-32 五色环电阻的表示法

识读五色环电阻的诀窍是：表示精度（误差）的第五环与其他四个色环相距较远。例如：第一环为红（代表 2）、第二环为红（代表 2）、第三环为黑（代表 0）、第四环为黑（代表 0）、第五环为棕色（代表 ±1%），则其阻值为 220Ω，误差范围为 ±1%。

> 识别色环的技巧如下：
>
> ① 一般情况下最靠近电阻体顶端的那一道色环是第一色环。在不能判断哪一条是第一色环的情况下，观察倒数第二条色环的颜色，一般倍率应小于 10^7，所以倍率环极少出现紫色、灰色和白色。由于五环电阻的精度高于四色环电阻，所以五环电阻的允许偏差不会出现白色、金色和银色。
>
> ② 棕色环是否是误差标志的判别。棕色环既常用作为误差环，又常作为有效数字环，且常常在第一环和最末一环中同时出现，让人很难识别谁是第一环。可以按照色环之间的间隔加以判别：例如一个五色环电阻，第五环和第四环之间的间隔比第一环和第二环之间的间隔要宽一些，据此可判定色环的排列顺序。
>
> ③ 在仅靠色环间距还无法判定色环顺序的情况下，还可利用电阻的生产序列值来加以判别。比如有一个电阻的色环读序是：棕、黑、黑、黄、棕，其值为 $100 \times 10000\Omega = 1M\Omega$，误差为 1%，属于正常的电阻系列值；若是反顺序读：棕、黄、黑、黑、棕，其值为 $140 \times 1\Omega = 140\Omega$，误差为 1%。显然按照后一种排序所读出的电阻值，在电阻的生产系列中是没有的，故后一种色环顺序是不对的。

1.3.3 电阻定律

（1）电阻定律的内容

在温度不变时，金属导体电阻的大小由导体的长度、横截面积和材料的性质等因素决定。这种关系称为电阻定律，其表达式为

$$R = \rho \frac{L}{S}$$

式中 ρ——导体的电阻率，它由电阻材料的性质决定，是反映材料导电性能的物理量，单位 Ω·m（欧·米）；

L——导体的长度，m；

S——导体的横截面积，m^2；

R——导体的电阻，Ω。

实验表明，电阻的电阻值会随着本体温度的变化而变化，即电阻值的大小与温度有关。衡量电阻受温度影响大小的物理量是温度系数，其定义为温度每升高 1℃时电阻值发生变化的百分数，用 α 表示。

$$\alpha = \frac{R_2 - R_1}{R_1(t_2 - t_1)}$$

如果 $R_2 > R_1$，则 $\alpha > 0$，将 R 称为正温度系数电阻，即电阻值随着温度的升高而增大；如果 $R_2 < R_1$，则 $\alpha < 0$，将 R 称为负温度系数电阻，即电阻值随着温度的升高而减小。显然 α 的绝对值越大，表明电阻受温度的影响也越大。

当温度升高时，材料的电阻增大，把这种材料称为正温度系数电阻，如金属银、铜、铝、钨等材料，电子灭蚊器中的电阻，彩色电视机中的消磁电阻等就是正温度系数电阻。

当温度增加时电阻值反而减小，则把这种材料称为负温度系数电阻，如碳、半导体等，这种器件广泛应用于温度测量、温度补偿、抑制浪涌电流等场合。

把电阻值会随温度变化而变化的电阻叫做热敏电阻。常见热敏电阻有正温度系数电阻和负温度系数电阻，如图 1-33 所示。

在一般情况下，若电阻值随温度变化不是太大，其温度影响可以不考虑。

由此可见，导体的电阻与电压、电流无关。但与导体长度、导体横截面积、导体材料的电阻率等因素有关，温度对不同物质的电阻值均有不同的影响，如图 1-34 所示。

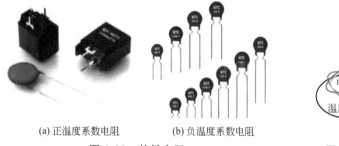

(a) 正温度系数电阻　　　(b) 负温度系数电阻

图 1-33　热敏电阻

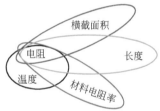

图 1-34　影响电阻的因素

记忆口诀

导体阻电叫电阻，电阻符号是 R。

电阻单位是欧姆，欧姆符号 Ω。

决定电阻三因素，长度材料截面积。

不与电压成正比，电流与它无关系。

温度变化受影响，通常计算不考虑。

（2）物质的导电性能

当电流通过各种物体时，不同的物体对电流的通过有着不同的阻止能力，有的物体可使电流顺利通过，而有的物体不让其通过，或者在一定的阻力下让它通过。这种不同的物体通

过电流的能力，叫做这种物体的导电性能。

各种物体均有着不同的导电性能，凡是导电性能很好的物体叫做导体。如银、铜、铝、铅、锡、铁、水银、碳和电解液等都是良好导体。反之，导电能力很差的物体叫做绝缘体。有的物体的导电能力比导体差，但比绝缘体强，这种导体叫做半导体。如常用的晶体管原材料硅、锗等。

好的导体和绝缘体都是重要的电工材料。电线芯线用金属来做，因为金属容易导电；电线芯线外面包上一层橡胶或者塑料，因为它们是绝缘体，如图1-35所示是绝缘体应用的几个实例。

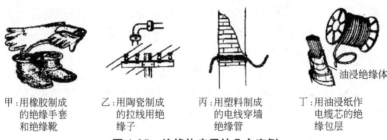

甲：用橡胶制成　　乙：用陶瓷制成　　丙：用塑料制成　　丁：用油浸纸作
的绝缘手套　　　的拉线用绝　　　的电线穿墙　　　电缆芯的绝
和绝缘靴　　　　缘子　　　　　绝缘管　　　　　缘包层

图1-35　绝缘体应用的几个实例

> **特别提醒**　导体和绝缘体之间没有绝对的界限。在一般情况下不会导电的物体，当条件改变时就有可能导电。例如，干燥的木头是绝缘体，而潮湿了的木头就变成导体。

1.3.4　电阻的连接与应用

在电路中，用一个电阻往往不能满足电路要求，需要几个电阻连接起来共同完成工作任务。即通过电阻的并联和串联来调整控制电路中电流的走向、大小；实现电路的降压、限流、分压与分流。电阻的连接形式是多种多样的，最基本的方式是串联和并联。

（1）电阻串联电路

在电路中，把两个或两个以上的电阻依次连成一串，为电流提供唯一的一条路径，没有其他分支的电路连接方式，叫做电阻串联电路。如图1-36所示，电阻 R_1 和 R_2 串联。

在实际工作中，电阻串联有以下应用：

① 用几个电阻串联可以获得较大的电阻。

② 利用几个电阻串联构成分压器，使同一电源能提供几种不同数值的电压。

在电阻串联电路中，各电阻两端的电压与各电阻大小成正比，在大电阻值的两端，可以得到高的电压，反之则得到的电压就小。即

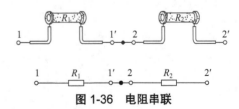

图1-36　电阻串联

$$\frac{U_1}{U_2} = \frac{R_1}{R_2}$$

电阻串联的实例很多。如挂在圣诞树上的灯泡，就是把灯泡一个接一个地串联连接起来的，如图1-37所示。

如图1-38所示，若已知两个串联电阻的总电压 U 及电阻 R_1、R_2，则可写出下式：

$$U_1=\frac{R_1}{R_1+R_2}U,\quad U_2=\frac{R_2}{R_1+R_2}U$$

上式称为串联电阻的分压公式，掌握这一公式，会非常方便地计算串联电路中各电阻的电压。

利用电阻串联电路来进行分压以改变输出电压，如收音机和扩音机的音量调节电路、半导体管工作点的偏置电路及降压电路等。

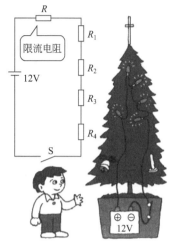

图1-37 圣诞节电灯泡串联电路

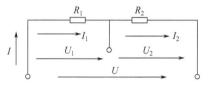

图1-38 两个电阻串联电路

③ 当负载的额定电压低于电源电压时，可用串联电阻的方法满足负载接入电源。如图1-39所示，在电源与电路的A之间接入电阻时，A点的电压就比电源电压低，可以为发光二极管提供合适的电压。电阻R_1同时限制该条支路的电流，保护发光二极管不会因为电流太大而烧坏，这种电阻在电路中一般称为降压电阻或者限流电阻。

④ 在电压表表头串联较大的电阻，用来扩大电压表的量程，如图1-40所示。

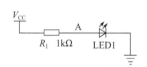

图1-39 限流电阻应用举例

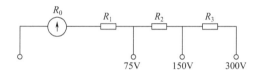

图1-40 串联电阻扩大电压表的量程

特别提醒 电阻串联时，由于流过各电阻的电流相等，因此各电阻两端的电压按其电阻比进行分配。这就是电阻串联用于电路分压的原理。

（2）电阻并联电路

在电路中，把两个或两个以上的电阻并排连接在电路中的两个节点之间，为电流提供多条路径的电路连接方式，叫做电阻并联电路。如图1-41所示，电阻R_1和R_2并联。

1.9 电阻的并联

根据并联电路电压相等的性质，在并联电路中电流的分配与电阻成反比，即阻值越大的电阻所分配到的电流越小；反之所分配电流越大。即

$$\frac{I_1}{I_2}=\frac{R_2}{R_1}$$

电阻并联的重要作用是分流。当电路中的电流超过某个元件所允许的电流时，可给它并联一个适当的电阻使其分去一部分电流，使通过的电流减小到元件所允许的数值。

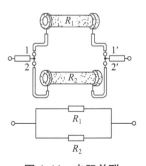

图1-41 电阻并联

如果两个电阻R_1、R_2并联，并联电路的总电流为I，则两个电阻中的电流I_1、I_2分别为

$$I_1 = \frac{R_2}{R_1 + R_2} I \qquad I_2 = \frac{R_1}{R_1 + R_2} I$$

上式通常被称为并联电路的分流公式。掌握这一公式，会非常方便地计算并联电路中各电阻的电流。

在实际工作中，电阻并联有以下应用：

① 凡是额定电压相同的负载均可采用并联的工作方式，这样各个负载都是一个独立控制的回路，任何一个负载的正常启动或关断都不影响其他负载。如图1-42所示，如家庭照明电路中的负载就是并联，即使关闭或者取下一个灯泡，其他灯泡仍然能够正常使用。

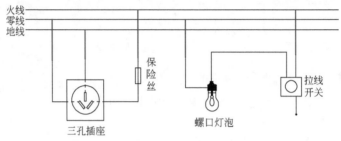

图1-42　并联在家庭照明电路中的应用

② 利用几个电阻并联，可获得较小的电阻。

③ 用并联电阻的方法来扩大电流表的量程。如图1-43所示，在50μA表头上并联一个200Ω的电阻，即可使表头的量程由50μA扩大到500μA。

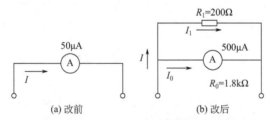

图1-43　并联电阻扩大电流表的量程

综上所述，电阻串联、并联电路的特性比较见表1-5。

表1-5　电阻串联、并联电路特性比较

连接方式 项目	串联	并联
电流	电流处处相等，即 $I_1 = I_2 = I_3 = \cdots = I_n$	总电流等于各支路电流之和。即 $I = I_1 + I_2 + \cdots + I_n$
电压	两端的总电压等于各个电阻两端电压之和，即 $U = U_1 + U_2 + U_3 + \cdots + U_n$	总电压等于各分电压，即 $U_1 = U_2 = \cdots = U_n$
电阻	总电阻等于各电阻之和，即 $R = R_1 + R_2 + R_3 + \cdots + R_n$	总电阻的倒数等于各个并联电阻倒数之和，即 $$\frac{1}{R} = \frac{1}{R_1} + \frac{1}{R_2} + \cdots + \frac{1}{R_n}$$ 特例：$R = \dfrac{R_1 R_2}{R_1 + R_2}$　　$R = \dfrac{R_1 R_2 R_3}{R_1 R_2 + R_1 R_3 + R_2 R_3}$
电阻与分压	各个电阻两端上分配的电压与其阻值成正比，即 $U_1 : U_2 : U_3 : \cdots : U_n = R_1 : R_2 : R_3 : \cdots : R_n$	各个支路电阻上的电压相等

续表

连接方式 项目	串联	并联
电阻与分流	不分流	与电阻值成反比，即 $I_1 : I_2 : \cdots : I_n = \dfrac{1}{R_1} : \dfrac{1}{R_2} : \cdots : \dfrac{1}{R_n}$
功率分配	各个电阻分配的功率与其阻值成正比，即 $P_1 : P_2 : P_3 : \cdots : P_n = R_1 : R_2 : R_3 : \cdots : R_n$ （其中，$P = I^2 R$）	各电阻分配的功率与阻值成反比。即 $R_1 P_1 = R_2 P_2 = \cdots = R_n P_n = RP$
应用举例	（1）用于分压：为获取所需电压，常利用电阻串联电路的分压原理制成分压器； （2）用于限流：在电路中串联一个电阻，限制流过负载的电流； （3）用于扩大伏特表的量程：利用串联电路的分压作用可完成伏特表的改装，即将电流表与一个分压电阻串联，便把电流表改装成了伏特表	（1）组成等电压多支路供电网络，例如220V照明电路； （2）分流与扩大电流表量程：运用并联电路的分流作用可对安培表进行扩大量程的改装，即将电流表与一个分流电阻相并联，便把电流表改装成了较大量程的安培表

大家必须理解电阻串、并联电路的特性，否则，在实际维修时就会出现如图1-44所示不知所措的现象。

"在串联电路上，只要有一个坏灯泡，整个线路的灯就都不亮，所以一旦出事，你无法判断有几盏灯、是哪盏灯坏了；在并联电路上各灯泡互不影响，哪盏不亮就是哪盏坏了。"

图1-44　某电工的烦心事

串联电阻记忆口诀

电路无处没电阻，各种接法阻不同，
串联电路一条线，不分岔来不分电。
串阻加阻总阻增，电压与阻比成正，
串联电阻分功率，阻与功率比成正。
电阻串联应用广，分压限流最常用。

并联电阻记忆口诀

并联电阻有特性，并联阻小把路添，
电压相等电流分，总流等于支流和。
阻小流大成反比，功率与阻成反比。
两阻并联积比和，相同电阻作等分。
电阻并联可分流，照明电路最常用。

特别提醒

　　初学者在对电工电路的理解过程中往往习惯依赖于复杂的代数公式，而本书着重培养读者对电路的直觉与简化能力。关于电阻串联、并联的应用技巧：

　　技巧1：利用电阻的串联，总可以得到一个阻值较大的电阻；利用电阻的并联，总可以得到一个阻值较小的电阻。

技巧2：一个较大的电阻与一个较小的电阻串联（或并联）后，其阻值接近于较大的（或较小的）电阻。

技巧3：假设用一个5Ω的电阻与一个10Ω的电阻并联，如果把这个5Ω的电阻看成两个10Ω电阻并联而成的，那么整个电路就等效为3个10Ω的电阻相并联。因为n个相同的电阻并联后的阻值等于单个电阻值的1/n，这样，这种情况下的电阻并联值即为3.3Ω。显然，这种方案是非常便利的，这样可使读者通过思考来迅速分析电路，而不需要进行相应计算。

（3）电阻混联电路

在实际电路中，电路里包含的电阻既有电阻串联、又有电阻并联，电阻的这种连接方式叫电阻混联，如图1-45（a）所示，图1-45（b）为该电路化简后的等效电路。

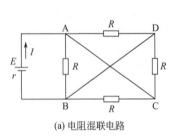
(a) 电阻混联电路

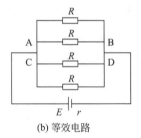
(b) 等效电路

1.10 电阻混联电路

图1-45 电阻混联电路

分析电阻混联电路的关键是把比较复杂的电路化简为最简单的等效电路。下面通过如图1-46所示的例子，介绍用"橡皮筋"法画等效电路图。

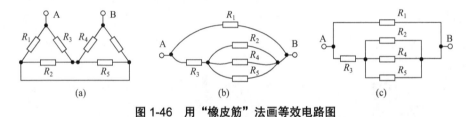

(a)　　　　　　　(b)　　　　　　　(c)

图1-46 用"橡皮筋"法画等效电路图

① 画草图　如图1-46（a）所示，设电路两端点为A、B，将连接导线想象为导电的"橡皮筋"，可自由拉伸，绘出草图，如图1-46（b）所示。

② 画等效图　整理草图，画出等效电路图，如图1-46（c）所示。

画电路等效图的方法可用下面的歌诀来记忆。

画电路等效图记忆口诀

无阻导线缩一点，等势点间连成线；
断路无用线撤去，节点之间依次连；
整理图形标准化，最后还要看一遍。

特别提醒

分析电阻混联电路时，一般情况下可以通过等效概念逐步化简，最后化成一个等效电阻；化简过程中，一定要保证电阻元件之间的连接关系没有被人为地改变。

想一想

1.为维护消费者权益，某技术监督部门对市场上的电线产品进行抽查，发现有一个品牌的铜芯电线不符合规格：电线直径明显比说明书上标有的直径要小，引起这种电线不符合规格的主要原因是（   ）。

A.电线的长度引起电阻偏大　　　　　　B.电线的横截面积引起电阻偏大

C.电线的材料引起电阻偏大　　　　　　D.电线的温度引起电阻偏大

2.横截面积相同的甲、乙两导体，甲的长度为1m，乙的长度为0.5m，将它们串联在电路中，则下列说法正确的是（   ）。

A.甲的电阻一定大于乙的电阻

B.甲两端的电压一定等于乙两端的电压

C.通过甲的电流一定等于通过乙的电流

D.通过甲的电流一定大于通过乙的电流

3.有三个小灯泡，三个开关，一个电池组，若干根导线。现要三个灯连接起来，开关每盏灯时不影响别的灯，下列连接方法符合要求的是（   ）。

A.三灯分别和三个开关串联后，再把它们并联

B.三灯分别和三个开关串联后，再把它们串联

C.三灯分别和三个开关串联后，再把两组并联，最后跟第三组串联

D.三灯分别和三个开关串联后，再把两组串联，最后和第三组并联

4.已知 $R_1 > R_2 > R_3$，若将此三只电阻并联接在电压为 U 的电源上，获得最大功率的电阻是（   ）。

A.R_1　　　　　　B.R_2　　　　　　C.R_3　　　　　　D.R_1 和 R_2

5.将某根导线均匀拉长到原来的10倍后，其电阻变为100Ω，则这根导线原来的电阻为（   ）。

A.1Ω　　　　　　B.10Ω　　　　　　C.1×10^3Ω　　　　D.1×10^4Ω

6.判断正误：电阻值大的导体，电阻率一定较小。（   ）

7.判断正误：串联电阻的分压作用及并联电阻的分流作用是指针万用表内部电路的主要原理。（   ）

8.判断正误：并联电路中各支路的功率之比等于各支路电阻的反比。（   ）

9.判断正误：串联电路中，各电阻分配的电压与电阻值成反比。（   ）

10.判断正误：若干电阻串联时，其中阻值越小的电阻，通过的电流也越小。（   ）

1.4　欧姆定律

在实际电路中，电阻与电流和电压之间到底有什么关系呢？初学者常常容易混淆它们之间的关系，如图1-47所示的争论就是一个例证。这个问题，还是德国物理学家欧姆解决的。

德国科学家欧姆解释了电路中的这些现象，通过分析电路中电流、电压和电阻的相互影响的关系，总结出了欧姆定律。

欧姆定律适用于电路中不含电源和含有电源两种情况，不含电源电路的欧姆定律叫部分

电路欧姆定律，含有电源电路的欧姆定律叫全电路欧姆定律。

图 1-47　电流、电压、电阻的"啰嗦事"

1.4.1　部分电路欧姆定律

（1）部分电路欧姆定律的内容

在一段不包括电源的电路中，导体中的电流与它两端的电压成正比，与导体的电阻成反比，这就是部分电路欧姆定律，其公式为

$$I=\frac{U}{R}$$

式中　I——导体中的电流，A；

　　　U——导体两端的电压，V；

　　　R——导体的电阻，Ω。

根据欧姆定律，我们还可以对"电阻器"从另一个角度去理解，电阻是表示电路中电流与电压变化关系（I/U）的一类元件，I与U成正比。电阻可用于将电压转换为电流，反之亦然。

（2）部分电路欧姆定律的灵活运用

部分电路欧姆定律是针对电路中某一个电阻性元件上电压、电流与电阻值之间关系的定律。

利用欧姆定律的公式，在电压、电流及电阻三个量中，只要知道两个量的值就能知道第三个量的值。例如，若知道了某段导体两端的电压和通过它的电流，就可以求出这段导体的电阻，这就是通常所谓的伏安法测电阻。

为了便于记忆和掌握欧姆定律，可以把公式用如图 1-48 所示来表示。用手盖住要求的物理量，剩下的就是运算公式。例如要求电压，用手盖住电压，公式就是 $U=IR$。

$$I = \frac{U}{R}$$

U：电压(V)，I：电流(A)，R：电阻(Ω)

图 1-48　欧姆定律公式记忆图

记忆口诀

> 电压下面画一横，电流电阻横下承。
>
> 用手盖住所求数，计算公式自然成。
>
> 电流等于阻除压，阻乘电流积为U。
>
> U等I来乘以R，R等U来除以I。

1.4.2　全电路欧姆定律

1.12　全电路
欧姆定律

部分电路欧姆定律是不考虑电源的，而大量的电路都含有电源，这种含有电源的直流电路叫全电路。全电路是由电源（内电路）和负载（外电路）构成的一个闭合回路，如图1-49所示。

对全电路的计算，需用全电路欧姆定律来解决。全电路欧姆定律是针对整个闭合回路的电源电动势、电流、负载电阻及电源内阻之间关系的定律，它们之间的关系为

$$I=\frac{E}{R+r}$$

式中　I——电路中的电流，A；

E——电源的电动势，V；

R——外电路（负载）的电阻，Ω；

r——电源内阻，Ω。

从上式可看出：在全电路中，电流与电源电动势成正比，与电路的总电阻（外电路电阻与电源内阻之和）成反比，这就是全电路欧姆定律的内容。

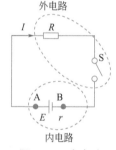

图 1-49　全电路

记忆口诀

> 全电路的电动势，符号为E单位V。
>
> 电路闭合有电流，通过内阻和外阻。
>
> 欲求电流有多少？E除内阻加外阻。

根据全电路欧姆定律，可以分析电路的三种情况。

① 通路：在$I=\frac{E}{R+r}$中，E、R、r数值为确定值，电流也为确定值，电路工作正常。

② 短路：当外电路电阻$R=0$时，由于电源内阻r很小，则$I=\frac{E}{r}$，电流趋于无穷大，将烧毁电路和用电器，严重时造成火灾，实用中应该尽量避免。为避免短路造成的严重后果，电路中专门设置了保护装置。

③ 断路（开路）：此时$R=\infty$，有$I=\frac{E}{R+r}=0$，即电路不通，不能正常工作。

特别
提醒

电工_{基础}

 想一想

1. 1.4Ω 的电阻接在内阻为 0.2Ω、电动势为 1.6V 的电源两端，此时内阻上通过的电流是（　　）。

A. 1A　　　　　　B. 1.4A　　　　　　C. 1.6A　　　　　　D. 1.5A

2. 由欧姆定律 $R=U/I$ 可知，以下正确的是（　　）。

A. 导体的电阻与电压成正比，与电流成反比

B. 加在导体两端的电压越大，则电阻越大

C. 加在导体两端的电压和流过的电流的比值为常数

D. 通过电阻的电流越小，则电阻越大

3. 部分电路欧姆定律是反映电路中（　　）。

A. 电流、电压、电阻三者关系的定律　　　B. 电流、电动势、电位三者关系的定律

C. 电流、电动势、电导三者关系的定律　　D. 电流、电动势、电抗三者关系的定律

4. 判断正误：欧姆定律指出，在一个闭合电路中，当导体温度不变时，通过导体的电流与加在导体两端的电压成反比，与其电阻成正比。（　　）

5. 判断正误：$R=U/I$ 中的 R 是元件参数，它的值由电压和电流的大小决定的。（　　）

1.5　电池组及其应用

由于每一节电池的电源电压和所提供的电流都是一定的，因此当实际应用中需要较高的电压或更高的电流时，就需要将几个电池连接在一起使用，这就是电池组。

电池组分串联和并联，在我们的生活中用的十分广泛。并联的电池组要求每个电池电压相同，输出的电压等于一个电池的电压，并联电池组能提供更强的电流。串联电池组没有过多的要求，只要保证电池的容量差不多即可，串联电池组可以提供较高的电压。

1.13　电池组的连接

1.14　直流电路的主要公式

1.5.1　串联电池组

（1）串联电池组的特性

把第 1 个电池的负极和第 2 个电池的正极相连接，再把第 2 个电池的负极和第 3 个电池的正极相连接，像这样依次连接起来，就组成了串联电池组。

串联电池组广泛应用于手携式工具、笔记本电脑、通信电台、便携式电子设备、航天卫星、电动自行车、电动汽车及储能装置中。

若串联电池组由 n 个电动势都为 E、内阻都为 r 的电池组成，则串联电池组具有以下特性：

① 串联电池组的电动势等于各个电池电动势之和，即 $E_串=nE$。

② 串联电池组的内电阻等于各个电池内电阻之和，即 $r_串=nr$。

③ 当负载为 R 时，串联电池组输出的总电流为

$$I=\frac{nE}{R+nr}$$

（2）串联电池组的应用

① 相同的几个电池串联起来组成串联电池组，可提高输出电压，如图1-50所示。

② 串联电池组的电动势比单个电池的电动势高，当用电器的额定电压高于单个电池的电动势

图1-50　串联电池组可提高输出电压

时，可以串联电池组供电。而用电器的额定电流必须小于单个电池允许通过的最大电流。

③ 用几个相同电池组成串联电池组时，注意正确识别每个电池的正负极，不要把某些电池接反。

1.5.2　并联电池组

（1）并联电池组的特性

把几个电池的正极和正极连在一起，负极和负极连在一起，就构成并联电池组。

若并联电池组是由 n 个电动势都是 E、内电阻都是 r 的电池组成，则并联电池组具有以下特性：

① 并联电池组的电动势等于一个电池的电动势，即

$$E_并 = E$$

② 并联电池组的内电阻等于一个电池的内电阻的 n 分之一，即

$$r_并 = \frac{r}{n}$$

③ 并联电池组所提供的电流等于各个电池的电流之和。

（2）并联电池组的应用

① 并联电池组允许通过的最大电流大于单个电池允许通过的最大电流。换言之，相同的几个电池并联起来，可增大输出电流，如图1-51所示。注意电池的极性不能接错。

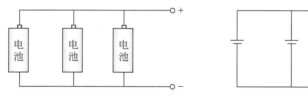

图1-51　并联电池组可增大输出电流

② 采用并联电池组供电时，用电器的额定电压必须低于单个电池的电动势。

③ 如果多个电压不等的电池并联成电池组，则会形成电流环路，损伤电池。

电池串并联记忆口诀

电源电池串并联，电流电压可改变，
电流不变接串联，电压可以成倍增。
电池并联使用它，容量变大不增压，
电流随之也增加，多并电池容量大。

（3）混联电池组

在实际使用中，当需要电源的电压较高且电流较大时，就会用到混联电池组，如图1-52

所示。

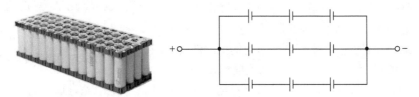

图 1-52　混联电池组

想一想

1. 电池串联，则可以（　　　）。

A. 电压不变，容量增加　　　　　B. 电压增加，容量不变

C. 电压减小，容量增加　　　　　D. 电压减小，容量减小

2. 电池并联，则可以（　　　）。

A. 电压不变，容量增加　　　　　B. 电压增加，容量不变

C. 电压减小，容量增加　　　　　D. 电压减小，容量减小

3. 如图 1-53 所示，两个完全相同的电池向电阻 R 供电，每个电池的电动势为 E，内阻为 r，则 R 上的电流为（　　　）。

A. $\dfrac{E}{R+r}$　　　B. $\dfrac{2E}{R+r}$　　　C. $\dfrac{2E}{R+2r}$　　　D. $\dfrac{2E}{2R+r}$

4. 判断正误：电动势不同的电池不允许并联。（　　　）

5. 判断正误：为提供较高的电压和较大的电流，常采用混联电池组。（　　　）

图 1-53　题 3 图

6. 判断正误：串联电池组中，如果有一个电池的极性接反，将在电池组内形成环流，发生短路现象。（　　　）

7. 判断正误：电池在电路中必定是电源，总是把化学能转化为电能。（　　　）

8. 在电路中为什么新旧电池不能混用？

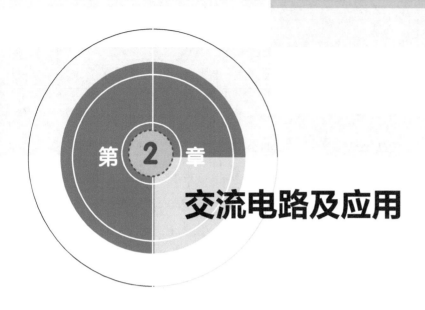

第 **2** 章

交流电路及应用

2.1 单相正弦交流电

2.1.1 正弦交流电简介

（1）正弦交流电的产生

交流发电机是根据电磁感应原理研制的。交流发电机由固定在机壳上的定子和可以绕轴转动的转子两部分组成。固定在机壳上的电枢称为定子；转子由铁芯和绕在其上的线圈组成，线圈的两端分别接在彼此绝缘的两个金属环上，再通过与此有良好接触的电刷将交流电送到外电路。当转子旋转时，由于线圈绕组切割磁感线运动而产生感应电动势，这个感应电动势向外输送，提供给负载的就是一个正弦交流电压。

2.1 正弦交流电的产生

在线圈旋转过程中，每经过一次中性面，由于导体切割磁力线方向改变，感生电动势方向变化一次，且每次线圈与中性面重合时，感生电动势恰好为零。线圈与中性面垂直时，达到最大值。其变化规律的正弦波曲线，如图 2-1 所示。

记忆口诀

匀强磁场有线圈，旋转产生交流电。
电流电压电动势，变化规律是弦线。

（2）正弦交流电的波形图

如图 2-2 所示为正弦交流电的波形图。从波形图可直观地看出交流电的变化规律。绘图时，采用"五点描线法"，即：起点、正峰值点、中点、负峰值点、终点。

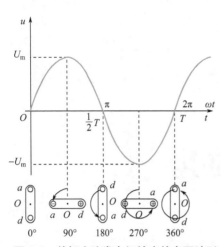

图 2-1　单相交流发电机输出的电压波形

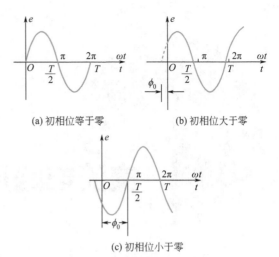

(a) 初相位等于零　　　　(b) 初相位大于零

(c) 初相位小于零

图 2-2　正弦交流电的波形图

从波形图可看出，正弦交流电有以下 3 个特点：

① 瞬时性　在一个周期内，不同时间瞬时值均不相同。

② 周期性　每隔一相同时间间隔，曲线将重复变化。

③ 规律性　始终按照正弦函数规律变化。

2.1.2　交流电的基本术语

（1）瞬时值、最大值、有效值、平均值

① 瞬时值　正弦交流电在任一瞬时的值，称为瞬时值。在一个周期内，不同时间的瞬时值均不相同。正弦交流电的电动势、电压、电流的瞬时值分别用小写字母 e、u、i 表示，最大值分别用 E_m、U_m、I_m 表示，其瞬时值表达式为

$$e=E_m\sin(\omega t+\varphi_0)(V)$$
$$u=U_m\sin(\omega t+\varphi_0)(V)$$
$$i=I_m\sin(\omega t+\varphi_0)(A)$$

式中，ω 为角频率，t 为时间，φ_0 为转子线圈起始位置与中性面的夹角（称为初相位）。

② 最大值　正弦交流电在一个周期内所能达到的最大数值，也称幅值、峰值、振幅等。分别用 E_m、U_m、I_m 表示。

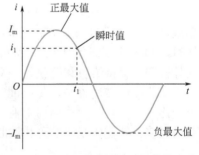

图 2-3　正弦交流电的瞬时值和最大值

正弦交流电的瞬时值和最大值如图 2-3 所示。

③ 有效值　正弦交流电的有效值是根据电流的热效应来规定的。即让交流电与直流电分别通过阻值相同的电阻，如果在相同的时间内，它们所产生的热量相等，我们就把这一直流电的数值定义为这一交流电的有效值。分别用大写字母 E、U、I 表示。

我们平常说的交流电的电压或电流的大小，都是指有效值。一般交流电表测量的数值也是有效值，常用电器上标注的资料均为有效值。但在选择电器的耐压时，必须考虑电压的最大值。

④ 平均值　平均值是指在一个周期内交流电的绝对值的平均值，它表示的是交流电相对时间变化的大小关系。分别用 I_{Pj}、U_{Pj}、E_{Pj} 表示。一般说，交流电的有效值比平均值大。

注意，我们在进行电工理论研究时常常用到平均值的概念，但对于电工来说，平时一般不涉及交流电平均值的问题。

有效值、最大值、平均值的数量关系如下：

① 有效值与最大值的数量关系

$$I=\frac{I_{\mathrm{m}}}{\sqrt{2}}=0.707I_{\mathrm{m}}, \quad U=\frac{U_{\mathrm{m}}}{\sqrt{2}}=0.707U_{\mathrm{m}}, \quad E=\frac{E_{\mathrm{m}}}{\sqrt{2}}=0.707E_{\mathrm{m}}$$

有效值和最大值是从不同角度反映交流电强弱的物理量，正弦交流电的有效值是最大值的 0.707 倍，最大值是有效值的 $\sqrt{2}$ 倍，如图 2-4 所示。

② 平均值与最大值的数量关系

$$I_{\mathrm{Pj}}=\frac{2}{\pi}I_{\mathrm{m}}=0.637I_{\mathrm{m}}, \quad U_{\mathrm{Pj}}=\frac{2}{\pi}U_{\mathrm{m}}=0.637U_{\mathrm{m}}, \quad E_{\mathrm{Pj}}=\frac{2}{\pi}E_{\mathrm{m}}=0.637E_{\mathrm{m}}$$

即正弦交流电平均值是最大值的 0.637 倍，如图 2-5 所示。

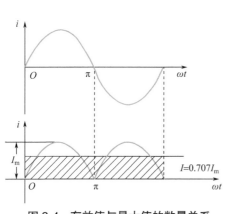

图 2-4 有效值与最大值的数量关系

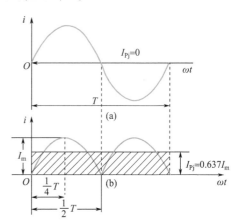

图 2-5 最大值与平均值的数量关系

特别提醒

记忆口诀

正弦交流电三值，瞬时最大有效值。

还有一个平均值，维修电工少涉及。

振幅就是最大值，根号二倍有效值。

有效值与平均值，关系零点六三七。

（2）周期、频率、角频率

① 周期　正弦量变化一周所需的时间称为周期，周期是发电机的转子旋转一周的时间，用 T 表示，单位为 s。

② 频率　正弦交流电在单位时间内（1s）完成周期性变化的次数，即发电机在 1s 内旋转的圈数，用 f 表示，单位是 Hz（赫兹）。频率常用单位还有 kHz（千赫）和 MHz（兆赫），它们的关系为

$$1\mathrm{kHz}=10^{3}\mathrm{Hz}；1\mathrm{MHz}=10^{6}\mathrm{Hz}$$

周期和频率之间互为倒数关系，即

$$T=\frac{1}{f}$$

③ 角频率　交流电在 1s 时间内电角度的变化量，即发电机转子在 1s 内所转过的几何角度，用 ω 表示，单位是 rad/s（弧度每秒）。

周期、频率和角频率三者的关系

$$\omega = 2\pi f = \frac{2\pi}{T}, \quad f = \frac{1}{T} = \frac{\omega}{2\pi}, \quad T = \frac{1}{f} = \frac{2\pi}{\omega}$$

我国规定：交流电的频率是 50Hz，习惯上称为"工频"，角频率为 100πrad/s 或 314rad/s。

记忆口诀

周期频率角频率，变化快慢的参数。
变化一周称周期，一秒周数为频率。
周期频率互倒数，每秒弧度角频率。

（3）相位、初相位和相位差

① 相位　相位是表示正弦交流电在某一时刻所处状态的物理量。它不仅决定正弦交流电的瞬时值的大小和方向，还能反映正弦交流电的变化趋势。在正弦交流电的表达式中，"ωt+θ"就是正弦交流电的相位。单位是度（°）或弧度（rad）。

② 初相位　初相位是表示正弦交流电起始时刻状态的物理量。正弦交流电在 t=0 时的相位（或发电机的转子在没有转动之前，其线圈平面与中性面的夹角）叫初相位，简称初相，用 θ_0 表示。初相位的大小和时间起点的选择有关，初相位的绝对值用小于 π 的角表示。

交流电的相位和初相位如图 2-6 所示。

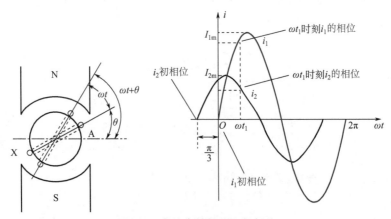

图 2-6　交流电的相位和初相位

③ 相位差　两个同频率正弦交流电，在任一瞬间的相位之差就是相位差。用符号 Δφ 表示。如图 2-7 所示。

两个同频率交流电，由于初相不同，Δφ 存在着下面 5 种情况：

当 Δφ ＞ 0 时，称第一个正弦量比第二个正弦量的相位"超前 Δφ"；

当 Δφ ＜ 0 时，称第一个正弦量比第二个正弦量的相位"滞后 Δφ"；

当 Δφ＝0 时，称第一个正弦量与第二个正弦量"同相"；

当 Δφ＝±π 或 ±180° 时，称第一个正弦量与第二个正弦量"反相"；

当 $\Delta\varphi = \pm\frac{\pi}{2}$ 或 ±90° 时，称第一个正弦量与第二个正弦量"正交"。

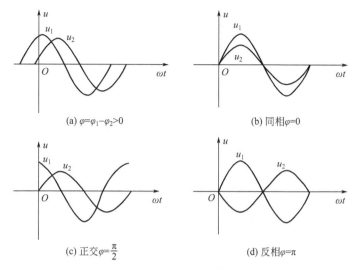

图 2-7　同频率正弦交流电的相位差

若两个同频率交流电电压分别为

$$u_1=U_{m1}\sin(\omega t+\varphi_{01}), \quad u_2=U_{m2}\sin(\omega t+\varphi_{02})$$

其相位差为

$$\Delta\varphi=(\omega t+\varphi_{01})-(\omega t+\varphi_{02})=\varphi_{01}-\varphi_{02}$$

由此可见，两个同频率交流电的相位差为它们的初相位之差，它与时间变化无关。在实际中，规定用小于 π 的角度表示，如 $\frac{3}{2}\pi$ 用 $-\frac{\pi}{2}$ 表示，$\frac{5}{4}\pi$ 用 $-\frac{3}{4}\pi$ 表示等。

（4）正弦交流电的三要素

通常把振幅（最大值或有效值）、频率（或者角频率、周期）、初相位称为交流电的三要素。任何正弦量都具备这三要素。

知道了交流电的三要素，就可写出其解析式，也可画出其波形图。反之，知道了交流电解析式或波形图，也可找出其三要素。

2.2　正弦交流电的物理量

记忆口诀

交流电有三要素，振幅频率初相位。
只要知道三要素，交流电能可表述。

 想一想

1. 判断正误：通常所说的照明电 220V 是指交流电的最大值。（　　　）

2. 判断正误：两个同频率正弦交流电，若 i_1 超前于 i_2 $\frac{\pi}{2}$，则称 i_1、i_2 正交。（　　　）

3. 判断正误：正弦交流电的三要素为瞬时值、角频率、相位。（　　　）

4. 判断正误：交流电的电流或电压在变化过程中的任一瞬间，都有确定的大小和方向，叫做交流电该时刻的瞬时值。（　　　）

5. 判断正误：让交流电和直流电分别通过阻值完全相同的电阻，如果在相同的时间内

这两种电流产生的热量相等，我们就把此直流电的数值定义为该交流电的有效值。（　　）

6. 判断正误：220V 直流电与有效值 220V 交流电的作用是一样的。（　　）

7. 正弦交流电的幅值就是（　　）。

A. 正弦交流电最大值的 2 倍　　　　　B. 正弦交流电最大值

C. 正弦交流电波形正负之和　　　　　D. 正弦交流电最大值的 3 倍

8. 正弦交流电的（　　）不随时间按一定规律做周期性的变化。

A. 电压、电流的大小　　　　　　　　B. 电动势、电压、电流的大小和方向

C. 频率　　　　　　　　　　　　　　D. 电动势、电压、电流的大小

9. 家用电器铭牌上的额定值是指交流电的（　　）。

A. 有效值　　　　　B. 瞬时值　　　　　C. 最大值　　　　　D. 平均值

10. 下列关于交流电的几种说法，正确的是（　　）。

A. 使用交流电的电气设备上所标的电压电流值是指峰值

B. 交流电流表和交流电压表测得的值是电路中的瞬时值

C. 跟交流电流有相同热效应的直流电的值是交流的有效值

D. 通常照明电路的电压是 220V，指的是平均值而不是瞬时值

2.2　三相交流电路及应用

2.2.1　三相交流电简介

（1）三相交流电的产生

三相交流电是由三相交流发电机产生的。如图 2-8 所示为三相交流发电机结构示意图，它主要由定子和转子组成。在定子铁芯槽中，分别对称嵌放了三组几何尺寸、线径和匝数相同的绕组，这三组组组分别称为 A 相、B 相和 C 相，其首端分别标为 U1、V1、W1，尾端分别标为 U2、V2、W2，各相绕组所产生的感应电动势方向由绕组的尾端指向首端。这里所说的对称嵌放绕组，是指三组绕组在圆周上的排列相互构成了 120°（即 $\frac{2\pi}{3}$）。

2.3　三相交流电的产生

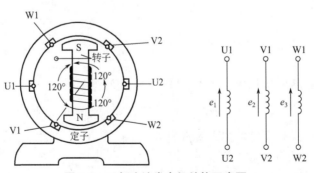

图 2-8　三相交流发电机结构示意图

当转子在其他动力机（如水力发电站的水轮机、火力发电站的蒸汽轮机等）的拖动下，

以角频率 ω 做顺时针匀速转动时，在三相绕组中产生感应电动势 e_1、e_2、e_3。这三相电动势的振幅、频率相同，它们之间的相位彼此相差 $120°$ 电角度。

如果以 A 相绕组的电动势 e_1 为准，则这三相感应电动势的瞬时值表达式为

$$e_1 = E_m \sin\omega t$$

$$e_2 = E_m \sin\left(\omega t - \frac{2}{3}\pi\right)$$

$$e_3 = E_m \sin\left(\omega t + \frac{2}{3}\pi\right)$$

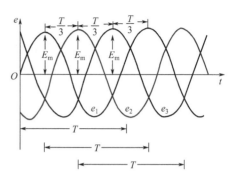

根据上面的表达式可画出这三相电动势的波形图，如图 2-9 所示。

图 2-9 对称三相电动势的波形图

（2）三相交流电的优点

和单相交流电比较，三相交流电具有以下优点：

① 三相发电机比尺寸相同的单相发电机输出的功率要大。

② 三相发电机的结构和制造不比单相发电机复杂多少，且使用、维护都较方便，运转时比单相发电机的振动要小。

③ 在同样条件下输送同样大的功率时，特别是在远距离输电时，三相输电线比单相输电线可节约 25% 左右的材料。

（3）三相交流电的相序

相序指的是三相交流电压的排列顺序，一般以三相电动势最大值到达时间的先后顺序称为相序。三相电源的相序是以国家电网的相序为基准的。如 A、B、C 三相交流电压的相位，按顺时针排列，相位差为 $120°$，就是正序；如按逆时针排列，就是负序；如果同相，就是零序。

在配电系统中，相序是一个非常重要的规定。为使配电系统能够安全可靠地运行，国家统一规定：A、B、C 三项分别是黄色、绿色、红色表示。

图 2-10 测量相序

在电力工程上，相序排列是否正确，可用相序器来测量，如图 2-10 所示。相序表可检测三相交流电源中出现的缺相、逆相、三相电压不平衡、过电压、欠电压等故障现象。

记忆口诀

电压电流电动势，三相交流有定义。
振幅相位均相同，波形变化按正弦。
相位互差 $120°$，随着时间周期变。
三相相序不能混，黄绿红色守规定。

特别提醒 电气设备运行时，相序是不能随便颠倒的，那样会改变它的运行程序，有时还是很危险的。调试阶段，根据需要相序是可以颠倒的。

2.2.2　三相交流电路

（1）三相电源的星形连接

三相交流发电机的三相绕组有 6 个端头，其中有 3 个首端，3 个尾端，如果用三相六线制来输电就需要 6 根线，很不经济，也没有实用价值。

2.4　三相电源的连接

把三个尾端连接在一起，成为一个公共点（称为中性点），从中性点引出的导线称为中性线，简称中线（又称为零线），用 N 表示；把三个绕组引出的输电线 A、B、C 叫做相线，俗称火线。这种连接方式所构成的供电系统称为三相四线制电源，用符号"Y"表示，如图 2-11 所示。

在三相四线制对称负载中，中性线电流为零。所以在工程技术上为了节省原材料，对这样的用电网络，可以省去中性线，将三相四线制变为三相三线制供电。例如，三相电动机、三相电炉就可以采用三相三线制供电。

> 三相电源首端分别向外引出端线，俗称火线。

> 尾端公共点向外引出的导线称为中线，中线俗称零线。

图 2-11　三相交流电源的星形连接

（2）三相电源的三角形连接

三相交流电源的三角形接法是将各相电源或负载依次首尾相连，并将每个相连的点引出，作为三相电的三条相线。三角形接法没有中性点，也不可引出中性线，因此只有三相三线制（添加地线后，成为三相四线制）。

特别提醒

> 住宅供电时，使用三相电作为楼层或小区进线，多用星形接法，其相电压为 220V，而线电压为 380V（近似值），需要中性线，一般也都有地线，即为三相五线制。而进户线为单相线，即三相中的一相，对地或对中性线电压均为 220V。一些大功率空调等家用电器也使用三相四线制接法，此时进户线必须是三相线。
>
> 工业用电多使用 6kV 以上高压三相电进入厂区，经总降压变电所、总配电所或车间变电所变压成为较低电压后，以三相或单相的形式为各个车间供电。

（3）相电压和线电压

三相四线制供电线路采用星形（Y）接法，其突出优点是能够输出两种电压，且可以同时用两种电压向不同用电设备供电，如图 2-12 所示。

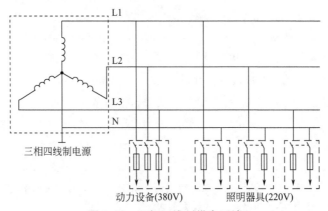

图 2-12　三相四线制供电系统

① 相电压　每相绕组首端与中性点之间的电压称为相电压，相电压为220V，用于供单相设备和照明器具使用。

② 线电压　相线与相线之间的电压称为线电压，线电压为380V，用于供三相动力设备使用。

特别提醒

线电压与相电压的数量关系为：线电压等于相电压的$\sqrt{3}$倍，即

$$U_{线} = \sqrt{3}\, U_{相}$$

（4）中性线的重要作用

在实际的供用电网络中，由于单相用电的普遍存在，包括家庭的照明和家用电器的用电，导致供电系统大量存在三相不对称负载。在三相不对称负载电路中，如果没有中性线，各相电压因为负载大小的不同将严重偏离正常值，造成有的相供电电压不足，不能正常工作；而有的相供电电压太高，会造成用电器损坏事故（如灯泡、电视机等全部烧坏），有时甚至会危及人的安全。

中性线的重要作用是：在三相不对称负载电路中，保证三相负载上的电压对称，防止事故的发生。

在三相四线制供电系统中规定，中性线上不允许安装保险丝和开关，以保证用电安全。

记忆口诀

Y接三尾连一点，连点称为中性点。
三首引出三相线，中点引出中性线。
相线俗称为火线，中线俗称叫零线。
线电压与相电压，线相压比根号3。
安装中线有规定，不装保险或开关。

注：中线即中性线。

（5）三相五线制供电

在三相四线制供电系统中，把零线的两个作用分开，即一根线做工作零线（N），另外用一根线专做保护零线（PE），这样的供电接线方式称为三相五线制供电方式。三相五线制包括三根相线、一根工作零线、一根保护零线。

与传统的三相四线制供电方式相比较，三相五线制的主要区别就在于施工过程中另外增加了一条地线，这条增加的地线称为保护零线，对电气设备的正常运行有着非常重要的意义，为了确保三相五线制配电系统的安全运行，在安装保护零线过程中必须要满足以下几点：

① 工作零线和保护零线除了在变压器中性点处可靠连接外，不允许在其他任何位置进行直接连接。

② 在保护零线架设过程中，施工人员应该对工作零线和保护零线设置明显的分辨标志，避免在施工过程中出现接错线的情况。

③ 为了保障保护零线的运行性能，在保护零线安装过程中，保护零线上不允许安装任何熔断器或者开关设备，进而确保保护零线运行性能的稳定可靠。

④ 保护零线在安装过程中要选择重复接地的方式，以此提高其安全性能，重复接地的

位置主要分布在分支线路的首端以及主干线的末端位置，重复接地处的电阻值也应该在规定限制之内。

⑤ 在三相五线制供电方式安装过程中，保护零线的材料应该与相线材料相同，不可以片面地认为保护零线没有相线重要，而降低保护零线材料的标准，这样才能做到有效避免断线事故的发生。

三相五线制供电方式在敷设过程中也有着严格的技术要求：

① 在铺设过程中，施工人员若想利用绝缘导线进行布线，这时保护零线应用黄绿双色线进行安装，工作零线的敷设一般用黑色线进行，在沿墙垂直方向进行布线工作过程中，为了确保整个三相五线制系统的安全性能，保护零线应该设置在最下端位置，在水平布线时，保护零线要布置在最接近墙体的位置。

② 在电力变压器处，工作零线和保护零线有着不同的引出位置，在安装过程中要特别注意，工作零线的引出位置是在变压器中性瓷套管处，保护零线的引出位置是在接地体的引出线处。

③ 进行重复接地保护安装过程中，重复接地要严格按照要求一律连接在保护零线之上，严禁出现工作零线重复接地的现象。

④ 三相五线制供电方式若想采用低压电缆供电时，电缆应该选择质量优良的五芯低压电力电缆，确保整个三相五线系统在运行过程中的稳定性。

⑤ 在三相五线制的终端用电位置，工作零线和保护零线一定分别与零干线相连接。

特别提醒 国家有关部门规定：凡是新建、扩建、企事业、商业、居民住宅、智能建筑、基建施工现场及临时线路，一律实行三相五线制供电方式，做到保护零线和工作零线单独敷设。对现有企业应逐步将三相四线制改为三相五线制供电。

2.2.3 三相电路的功率及功率因数

(1) 有功功率

在交流电路中，凡是消耗在电阻元件上、功率不可逆转换的那部分功率（如转变为热能、光能或机械能）称为有功功率，简称"有功"，用"P"表示，单位是 W（瓦）或 kW（千瓦）。它反映了交流电源在电阻元件上做功的能力大小，或单位时间内转变为其他能量形式的电能数值。实际上它是交流电在一个周期内瞬时功率的平均值，故又称平均功率。它的大小等于瞬时功率最大值的 1/2，就是等于电阻元件两端电压有效值与通过电阻元件中电流有效值的乘积。

在三相交流电路中，三相负载总的有功功率等于各相负载的有功功率之和，即

$$P=P_1+P_2+P_3$$
$$=U_{1P}I_{1P}\cos\varphi_1+U_{2P}I_{2P}\cos\varphi_2+U_{3P}I_{3P}\cos\varphi_3$$

如果三相负载对称，则

$$P=3U_PI_P\cos\varphi$$

上式是根据相电压和相电流进行计算的，但在实际生活中，通常用线电压和线电流来计算三相负载的功率。

当负载作星形连接时

$$U_l=\sqrt{3}\,U_P$$
$$I_l=I_P$$

当负载作三角形连接时

$$U_\mathrm{l}=U_\mathrm{P}$$
$$I_\mathrm{l}=\sqrt{3}\,I_\mathrm{P}$$

所以，对称三相负载无论是作星形连接还是作三角形连接，其总的有功功率都可以用线电压和线电流表示为

$$P=3U_\mathrm{P}I_\mathrm{P}\cos\varphi=\sqrt{3}\,U_\mathrm{l}I_\mathrm{l}\cos\varphi$$
$$\cos\varphi=\frac{R}{Z}$$

 特别提醒　同一负载在同一三相电源作用下，负载作三角形连接时的总功率是作星形连接时的3倍。

（2）无功功率

无功功率是交流电路中由于电抗性元件（指纯电感或纯电容）的存在，而进行可逆性转换的那部分电功率，它表达了交流电源能量与磁场或电场能量交换的最大速率。电源的能量与磁场能量或电场能量在进行着可逆的能量转换，而并不消耗功率。无功功率简称"无功"，用"Q"表示。单位是var（乏）或kvar（千乏）。

三相交流电路中的无功功率，其大小为

$$Q=3U_\mathrm{P}I_\mathrm{P}\sin\varphi=\sqrt{3}\,U_\mathrm{l}I_\mathrm{l}\sin\varphi$$

实际工作中，凡是有线圈和铁芯的感性负载，它们在工作时建立磁场所消耗的功率即为无功功率。如果没有无功功率，电动机和变压器就不能建立工作磁场。

（3）视在功率

交流电源所能提供的总功率，称之为视在功率或表现功率，在数值上是交流电路中电压与电流的乘积。视在功率用 S 表示，单位为 V·A（伏安）或 kV·A（千伏安）。

$$S=3U_\mathrm{P}I_\mathrm{P}=\sqrt{3}\,U_\mathrm{l}I_\mathrm{l}$$

视在功率通常用来表示交流电源设备（如变压器）的容量大小，它既不等于有功功率，又不等于无功功率，但它既包括有功功率，又包括无功功率。例如，能否使视在功率100kV·A 的变压器输出 100kW 的有功功率，主要取决于负载的功率因数。

（4）功率因数

在交流电路中，电压与电流之间的相位差（φ）的余弦叫做功率因数，用符号 $\cos\varphi$ 表示，在数值上，功率因数是有功功率和视在功率的比值，即

$$\cos\varphi=P/S$$

功率因数是衡量电气设备效率高低的一个指标。功率因数的大小与电路的负荷性质有关，如白炽灯泡、电阻炉等电阻负荷的功率因数为1，一般具有电感性负载的电路功率因数都小于1。功率因数低，说明电路用于交变磁场转换的无功功率大，增加了线路供电损失，因此供电部门对用电单位的功率因数有一定的标准要求。

① 提高功率因数的意义

a. 提高功率因数可以提高设备的利用率。

b. 提高功率因数可以减少线路损耗。

c. 提高功率因数能改善供电质量。

d. 提高功率因数可以减少企业电费支出。

② 功率因数的人工补偿措施　人工补偿又称无功补偿，主要方法是在负载附近装设一

些能够提供无功功率的设备，使无功功率就地得到补偿，从而有效地提高功率因数。最常用的方法是采用电力电容器补偿无功，即在感性负载上并联电容器。

对于采用并联电容器进行无功补偿，按其在供电系统中安装的位置来分，可分为集中补偿、分组补偿和就地补偿三种。

2.2.4　电能的测量与节能

（1）电能的测量

电能表是用来测量和记录电能累计值的专用仪表，是目前电能测量仪表中应用最多、最广泛的仪表。

电能表按照用途分为单相电能表、三相有功电能表和三相无功电能表。其中，单相电能表主要用于测量一般用户的用电量，而三相电能表用于测量电站、厂矿和企业的用电量。

随着科技的进步，智能式单相电能表正在逐步普及。智能式单相电能表的接线与单相感应式电能表相同，不同之处在于，其内部工作测量机构采用微机结构，并随时能将测量的电压和功率等数值传送云端，实现智能测量和减少人力抄表。

电能表的接线形式有直接接线方式和经过电流互感器接线方式。电能表接线的一般原则是：电流线圈与负载串联或接在电流互感器的二次侧；电压线圈与负载并联或接在电压互感器的二次侧。

（2）普通单相电能表的接线

① 单相电能表直接接入法　在低电压小电流线路中，如果负载的功率在电能表允许的范围内，即流过电能表电流线圈的电流不至于导致线圈烧毁，那么就可以采用直接接入法。

单相电子式电能表的结构如图 2-13 所示，其接线方法一般有直接接入法和经互感器接入法；直接接入法又分为一进一出和两进两出；经互感器接入法也分为一进一出和两进两出。

2.5　常用电能表实物接线示意图

图 2-13　单相电子式电能表的结构

单相电子式电能表的端盖都画有接线图，有四个接线端子，从左至右按 1、2、3、4 编号。

a. 单进单出接线，由 1、3 进线，2、4 出线，如图 2-14 所示。

b. 双进双出接线，即 1、2 进线，3、4 出线，如图 2-15 所示。

② 经互感器接入法　用单相电能表测量 60A 以上电流的单相电路时需要接互感器加电流表。常用的电流互感器二次侧额定电流为 5A，所以要求配用电能表的电流量程也应为 5A。

a. 经电流互感器单进单出接线，如图 2-16 所示。

b. 经电流互感器双进双出接线，如图 2-17 所示。

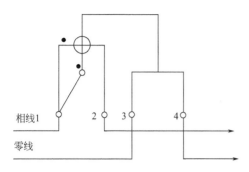

图 2-14 单相电子式电能表接线（一）

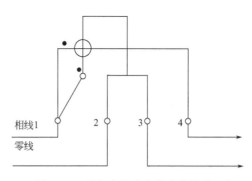

图 2-15 单相电子式电能表接线（二）

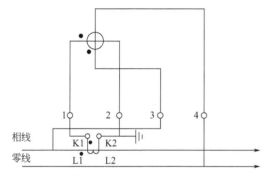

图 2-16 单相电子电能表经互感器接入法（一）

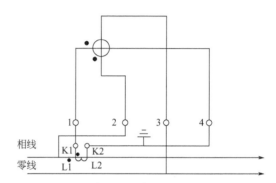

图 2-17 单相电子电能表经互感器接入法（二）

> **特别提醒** 上面介绍的是电子式电能表的接线，单相感应式电能表的接线方法与此相同。

（3）单相远程费控智能电能表接线

下面以科陆 DDZY719-A 单相远程费控智能电能表为例，介绍其接线方法。

① 直接接入式的接线，如图 2-18 所示。

② 经互感器接入式的接线，如图 2-19 所示。

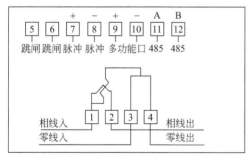

图 2-18 直接接入式的接线

1—电流接线端子；2—电流接线端子；
3—相线接线端子；4—零线接线端子；
5—跳闸控制端子；6—跳闸控制端子；
7—脉冲接线端子；8—脉冲接线端子；
9—多功能输出口接线端子；10—多功能输出口接线端子；
11—485-A 接线端子；12—485-B 接线端子

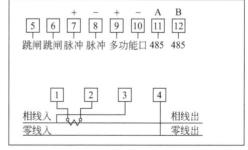

图 2-19 经互感器接入式的接线

1—电流接线端子；2—电流接线端子；
3—相线接线端子；4—零线接线端子；
5—跳闸控制端子；6—跳闸控制端子；
7—脉冲接线端子；8—脉冲接线端子；
9—多功能输出口接线端子；10—多功能输出口接线端子；
11—485-A 接线端子；12—485-B 接线端子

（4）电力节能技术

随着我国经济的快速发展，对于电能的需求量越来越大，节约电能对经济和社会发展具有特殊的重要意义。同时，电力节能也是保障企业高效生产的关键。

① 供配电系统的节能

a. 正确划分负荷等级，不能人为提高负荷等级。

b. 合理选择供电电压等级，减少线路损耗。

· 当单台电动机的额定输入功率大于 1200kW 时，应采用中（高）压供电方式；

· 当单台电动机的额定输入功率大于 900kW 而小于或等于 1200kW 时，宜采用中（高）压供电方式；

· 当单台电动机的额定输入功率大于 650kW 而小于或等于 900kW 时，可采用中（高）压供电方式；

c. 合理确定负荷指标（节能指标），合理选择变压器容量和台数，变压器负荷率设计值宜在 60% ~ 80% 的范围；

d. 功率因数补偿；

e. 谐波治理加装有源滤波器来吸收电网的谐波，以减少和消除谐波的干扰，把奇次谐波控制在允许的范围内，保证电网和各类设备安全可靠地运行。

② 电气照明的节能

a. 正确选择照度标准。

b. 合理选择照明方式。

· 工作场所应设置一般照明；

· 当同一场所内的不同区域有不同照度要求时，应采用分区一般照明；

· 对于作业面照度要求较高，只采用一般照明不合理的场所，宜采用混合照明；

· 在一个工作场所内不应只采用局部照明；

· 当需要提高特定区域或目标的照度时，宜采用重点照明。

c. 使用高光效光源。

d. 推广高效节能灯具。

e. 使用节能型镇流器。

③ 用电设备的节能　淘汰老型号、高耗能、低效率的设备，更换新型号、高效率的节能型设备。也可通过对设备改造和加装节电器，实现节约用电。

④ 管理节能　通过合理的管理手段，达到节电节能的目的，如：及时关停不用设备、合理安排生产程序、移峰填谷等。

2.6　交流电路基本概念

2.7　交流电路常用计算公式

 想一想

1. 判断正误：正弦交流电路中，无功功率就是无用功率。（　　）

2. 判断正误：视在功率既不是有功功率又不是无功功率，它是指交流电路中电压和电流的乘积。（　　）

3. 判断正误：电感式镇流器的荧光灯既消耗有功功率，也消耗无功功率。（　　）

4. 判断正误：为保证用电安全，中性线上必须安装保险丝和开关。（　　）

5. 判断正误：在三相四线制电路中，无论负载是否对称，负载的相电压是对称的。（　　　）

6. 判断正误：单相电能表有 4 个接线桩，从左至右分别是 1、2、3、4 编号，如图 2-20 所示的接线方法是正确的。（　　　）

图 2-20　题 6 图

7. 在我国三相四线制中，任意一根相线与零线之间的电压为（　　　）。

A. 相电压，有效值为 380V　　　　　　B. 线电压，有效值为 220V

C. 线电压，有效值为 380V　　　　　　D. 相电压，有效值为 220V

8. 下列属于正相序的是（　　　）。

A. U、V、W　　　B. V、U、W　　　C. U、W、V　　　D. W、V、U

9. 功率因数的含义是（　　　）。

A. 视在功率与有功功率之比　　　　　　B. 有功功率与视在功率之比

C. 有功功率与无功功率之比　　　　　　D. 无功功率与有功功率之比

10. 在一次暴风雨后，在同一台变压器的供电线路中，某栋楼房的电灯首先突然变得比平时亮了很多，然后电灯全部损坏；其他楼房的电灯比平时暗淡了许多。发生这种事情的原因是（　　　）。

A. 供电变压器被雷击坏　　　　　　　　B. 中性线被大风吹断

C. 发电厂输出电压不对称　　　　　　　D. 无法确定

11. 已知一台单相电动机，铭牌标注的功率为 30kW，功率因数为 0.6。则这台电动机的视在功率为（　　　）。

A. 30kV·A　　　　B. 4kV·A　　　　C. 50kV·A　　　　D. 60kV·A

12. 如图 2-21 所示电路中，电路接法没有错误的是（　　　）。

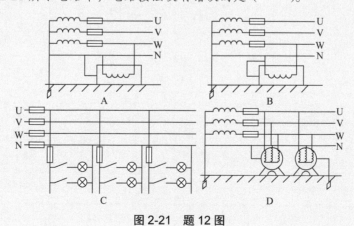

图 2-21　题 12 图

13.三相电路中，下列结论正确的是（　　）。

A.负载作星形连接时，必须有中线

B.负载作三角形连接时，线电流必为相电流的$\sqrt{3}$倍

C.负载作星形连接时，线电压必为相电压的$\sqrt{3}$倍

D.负载作星形连接时，线电流等于相电流

14.三相负载究竟采用哪种方式连接，应根据（　　）而定。

A.电源的连接方式和供电电压 　　　　B.负载的额定电压和电源供电电压

C.负载电压和电源连接方式 　　　　　D.电路的功率因数

15.在易燃、易爆等危险场所，供电线路应采用（　　）方式供电。

A.单相三线制，三相五线制 　　　　　B.单相三线制，三相四线制

C.单相两线制，三相五线制 　　　　　D.单相两线制，三相四线制

第 **3** 章

电与磁及应用

3.1　电场与磁场

3.1.1　电场

（1）电场

在自然界中，存在的电荷有两种，即正电荷和负电荷。

电荷间同种电荷相互排斥，异种电荷相互吸引，是依靠电场来实现的，这种电场对电荷的作用力称为静电力，也称为电场力，如图 3-1 所示。

电场是电荷周围存在的电荷间发生相互作用的一种特殊的物质。只要有电荷存在，它周围就存在电场。

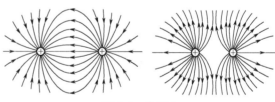

3.1　电场与电场强度

电场看不见，摸不着，但具有以下两个重要的特性：

① 位于电场中的任何电荷，都要受到电场力的作用，这说明电场具有力。

② 电荷在电场中因受电场力的作用而移动时，电场力对电荷做功，这说明电场具有能量。

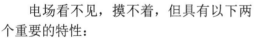

图 3-1　电场力

（2）电场强度

电场中检验电荷在某一点所受电场力 F 与检验电荷的电荷量 q 的比值叫做该点的电场强度，简称场强。用公式表示为

$$E=F/q$$

式中　F——检验电荷所受电场力，N；

　　　q——检验电荷的电荷量，C；

　　　E——电场强度，N/C；或 V/m。

电场强度的方向为正电荷在该点所受电场力的方向。负电荷的受力方向与该点电场强度

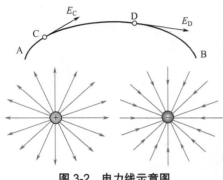

图 3-2　电力线示意图

的方向相反。

在电场的某一区域里，如果各点电场强度的大小和方向都相同，那么这个区域里的电场就称为匀强电场。

（3）电力线

为了形象地描述电场中各点电场强度的大小和方向，常在场源电荷周围做出一系列的曲线，使曲线上每一点处的切线方向表示该点的电场强度方向，这些曲线称为电力线，如图 3-2 所示。

电力线具有以下特征：

① 在静电场中，电力线总是起于正电荷而止于负电荷。

② 任何两条电力线都不会相交。

③ 电力线的疏密表示电场强度的大小，电力线越密，电场强度越大。

（4）工业中静电的防止

摩擦产生的静电，在生产、生活上给人们带来很多麻烦，甚至造成伤害。静电电荷积累到一定程度，会产生火花放电，带来不幸。例如，在地毯上行走的人，与地毯摩擦而带的电如果足够多，当他伸手去拉金属门把手时，手与金属把手间会产生火花放电，严重时会使他痉挛。在空气中飞行的飞机，与空气摩擦而带的电，如果在着陆过程中没有导走，当地勤人员接近机身时，人与飞机间可能产生火花放电，严重时可能将人击倒。专门用来装汽油或柴油等液体燃料的卡车，在灌油运输过程中，燃油与油罐摩擦、撞击而带电，如果没有及时导走，积累到一定程度，会产生电火花，引起爆炸。

工厂中防止静电危害的基本办法，是尽快把产生的静电导走，避免越积越多。接地就是将一些防静电产品或者其他设备连接到一条地线上。采用埋地线的方法建立"独立"地线。使地线与大地之间的电阻小于 10Ω，作用是泄放导体上可能集聚的电荷，对于导体上积聚的静电（如人体）通常用接地的方法来导走。接地通过以下方法实施：

① 人体通过手腕带接地。

② 人体通过防静电鞋（或鞋带）和防静电地板接地。

③ 工作台面接地。

④ 测试仪器、工具夹、烙铁接地。

⑤ 防静电地板、地垫接地。

⑥ 防静电转运车、箱、架尽可能接地。

⑦ 防静电椅接地。

静电防护除接地、降低速度、压力、减少摩擦及接触频率，选用适当材料及形状，增大电导率等抑制措施外，还可采取下列措施：屏蔽；对几乎不能泄漏静电的绝缘体用抗静电剂以增大电导率，使静电易于泄漏；采用喷雾、洒水等方法提高环境湿度，抑制静电的产生；使用静电消除器，进行静电中和。

3.1.2　磁场

（1）磁场的性质

具有磁性的物体称为磁体。自然界中存在天然磁体和人造磁体两种。我们看见的磁体一般都是人造的，有条形、蹄形、针形等。

3.2　磁场基础知识

磁体两端磁性最强的区域称为磁极。任何磁体都具有两个磁极，即 S 极（南极）和 N 极（北极）。

磁极之间具有相互作用力，即同名磁极互相排斥，异名磁极互相吸引。如图 3-3 所示。

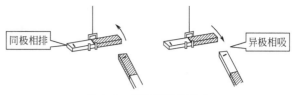

图 3-3　磁极间的作用力

把磁极之间的相互作用力以及磁体对周围铁磁物质的吸引力通称为磁力。

磁体周围存在的一种特殊的物质叫磁场。磁体间的相互作用力是通过磁场传送的。磁场是物质的一种特殊形态，它具有力和能量的性能，将一个可以自由转动的小磁针放入磁场中某点，当小磁针静止时，N 极所指的方向就是该点的磁场方向。

记忆口诀

不管大小与粗细，磁铁均有两个极。
利用磁体吸铁件，两极磁力最旺盛。
南极 S、北极 N，两端最大磁场力。
同极相斥异吸引，万物都是同一理。

（2）磁场的方向

磁场有方向性。人们规定，在磁场中某一点放一个能自由转动的小磁针，静止时小磁针 N 极所指的方向为该点的磁场方向，如图 3-4 所示。

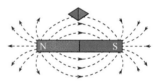

图 3-4　磁场的方向

记忆口诀

磁场方向的规定，磁针静止 N 指向。

（3）磁感线

为了形象地描绘磁场，在磁场中画出一系列有方向的假想曲线，使曲线上任意一点的切线方向与该点的磁场方向一致，我们把这些曲线称为磁感线。不同的磁场，磁感线的空间分布是不一样的，几种常见磁场的磁感线空间分布如图 3-5 所示。

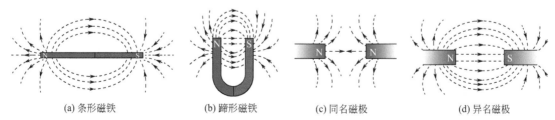

(a) 条形磁铁　　　(b) 蹄形磁铁　　　(c) 同名磁极　　　(d) 异名磁极

图 3-5　几种常见磁场的磁感线空间分布

磁感线具有以下特点：

① 磁感线在磁体外面的方向都是由 N 极指向 S 极，而在磁体内部却是由 S 极到 N 极，形成一个闭合回路。

② 磁感线互不相交，即磁场中任一点的磁场方向是唯一的，其方向就是该点磁感线的方向。

③ 磁场越强，磁感线越密。

④ 当存在导磁材料时，磁感线主要趋向从导磁材料中通过。

记忆口诀

有磁空间为磁场，描述磁场磁感线。

磁线平行不相交，每条都是闭合线。

出发N极回S极，磁体外部磁感线。

S极出发向N极，磁体内部穿磁线。

3.3 磁场基本物理量

（4）磁场的基本物理量

磁场的基本物理量有磁感应强度、磁通、磁导率和磁场强度，见表 3-1。它们是从不同侧面描述磁场的特性。

表 3-1　磁场的基本物理量

物理量	符号	表达式	单位及符号	说明
磁感应强度	B	$B=\dfrac{F}{IL}$	特（T）	（1）磁感应强度又称磁通密度，是反映磁场中某一个点磁场强弱和方向的物理量 （2）匀强磁场的磁力线是均匀分布的平行直线 （3）$B=\dfrac{F}{IL}$ 成立的条件是导线与磁感应强度垂直。$\dfrac{F}{IL}$ 的比值是一个恒定值，所以，不能说 B 与 F 成正比，也不能说 B 与 I 和 L 的乘积成反比
磁通	Φ	$\Phi=BS$	韦伯（Wb）	（1）磁通是反映磁场中某个面的磁场情况的物理量 （2）公式 $B=\dfrac{\Phi}{S}$ 说明在匀强磁场中，磁感应强度就是与磁场垂直的单位面积上的磁通。所以，磁感应强度又叫磁通密度 （3）由公式 $B=\dfrac{\Phi}{S}$，还可得到磁感应强度的另一个单位：韦/米^2（Wb/m^2）
磁导率	μ	$\mu=\mu_r\mu_0$	亨利/米（H/m）	（1）磁导率是描述物质导磁能力强弱的物理量 （2）铁磁性物质的磁导率是一个变量，非铁磁性物质在真空中的磁导率是一个常数，用 $\mu_0=4\pi\times10^{-7}$H/m，其他物质的磁导率与真空中磁导率的比值叫做相对磁导率，即 $$\mu_r=\mu/\mu_0 \text{ 或 } \mu=\mu_0\mu_r$$ （3）根据相对磁导率的大小，可将物质分为三类 ① $\mu_r<1$ 的物质叫反磁性物质 ② $\mu_r>1$ 的物质叫顺磁性物质 ③ $\mu_r\gg1$ 的物质叫铁磁性物质
磁场强度	H	$H=\dfrac{B}{\mu}$	安培/米（A/m）	（1）磁场强度反映磁场中某点的磁感应强度与磁介质磁导率的比值，是描述磁场强弱与方向的又一个基本物理量 （2）磁场强度是矢量，方向与该点的磁感应强度 B 的方向相同

虽然磁感应强度、磁通和磁场强度都是反映磁场性质的物理量，但各自反映磁场性质的侧重点不同。磁感应强度主要反映磁场中某一点的磁场强弱和方向，它的大小与该磁场中的

介质即磁导率有关；磁通是反映磁场中某一个截面的磁场情况，它同样与介质有关；磁场强度是反映磁场中某一点的磁场情况，与励磁电流和导体形状有关，但它与磁场中的介质即磁导率无关，它只是为了使运算简便而引入的一个物理量。

（5）磁场的应用

磁场是广泛存在的，地球、恒星（如太阳）、星系（如银河系）、行星、卫星，以及星际空间和星系际空间，都存在着磁场。磁现象是最早被人类认识的物理现象之一，指南针是中国古代的一大发明。

在现代科学技术和人类生活中，处处可遇到磁场，发电机、电动机、变压器、电报、电话、音箱以至加速器、热核聚变装置、电磁测量仪表等无不与磁现象有关。甚至在人体内，伴随着生命活动，一些组织和器官内也会产生微弱的磁场。

3.1.3 电流与磁场

研究表明，磁体并不是磁场的唯一来源，在通电导体的周围也存在着磁场。有电流就会产生磁场，电流在磁场中会受到安培力的作用。

3.4 直线电流的磁场

（1）通电直导线周围的磁场

通电直导线周围磁场的磁感线是以直导线上各点为圆心的一些同心圆，这些同心圆位于与导线垂直的平面上，且距导线越近，磁场越强；导线电流越大，磁场也越强。

通电直导线的磁场可用右手螺旋定则判定。方法是：用右手的大拇指伸直，四指握住导线，当大拇指指向电流时，其余四指所指的方向就是磁感线的方向，如图 3-6 所示。

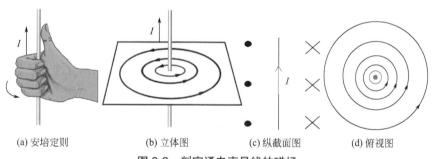

(a) 安培定则　　(b) 立体图　　(c) 纵截面图　　(d) 俯视图

图 3-6　判定通电直导线的磁场

记忆口诀

导体通电生磁场，右手判断其方向。
伸手握住直导线，拇指指向流方向，
四指握成一个圈，指尖指示磁方向。

3.5 螺旋管电流的磁场

（2）通电线圈的磁场

通电线圈（螺线管）产生的磁感线形状与条形铁相似。螺线管内部的磁感线方向与螺线管轴线平行，方向由 S 极指向 N 极；外部的磁感线由 N 极出来进入 S 极，并与内部磁感线形成闭合曲线。改变电流方向，磁场的极性就对调。

通电线圈的磁场方向仍然用右手螺旋定则判定。方法是：右手的大拇指伸直，用右手握住线圈、四指指向电流的方向，则大拇指所指的方向便是线圈中磁感线N极的方向。通常认为通电线圈内部的磁场为匀强磁场，如图3-7所示。

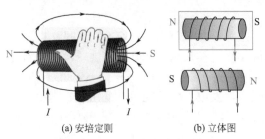

(a) 安培定则   (b) 立体图

图 3-7　判定通电线圈的磁场

记忆口诀

通电导线螺线管，形成磁场有北南。
右手握住螺线管，电流方向四指尖。
拇指一端为 N 极，另外一端为 S 极。

（3）环形电流的磁场

环形电流的磁场，其磁感线是一系列围绕环形导线，并且在环形导线的中心轴上的闭合曲线，磁感线和环形导线平面垂直。

环形电流及其磁感线的方向，也可以用安培定则来判定。方法是：右手弯曲的四指和环形电流的方向一致，则伸直的大拇指所指的方向就是环形导线中心轴上磁感线的方向，如图3-8所示。

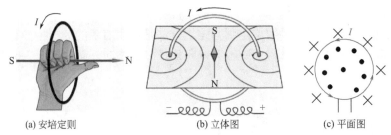

(a) 安培定则   (b) 立体图   (c) 平面图

图 3-8　判定环形电流的磁场

（4）交变磁场及应用

当线圈通过交流电时，线圈周围将产生交变磁场。利用这个原理可以制作消磁器，用来对需要消磁的物体进行反复磁化，最终达到消磁的目的，如图3-9所示。

图 3-9　用消磁器消除机床设备上的剩余残磁

（5）磁屏蔽及应用

在电子设备中，有些部件需要防止外界磁场的干扰。为解决这种问题，就要用铁磁性材料制成一个罩子，把需防干扰的部件罩在里面，使它和外界磁场隔离，也可以把那些辐射干扰磁场的部件罩起来，使它不能干扰别的部件。这种方法称为磁屏蔽。

磁屏蔽广泛用于电子电路中，主要用于防止一些高频电子装置受到外界磁场的干扰，也可防止高频电子装置产生的磁场干扰外界通信，如图3-10所示。

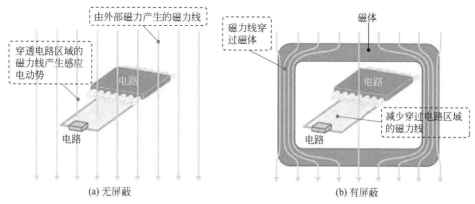

(a) 无屏蔽   (b) 有屏蔽

图 3-10   磁屏蔽的作用

3.1.4 电磁力及应用

（1）磁场对通电直导线的作用

如图 3-11 所示，将一通电直导线放入磁场中，当导线未通电时，导线不动；当接通电源，如果电流从 B 流向 A 时，导线立刻向外侧运动，说明导线受到了向外的力；如果改变电流方向，则导体向相反方向运动，说明力的方向也改变。可见，通电导体在磁场中会受力而做直线运动，我们把这种力称为电磁力，用 F 表示。

电磁力 F 的大小与通过导体的电流 I 成正比，与载流导体所在位置的磁感应强度 B 成正比，与导体在磁场中的长度 L 成正比，与导体和磁感线夹角正弦值成正比，即

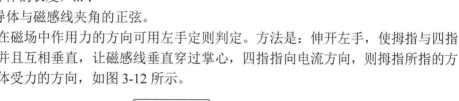

向内运动   向外运动

$$F=BIL\sin\alpha$$

式中 F——导体受到的电磁力，N；

      I——导体中的电流，A；

      L——导体的长度，m；

  $\sin\alpha$——导体与磁感线夹角的正弦。

图 3-11   通电导体在磁场中受力

通电导线在磁场中作用力的方向可用左手定则判定。方法是：伸开左手，使拇指与四指在同一平面内并且互相垂直，让磁感线垂直穿过掌心，四指指向电流方向，则拇指所指的方向就是通电导体受力的方向，如图 3-12 所示。

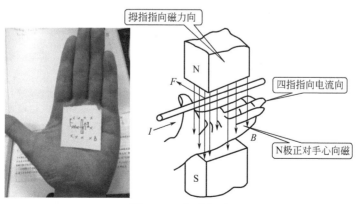

拇指指向磁力向

四指指向电流向

N极正对手心向磁

图 3-12   左手定则

左手定则记忆口诀

电流通入直导线，就能产生电磁力。
左手用来判断力，拇指四指成垂直。
平伸左手磁场中，N极正对手心里，
四指指向电流向，拇指所向电磁力。

两根互相平行相距不远的直导线通以同方向电流时，相互吸引，如图3-13所示。如果两平行直导线通以反向电流，则互相排斥。

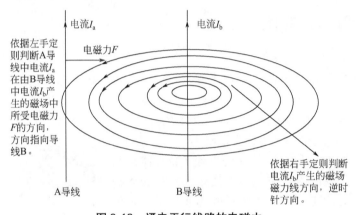

图3-13　通电平行线路的电磁力

依据上述原理，我们在敷设电力线路时，导线之间必须保持一定的间隔距离，以确保线路安全。

特别提醒

（2）磁场对矩形线圈的作用

通电矩形线圈在磁场中将受到转矩的作用而转动。线圈的转动方向用左手定则判定，其受力分析如图3-14所示。

线圈所受的转矩M与线圈所在的磁感应强度B成正比，与线圈中流过的电流I成正比，与线圈的面积S成正比，与线圈平面与磁感线夹角α的余弦成正比，即

$$M=BIS\cos\alpha$$

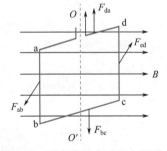

图3-14　通电线圈在磁场中的受力

特别提醒

通电矩形线圈在磁场中受转矩作用而转动，这一物理现象的发现让人类发明了电动机！磁力式电能表就是根据通电矩形线圈在磁场中受转矩作用的原理工作的。

想一想

1. 判断正误：判定通电螺线管的磁场方向用左手定则。（　　）

2. 判断正误：通电导线在磁场中某处受到的力为零，则该处的磁感应强度一定为零。（　　）

3. 判断正误：两根靠得很近的平行直导线，若通以相同方向的电流，则他们相互吸引。（　　）

4. 判断正误：将一根条形磁铁截去一段仍为条形磁铁，它仍然具有两个磁极。（　　）

5. 判断正误：磁力线的方向总是从N极指向S极。（　　）

6. 关于通电导线所受安培力 F 的方向，磁场 B 的方向和电流 I 的方向之间的关系，下列说法正确的是（　　）。

A. F、B、I 三者必须保持相互垂直

B. F 必须垂直 B、I，但 B、I 可以不相互垂直

C. B 必须垂直 F、I，但 F、I 可以不相互垂直

D. I 必须垂直 F、B，但 F、B 可以不相互垂直

7. 如图 3-15 所示，通电的导体在磁场中受电磁力作用，正确的是（　　）。

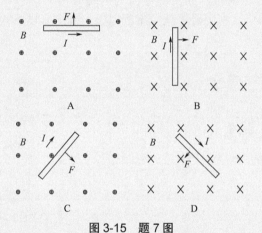

图 3-15　题 7 图

8. 如图 3-16 所示，在电磁铁的左侧放置了一根条形磁铁，当合上开关 S 以后，电磁铁与条形磁铁之间（　　）。

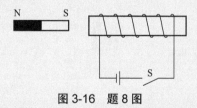

图 3-16　题 8 图

A. 互相排斥　　　　B. 互相吸引　　　　C. 静止不动　　　　D. 无法判断

9. 若一通电直导体在匀强磁场中受到的电磁力为零，这时通电直导体与磁感应线的夹角为（　　）。

A. 0°　　　　　　B. 90°　　　　　　C. 30°　　　　　　D. 60°

10.下列说法正确的是（　　　）。

A.一段通电导线，在磁场某处受的磁场力大，则该处的磁感应强度就大

B.磁感线越密处，磁感应强度越大

C.通电导线在磁场中受到的力为零，则该处磁感应强度为零

D.在磁感应强度为 B 的匀强磁场中，放入一个面积为 S 的线圈，则通过该线圈的磁通一定为 $\Phi=BS$

3.2　电磁感应

3.2.1　感应电流的产生

（1）电磁感应现象

在一定条件下，利用磁场产生电流的现象称为电磁感应现象。当磁场和导体（线圈）发生相对运动时，获得的电流称为感应电流；形成感应电流的电动势称为感应电动势。利用磁场获得感应电流的方法有以下 4 种，如图 3-17 所示。

3.6　电磁感应现象

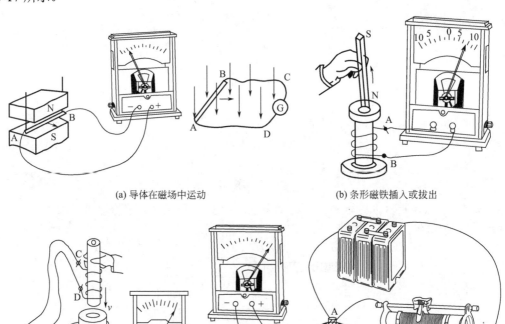

(a) 导体在磁场中运动　　　　(b) 条形磁铁插入或拔出

(c) 线圈做相对运动　　　　(d) 闭合或断开开关

图 3-17　产生感应电流的实验

从上述实验可得出的结论是：只要闭合电路的一部分导体做切割磁感线运动时，或穿过闭合电路的磁通量发生变化时，闭合电路中就有感应电流产生。

> 穿过闭合回路的磁通发生变化，意味着穿过此闭合电路的磁感线条数发生了变化，这种变化可能是由磁场的变化引起的，也可能是由电流的变化引起的，也可能是由闭合电路的部分导线切割磁感线引起的，或两者均有之。
>
> 只要有磁通发生变化，就必然有感应电动势产生；只有导线与负载连接成闭合回路时，才有感应电流产生。

特别提醒

记忆口诀

电磁感应磁生电，磁通变化是条件。
回路闭合有电流，回路断开是电势。

（2）感应电流方向的判定

在电磁感应现象中，感应电流的方向取决于产生感应电流的条件。

如果是闭合电路一部分的导体在磁场中做切割磁感线运动而产生的感应电流时，可用右手定则来判定。方法是：伸开右手，使拇指和其余四指垂直，且在同一平面内，让磁感线垂直穿过手心，大拇指指向导线运动的方向，则其余四指所指着的方向就是感应电流的方向，如图 3-18 所示。

3.7 关于电磁感应中的定则应用

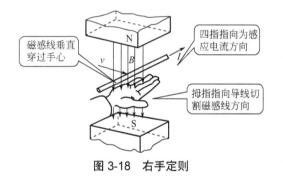

磁感线垂直穿过手心

四指指向为感应电流方向

拇指指向导线切割磁感线方向

图 3-18 右手定则

右手定则记忆口诀

导线切割磁感线，感应电势生里面。
导线外接闭合路，感应电流右手判。
平伸右手磁场中，手心面对 N 极端。
导线运动拇指向，四指方向为电流。

> 初学者对左手定则和右手定则经常混淆，判断磁场对电流的作用力要用左手定则，判断感应电流的方向要用右手定则。即关于力的用左手，其他的（一般用于判断感生电流方向）用右手定则。可这样想象，"力"字向左撇，就用左手；而"电"字向右撇，就用右手。

特别提醒

记忆口诀

左右手，不随便。
左通电，右生电。
掌心均迎磁感线。

3.2.2 自感

（1）自感现象

当导体中的电流发生变化时，它周围的磁场就随着变化，并由此产生磁通量的变化，因而在导体中就产生感应电动势，这个电动势总是阻碍导体中原来电流的变化，此电动势即自感电动势。这种现象就叫做自感现象。

3.8　自感和互感

自感现象是一种特殊的电磁感应现象，是由于导体本身电流发生变化引起自身产生的磁场变化而导致其自身产生的电磁感应现象。

自感现象在各种电气设备和无线电技术中有广泛的应用。例如，在如图 3-19 所示日光灯电路图里面，镇流器是一个带铁芯的线圈，我们知道在日光灯启动的时候需要一个很大的启辉电压，那么这个电压是哪儿来的呢？当电路开关闭合的时候，由于启辉器里面的氖气放电而发出辉光，从而使得电路能够接通，于是

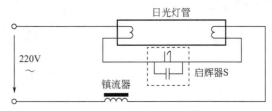

图 3-19　日光灯电路图

在镇流器刚接通的瞬间，产生很大的自感电压，于是日光灯进入正常的工作状态。

自感现象也有不利的一面，在自感系数很大而电流有很强的电路（如大型电动机的定子绕组）中，在切断电路的瞬间，由于电流强度在很短的时间内发生很大的变化，会产生很高的自感电动势，使开关的闸刀和固定夹片之间的空气电离而变成导体，形成电弧，这会烧坏开关，甚至危害到人员安全。因此，切断这段电路时必须采用特制的安全开关。

（2）电感量

对于不同的线圈，在电流变化快慢相同的情况下，产生的自感电动势是不同的，电学中用自感系数来表示线圈的这种特征。自感系数简称自感或电感，用 L 表示。

实验证明，穿过电感器的磁通量 Φ 和电感器通入的电流 I 成正比关系。磁通量 Φ 与电流 I 的比值称为自感系数，又称电感量，用公式表示为

$$L=\Phi/I$$

电感量的基本单位为亨利（简称亨），用字母 H 表示，此外还有毫亨（mH）和微亨（μH），它们之间的关系是

$$1H=1\times10^{3}mH=1\times10^{6}\mu H$$

电感器是能够把电能转化为磁能而存储起来的元件，其电感量的标注方法主要有直接标注法、色环标注法和文字符号标注法，如图 3-20 所示。

（a）直接标注法　　　（b）文字符号标注法　　　（c）色环标注法

图 3-20　电感量的标注方法

① 直接标注法　电感器一般都采用直接标注法，就是将标称电感量用数字直接标注在电感器的外壳上，同时还用字母表示电感器的额定电流、允许误差。小型固定电感一般均采用这种数字与符号直接表示其参数的方法。

例：电感器外壳上标有 L、Ⅱ、470μH，表示电感器的电感量为 470μH，最大工作电流为 300mA，允许误差为 ±10%。

② 色环标注法　色环标注在电感器的外壳上，其标注方法同电阻的标注方法一样。第一个色环表示第一位有效数字，第二个色环表示第二位有效数字，第三个色环表示倍乘数，第四个色环表示允许误差。

例：某电感器的色环依次为蓝、绿、红、银，表明此电感器的电感量为 6500μH，允许误差为 ±10%。

③ 文字符号标注法　电感器的文字符号标志法同样是用单位的文字符号表示，当单位为 μH 时，用 L 作为电感器的文字符号，其他与电阻器的标注相同。

3.2.3　互感

（1）互感现象

二相邻线圈中，当一线圈中的电流发生变化时，在临近的另一线圈中产生感应电动势，叫做互感现象。互感现象产生的感生电动势称为互感电动势。

互感现象是一种常见的电磁感应现象，不仅发生于绕在同一铁芯上的两个线圈之间，而且也可以发生于任何两个相互靠近的电路之间。

（2）互感线圈的同名端

我们把互感线圈由电流变化所产生的自感电动势与互感电动势的极性始终保持一致的端点，叫做同名端，反之叫做异名端。电路图中常常用小圆点或小星号标出互感线圈的同名端，它反映出互感线圈的极性，也反映了互感线圈的绕向，如图 3-21 所示。

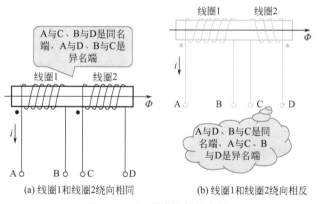

图 3-21　互感线圈的同名端

① 线圈 1 和线圈 2 绕向相同　如图 3-21（a）所示，当线圈 1 中的电流增加时，应用右手螺旋定则可知，线圈 1 中自感电动势的极性 A 端为正，B 端为负，线圈 2 中互感电动势的极性 C 端为正，D 端为负，即 A 与 C、B 与 D 的极性相同。当线圈 1 中的电流减小时，应用右手螺旋定则可知，线圈 1 中自感电动势的极性 B 端为正，A 端为负，线圈 2 中互感电动势的极性 D 端为正，C 端为负，即 A 与 C、B 与 D 的极性仍相同。

② 线圈 1 和线圈 2 绕向相反　如图 3-21（b）所示，当线圈 1 中的电流增加时，应用右手螺旋定则可知，线圈 1 中自感电动势的极性 A 端为正，B 端为负，线圈 2 中互感电动势的极性 D 端为正，C 端为负，即 A 与 D、B 与 C 的极性相同。当线圈 1 中的电流减小时，应用右手螺旋定则可知，线圈 1 中自感电动势的极性 B 端为正，A 端为负，线圈 2 中互感电动势的极性 C 端为正，D 端为负，即 A 与 D、B 与 C 的极性相同。

③ 同名端的应用　两个或两个以上线圈彼此耦合时，常常需要知道互感电动势的极性，往往需要标出其同名端。例如，电力变压器用规定好的字母标出原、副线圈间的极性关系。

在电子技术中，互感线圈应用十分广泛，但是必须考虑线圈的极性，不能接错。例如，收音机的本机振荡电路，如果把互感线圈的极性接错，电路将不能起振，因此，需要标出其互感线圈间的同名端。

（3）互感现象的应用

互感现象在电工、电子技术中应用很广。例如变压器就是应用两个线圈间存在互感耦合制成的。实验室中常用的感应圈也是利用互感现象获得高压的。

有时，互感现象也有不利影响。为此实际中总是采取措施消除这种影响。例如可在电子仪器中，把易产生互感耦合的元件采取远离、调整方位或磁屏蔽等方法来避免元件间的互感影响。

3.2.4　电磁感应的应用

电磁感应原理是电磁学中最重大的发现之一，它揭示了电、磁现象之间的相互联系。依据电磁感应原理，人们制造出了发电机，电能的大规模生产成为可能，与此同时，电磁感应现象还广泛应用在电工、电子技术以及电磁测量等领域，由此，人类社会迈进了电气化时代。

下面简要介绍电磁感应原理在生产生活中的应用情况。

（1）磁悬浮列车

在磁悬浮列车的底部安装超导磁体，在轨道的两旁则铺设有一系列的闭合铝环，当列车运行起来时，由于超导磁体产生的磁场相对于铝环有运动，根据电磁感应原理，在铝环内就会产生感应电流，而超导体和感应电流之间会有相互作用，产生向上的排斥力。当排斥力大于列车的自身重力时，列车就会悬浮起来（离地上的轨道平面约 1cm 左右）。当列车减速时，随着磁场的减小，相应的排斥力也变小，因此，悬浮列车也要配车轮，但它的车轮像飞机一样在高速运行时可以及时地收起来。当悬浮列车悬浮起来以后，由于没有了车轮和它的轨道之间的摩擦力，只需不大的牵引力功率就可以让列车达到 500km/h 的速度。与现有的列车相比，磁悬浮列车有高速、安全（无翻车或脱轨危险）、噪声低（约 60dB）和占地小等优点，是理想的交通工具，如图 3-22 所示。

(a) 实物图　　　　　　　　　　　　(b) 原理图

图 3-22　磁悬浮列车

（2）动圈式话筒

动圈式话筒是把声音转变为电信号的装置，其工作原理图如图 3-23 所示。当声波使金属膜片振动时，连接在膜片上的线圈（叫做音圈）随着一起振动。音圈在永磁铁的磁场里振动，其中就产生感应电流（电信号）。感应电流的大小和方向都变化，振幅和频率的变化由声波决定。这个信

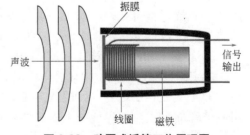

图 3-23　动圈式话筒工作原理图

号电流经扩音器放大后传给扬声器，从扬声器中就发出放大的声音。

（3）磁卡

磁卡是在 PVC 材料表面附加上磁条，它的基本原理与录音机的磁带一样，是利用磁化来改变磁条磁性的强弱，从而记录和修改信息的。读卡时，当磁卡以一定的速度通过装有线圈的工作磁头时，线圈会切割磁卡外部的磁感线，在线圈中产生感应电流，从而传输了被记录的信号。它的应用非常广泛，如：银行卡、公交 IC 卡。

（4）电磁炉

电磁炉是利用电磁感应加热原理制成的电烹饪器具。使用时，线圈中通入交变电流，线圈周围便产生一交变磁场，交变磁场的磁力线大部分通过金属锅体，在锅底中产生大量涡流，从而产生烹饪所需的热，如图 3-24 所示。在加热过程中没有明火，因此安全、卫生。

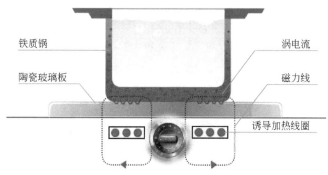

图 3-24 电磁炉工作原理图

电磁炉产生的交变磁场，不但会产生涡流热效应，而且会促使金属锅体的分子运动并互相碰撞，造成分子间的摩擦生热，这两种热效应是直接发生在锅体本身，其热能的损耗很小。由于电磁炉的热源来自于锅具底部而不是电磁炉本身发热传导给锅具，所以电磁炉的热效率可达 80%，约比煤气灶高 1 倍，而且加热均匀，烹调迅速，节省电能。

 想一想

1. 判断正误：线圈中有磁场存在，但不一定会产生电磁感应现象。（   ）

2. 判断正误：在电磁感应中，感应电流和感应电动势是同时存在的；没有感应电流，也就没有感应电动势。（   ）

3. 判断正误：某电感器标注如图 3-25 所示，其含义是：电感量为 4.7μH，偏差 ±10%。（   ）

4. 自感现象是指线圈本身的（   ）。

A. 体积发生改变而引起的现象，如多绕几圈

B. 线径发生变化的现象，如用粗线代替细线

C. 铁磁介质变化，如在空心线圈中加入铁磁介质

D. 电流发生变化而引起电磁感应现象

图 3-25 题 3 图

3.3　电感线圈和变压器

3.3.1　电感线圈

（1）电感线圈的种类

电感线圈是由导线一圈靠一圈地绕在绝缘管上，导线彼此互相绝缘，而绝缘管可以是空心的，也可以包含铁芯或磁粉芯。电感线圈是常用的基本电子元件之一，通常简称为"电感器"或"电感"。它曾经与电阻器、电容器一起被称为电工学的三大件。电感器的种类见表3-2。

表 3-2　电感器的种类

分类方法	种类
按电感是否变化分	固定电感、可变电感和微调电感
按磁体的性质分	空心线圈、磁芯线圈
按结构分	单层线圈、多层线圈
按工作频率分	高频电感、中频电感和低频电感
按用途分类	振荡电感、校正电感、显像管偏转电感、阻流电感、滤波电感、隔离电感、补偿电感

（2）电感器的作用

电感器一般用漆包线、纱包线或塑皮线等在绝缘骨架或磁芯、铁芯上绕制成的一组串联的同轴线匝。它在电路中用字母"L"表示。

电感器同电容器一样，也是一种储能元件，可以把电能与磁场能相互转换。

电感器的作用主要是通直流、阻交流，在电路中主要起到滤波、振荡、延迟、陷波等作用。电感线圈对交流电流有阻碍作用，阻碍作用的大小称感抗 X_L，单位是 Ω。

电感器还有筛选信号、过滤噪声、稳定电流及抑制电磁波干扰等作用。在电子设备中，经常看到磁环，这种磁环与连接电缆构成一个电感器（电缆中的导线在磁环上绕几圈电感线圈），它是电子电路中常用的抗干扰元件，对高频噪声有很好的屏蔽作用，故被称为吸收磁环。

特别提醒　电感器具有阻交流通直流、阻高频通低频的作用。也就是说高频信号通过电感线圈时会遇到很大的阻力，很难通过，而对低频信号通过它时所呈现的阻力则比较小，即低频信号可以较容易的通过它。电感线圈对直流电的电阻几乎为零。

（3）电感器的外形特征

各种电感器的外形差异较大，一般来说，电感器至少有2根引脚，如图3-26所示。

没有抽头的电感器只有两根引脚，这两根元件没有极性之分，使用时可以互换。如果电感器有抽头，引脚数目会在3根及以上，这些引脚就有头、尾和抽头的区别，使用时不能搞错。

最简单的电感器是用绝缘导线空心地绕几圈，有磁芯的电感器是在磁芯或者铁芯上用绝

电感器外形差异大，至少有2根引脚

图 3-26　常用电感器的外形

缘导线绕几圈，如图 3-27 所示。

(a) 空心电感器

(b) 有磁芯或铁芯的电感器

图 3-27　电感器

　　在电子线路中比较常用的色环电感器，属于有磁芯的电感器，它们是在线圈绕制好后，用塑料或环氧树脂等封装材料将线圈和磁芯等密封起来的，如图 3-28 所示。

　　在电子产品中，还有一种可调电感器，俗称中周，它有带螺纹的磁芯，转动磁芯可以改变线圈的电感量，如图 3-29 所示。

图 3-28　色环电感器

图 3-29　可调电感器

利用电感器的基本原理，还制成了各种专用电感器，见表 3-3。

表 3-3　专用电感器

名称	图示	说明
硬盘磁头	电磁线圈　转动轴	计算机硬盘磁头是读取数据的关键部件，它的主要作用就是将存储在硬盘盘片上的磁信息转化为电信号向外传输。 各种磁头都是用电感器原理制作的
磁棒天线		调幅收音机电路中，作为接收广播信号的内置天线
滤波电感器		连接在电子设备的电源输入端或者输出端，消除各种高频干扰信号，起滤波作用，效果较好
功率电感器	100M 7324	功率电感是分为带磁罩和不带磁罩两种，主要由磁芯和铜线组成。在电路中主要起滤波和振荡作用

（4）电感器的结构特征

从上面的介绍可以看出，各种电感器的外形结构差别较大。一般由骨架、绕组、屏蔽罩、封装材料、磁芯或铁芯等组成，见表3-4。

表3-4　电感器的结构说明

结构	说明
骨架	泛指绕制线圈的支架。一些体积较大的固定式电感器或可调式电感器（如振荡线圈、阻流圈等），大多数是将漆包线（或纱包线）环绕在骨架上，再将磁芯或铜芯、铁芯等装入骨架的内腔，以提高其电感量。骨架通常是采用塑料、胶木、陶瓷制成，根据实际需要可以制成不同的形状。小型电感器（例如色码电感器）一般不使用骨架，而是直接将漆包线绕在磁芯上
绕组	绕组是指具有规定功能的一组线圈，它是电感器的基本组成部分。绕组有单层和多层之分。 单层绕组又有密绕（绕制时导线一圈挨一圈）和间绕（绕制时每圈导线之间均隔一定的距离）两种形式；多层绕组有分层平绕、乱绕、蜂房式绕法等多种
磁芯	一般采用镍锌铁氧体（NX系列）或锰锌铁氧体（MX系列）等材料，它有"工"字形、柱形、帽形、"E"形、罐形等多种形状
铁芯	铁芯材料主要有硅钢片、坡莫合金等，其外形多为"E"形
屏蔽罩	为避免有些电感器在工作时产生的磁场影响其他电路及元器件正常工作，就为其增加了金属屏幕罩（例如半导体收音机的振荡线圈等），如图3-30所示
封装材料	有些电感器（如色码电感器、色环电感器等）绕制好后，用封装材料将线圈和磁芯等密封起来。封装材料采用塑料或环氧树脂等

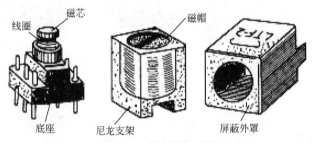

图3-30　屏蔽罩电感器

根据不同的需要，有的电感器没有磁芯，有的电感器没有屏蔽罩，有的电感器甚至连骨架也没有。

固定电感器为了减小体积，往往根据电感量和最大直流工作电流的大小，选用相应直径的导线在磁芯上绕制，然后装入塑料外壳，用环氧树脂封装而成。一些固定电感器的结构如图3-31所示。

（5）电感器的特性

给电感器通入电流，在它的四周就会产生磁场。电感器的特性恰恰与电容器的特性相反，它具有阻止交流信号通过而让直流信号通过的特性。利用这一特性，可制成满足特定需要的电感器。常用电感器的特性及用途见表3-5。

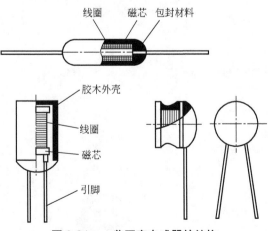

图3-31　一些固定电感器的结构

表 3-5 常用电感器的特性及用途

名称	特性	用途	实物图
工字形电感器	储存效率高，损耗小，价格低	广泛应用于电脑、显示器，彩电及各种电子设备中，用于微波消除、RF滤波、输出扼流、EMI/RFI滤波等	
棒状电感器	棒状电感器也称棒状线圈，其输出电流大，价格低，结构坚实	广泛用于各类电子电路和电子设备等，用于微波消除、输出扼流、EMI/FI滤波等	
滤波电感器	高效率，温升低，具有很好的饱和特性，抑制尖波能力强	开关电源的微波抑制；电子电路中的二极管恢复特性补偿	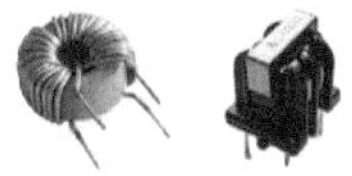
电源变换器	滤波性能好，负载能力强，损耗小	广泛用于各种小型电子产品和开关电源电路中，作为交流-交流、交流-直流电源转换	
空心电感器	电感量较小。圈与圈之间紧靠着绕制线圈的方法称为"平绕法"；圈与圈之间留有间隔的绕制方法称为"间绕法"	常用在高频电路中	

（6）贴片电感器

贴片电感器主要有 4 种类型，即绕线式、叠层式、编织式和薄膜片式电感器。常用的是绕线式和叠层式两种类型。前者是传统绕线电感器小型化的产物，后者则采用多层印刷技术和叠层生产工艺制作，体积比绕线式电感器还要小，是电感元件领域重点开发的产品。

贴片电感器是在陶瓷或者微晶玻璃基片上沉积金属导线而成。贴片电感器具有较好的稳定性、精度及可靠性，常用于几十到几百兆赫兹的电路中，如图 3-32 所示。

图 3-32 贴片电感器

（7）电感器的电路符号

在电路图中，电感器用大写字母 L 表示。由于电感器的类型较多，电感器的图形符号如图 3-33 所示。

(a)电感器线圈 (b)带磁芯、铁芯电感器 (c)磁芯有间隙电感器 (d)磁芯连续可调电感器 (e)有抽头电感器 (f)步进移动触点的可变电感器 (g)可变电感器

图 3-33 电感器的图形符号

（8）电感的单位

电感的单位是亨利，因纪念美国物理学家约瑟夫•亨利（1797—1878）而得名。亨利简称亨，用字母"H"表示。比亨小的单位是毫亨和微亨，分别用 mH 和 μH 表示。这三个单位的换算关系为

$$1H=1000mH$$
$$1mH=1000μH$$

（9）影响电感量的因素

各种电感器电感量的大小与电感线圈的圈数（又称匝数）、线圈的截面积、线圈内部有没有铁芯或磁芯有很大的关系。如果在其他条件都相同的情况下，线圈圈数越多，电感量就越大；圈数相同，其他条件不变，那么线圈的截面积越大，电感量也越大；同一个线圈，插入铁芯或磁芯后，电感量比空心时明显地增加，而且插入的铁芯或磁芯质量越好，线圈的电感量就增加得越多。

通常，有铁芯变压器的电感量可达几亨，而一般电感线圈的电感量只有几微亨到几毫亨。

（10）电感器的检测

检测电感器质量需用专用的电感测试仪，在一般情况下，可用万用表测量来判断电感的好坏。方法是：用指针式万用表欧姆挡（$R\times1$ 或 $R\times10$ 挡）来判断。根据检测电阻值大小，可以简单判别电感器的质量。正常情况下，电感器的直流电阻很小（有一定阻值，最多几欧姆）。若万用表读数偏大或为无穷大则表示电感器损坏。若万用表读数为零，则表明电感器已短路。

① 指针式万用表检测电感器

a. 万用表的挡位置于 $R\times1$ 或者 $R\times10$ 挡，然后对万用表进行欧姆调零校正。

b. 万用表的两支表笔分别接触电感器的两个引脚。此时，即会测得当前电感器的阻值。在正常情况下，应能够测得一个固定的阻值，如图 3-34 所示。

图 3-34　指针式万用表检测电感器

如果电感器的阻值趋于 0Ω，则表明电感器内部存在短路的故障；如果被测电感器的阻值趋于 ∞，可重新选择最高阻值量程继续检测，若阻值趋于无穷大，则表明被测电感器已损坏。

对于电感线圈匝数较多，线径较细的线圈读数会达到几十到几百。

> **特别提醒**
>
> 好电感线圈应不松散、不变形，引出端应固定牢固；电感坏多表现为线圈发烫、发黑、烧黄或电感磁环明显损坏。
>
> 用万用表 $R\times10$ 挡，并进行调零；测试线圈引线与磁芯之间的绝缘电阻，此值应趋于无穷大，否则电感绝缘不良。

② 数字万用表检测电感器　将数字万用表调到二极管挡（蜂鸣挡），把表笔放在两引脚上，看万用表显示器上的数值。对于贴片电感器，此时的读数应为趋近于 0，如图 3-35 所示；若万用表读数偏大或为"1"，则表示电感器损坏。对于电感线圈匝数较多、线径较细的线圈，读数会达到几十甚至几百。

图 3-35　数字万用表检测贴片电感器

电感器检测口诀

检测电感诸参数，需要专门的仪器。
一般判断好与坏，万用表测电阻值，
阻值很大已断路，阻值很小是优异。
因为电感电阻小，手碰引脚可不计。

> 准确测量电感线圈的电感量和品质因数，可以使用万能电桥或 Q 表。采用具有电感挡的数字万用表检测电感很方便。电感是否开路或局部短路，以及电感的相对大小可以用万用表做出粗略检测和判断。测量时，用手指接触线圈引脚对测量结果影响很小，可以忽略不计。
>
> 若电感线圈不是严重损坏，而又无法确定时，可用电感表测量其电感量或用替换法来判断。

特别提醒

（11）电感器参数的应用

① 允许偏差　允许偏差是指电感器上标称的电感量与实际电感的允许误差值。一般用于振荡电路中的电感器要求精度较高，因为电感量的偏差将影响振荡器的振荡频率，因此要求允许偏差为 $\pm 0.2\%$ ~ $\pm 0.5\%$；而用于耦合、高频阻流等线圈的精度要求不高；允许偏差为 $\pm 10\%$ ~ $\pm 15\%$。

② 品质因数　品质因数也称 Q 值或优值，是衡量电感器质量的主要参数。它是指电感器在某一频率的交流电压下工作时，所呈现的感抗与其等效损耗电阻之比。电感器的 Q 值越高，其损耗越小，效率越高。对于工作在高频电路中的电感器，品质因数的高低将影响将影响所在电路的频率特性。

电感器品质因数的高低与线圈导线的直流电阻、线圈骨架的介质损耗及铁芯、屏蔽罩等引起的损耗等有关。

③ 分布电容　分布电容是指线圈的匝与匝之间、线圈与磁芯之间存在的电容。电感器的分布电容越小，其稳定性越好。对于工作在高频电路中的电感器，分布电容的大小将影响所在电路的频率特性。

④ 额定电流　额定电流是指电感器在正常工作时可允许通过的最大电流值。在工作电流比较大的电路中，则必须考虑电感器的额定电流参数，若工作电流超过额定电流，则电感器就会因发热而使性能参数发生改变，甚至还会因过流而烧毁。

（12）电感器的代换

电感器损坏后，原则上应使用与其性能类型相同、主要参数相同、外形尺寸相近的电感器来更好。若找不到同类型的电感器，也可以用其他类型的电感器来代换。

① 电感量、额定电流相同，外形尺寸相近的可以直接代换。

② 贴片电感代换时只需大小相同即可，还可用 0Ω 电阻或导线代换。

③ 小型固定电感器与色环电感器之间，只要电感量、额定电流相同，外形尺寸相近，可以直接代换。

> 有抽头的电感在安装时应注意接线正确，如果误接入高压电路，会烧坏线圈及其他元器件。
>
> 带屏蔽罩的线圈检修完后还应焊好屏蔽罩，另外还应特别注意，屏蔽罩与线圈不能短路，反之，整机不能工作。

特别提醒

（13）电感器在电路中的应用实例

① 电感器在分频网络中的应用　如图 3-36 所示是音响电路的分频电路。电感线圈 L_1 和 L_2 为空心密绕线圈，它们与 C_1、C_2 组成分频网络，对高、低音进行分频，以改善放音效果。

② 电感器在收音机电路中的应用　如图 3-37 所示电路是单管半导体收音机电路。其中 VT1 为高频半导体管，它是用来进行来复放大的。L_1 为天线线圈，它是在磁棒上用多股导线绕制而成的。L_1 与 C_1、C_2 组成并联谐振电路，对磁棒天线接收到的无线电信号进行选频，

选出的信号由 L_1 感应到 L_2，由 VT1 进行放大，放大了的信号送到 L_3，L_3 为一固定电感器，它的电感量为 3mH，其作用是利用感抗阻止高频信号进入耳机，而仅让音频信号通过，从而使我们可以听到电台的播音。

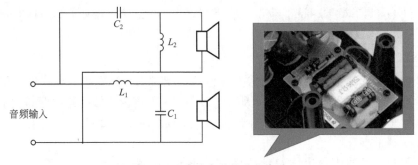

图 3-36　音响电路的分频电路

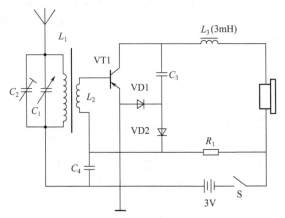

图 3-37　单管半导体收音机电路

　　③ 电感器在滤波电路中的应用　　滤波电路的原理实际是 L、C 元件基本特性的组合利用。不同滤波电路会对某种频率信号呈现很小或很大的电抗，以致能让该频率信号顺利通过或阻碍它通过，从而起到选取某种频率信号和滤除某种频率信号的作用，如图 3-38 所示。

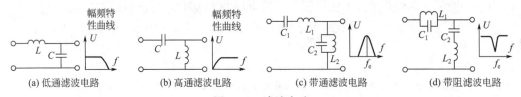

图 3-38　滤波电路

　　如图 3-38（a）所示为低通滤波电路，当有信号从左至右传输时，L 对低频信号阻碍小，对高频信号阻碍大；C 则对低频信号衰减小，对高频信号衰减大。因此该滤波电路容易通过低频信号，称为低通滤波电路。

　　如图 3-38（b）所示为高通滤波电路，容易通过高频信号，所以称为高通滤波电路。

　　如图 3-38（c）所示为带通滤波电路，它利用 C_1 和 L_1 串联对谐振信号阻抗小、C_2 和 L_2 并联对谐振信号阻抗大的特性，能让谐振信号 f 容易通过，而阻碍其他频率信号通过，所以称为带通滤波电路。

　　如图 3-38（d）所示为带阻滤波电路，它利用 C_1 和 L_1 并联对谐振信号阻抗大、C_2 和 L_2

串联对谐振信号阻抗小的特点，容易让谐振频率以外的信号通过，而抑制谐振信号通过，所以称为带阻滤波电路。

3.3.2 变压器

3.9 认识变压器

（1）变压器的功能

变压器是利用电磁感应的原理来改变交流电压的装置，在不同的应用环境下，变压器有不同的作用。

在电力系统中，变压器用于电力传输及变换；在电子线路中，变压器主要用来提升或降低交流电压，或者变换阻抗等。具体来说，变压器的功能如下：

① 用来改变交流电压，这是变压器名称的由来。

② 变压器在改变电压的同时，不改变功率（不考虑损耗时），所以在电压改变时必然使电流改变，也即改变了阻抗。所以在电子技术上，变压器用来作阻抗匹配用。

③ 放大器的级间耦合，除了阻容耦合、直接耦合外，还有变压器耦合，既能改变阻抗，又能隔除直流。只是变压器的体积大，频率特性差，现在用得很少。

④ 在振荡电路中，除了阻容、阻容移相振荡器外，更多应用的是变压器耦合振荡电路。这里变压器除了完成耦合以外，一次线圈的电感与外接电容器构成具有选频作用的谐振回路。

> **特别提醒** 　在电气设备和无线电路中，变压器的功能主要有：电压变换；电流变换；阻抗变换；安全隔离；稳压（磁饱和变压器）等。

（2）变压器的外形特征

变压器与其他元器件在外形特征上有明显的不同，所以在线路上很容易识别。如图 3-39 所示为常用变压器的实物图。各种类型变压器都有它自己的外形特征。

① 变压器通常有一个外壳，有的是金属的外壳，但有些变压器没有外壳，形状也不一定是长方体。

② 变压器引脚有许多，最少有三根，多的达十多根，各引脚之间一般不能互换使用。

③ 各种类型变压器都有它自己的外形特征，例如开关电源变压器有一个明显的环形屏蔽带。

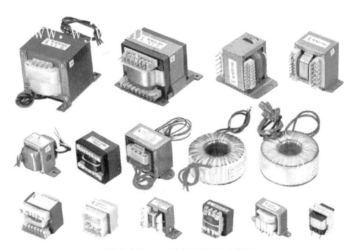

图 3-39　常用变压器的实物图

（3）变压器的种类

变压器的种类很多，它们的基本结构相近。表 3-6 为变压器的分类。

表 3-6　变压器的分类

序号	分类方法	种类
1	按用途不同分类	电力变压器（如升压变压器、降压变压器、配电变压器、联络变压器、厂用或所用变压器）、仪用变压器（如电流互感器、电压互感器）、电炉变压器（如炼钢炉变压器、电压炉变压器、感应炉变压器）、试验变压器、整流变压器、调压变压器、矿用变压器（防爆变压器）以及其他变压器
2	按相数不同分类	相变压器（用于单相负载或三相变压器组）、三相变压器（用于三相负载）和多相变压器
3	按工作频率不同分类	高频变压器和低频变压器
4	按铁芯结构不同分类	芯式变压器（插片铁芯、C 型铁芯、铁氧体铁芯）、壳式变压器（插片铁芯、C 形铁芯、铁氧体铁芯）、环形变压器及金属箔变压器

（4）小型变压器的结构

小型变压器主要由铁芯、骨架、绕组（一次绕组和二次绕组）、绝缘物及紧固件等组成，如图 3-40 所示，其解剖结构示意图如图 3-41 所示。

3.10　小型变压器的绕制

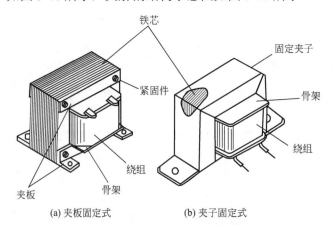

(a) 夹板固定式　　　　(b) 夹子固定式

图 3-40　小型变压器的组成

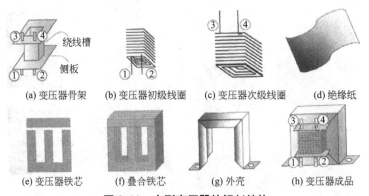

(a) 变压器骨架　(b) 变压器初级线圈　(c) 变压器次级线圈　(d) 绝缘纸

(e) 变压器铁芯　(f) 叠合铁芯　(g) 外壳　(h) 变压器成品

图 3-41　小型变压器的解剖结构

① 铁芯　铁芯的作用是构成磁路。小型电源变压器铁芯常见的有 E 形、E1 形、C 形等，如图 3-42 所示。E 形和 E1 形铁芯是以硅钢片冲制而成的，而 C 形铁芯则是用冷轧硅钢带卷制而成的。

E形和E1形铁芯是目前使用得最多的铁芯，它的主要优点是绕组的一、二级可共用一个骨架，有较高的窗口占空系数。铁芯可对绕组形成保护外壳，使绕组不易受机械创伤。但存在着铜线多、漏感大和外来磁场干扰大的缺点。

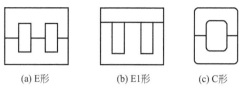

图 3-42　常用电源变压器的铁芯形式

(a) E形　　(b) E1形　　(c) C形

C形铁芯的制造过程是：冷轧硅钢带卷绕成型后，经热处理、漫渍等工艺制成封闭铁芯，然后把封闭铁芯切开，形成两个C形铁芯，将线包套入后，再把一对C形铁芯拼在一起，并紧固捆扎在一起而构成变压器。C形铁芯的气隙可以做得很小，具有体积小、重量轻、材料利用率高等优点。

② 骨架　如图 3-41（a）所示是变压器的塑料骨架，上下侧板间构成一个绕线槽，两个绕组都绕在这个槽内。骨架正中制有方形穿芯孔，用于插入铁芯。在骨架侧板上，预制有金属引脚，线圈绕组的端头就焊接在相应的引脚上。

骨架的结构还有两槽或更多槽形式，以便将不同绕组绕入不同槽内，加强绕组间的绝缘强度，但侧板过多会占用绕制绕组的空间。实际中，还有一种骨架两端没有侧板，需将骨架夹在模具中绕制绕组，然后浸绝缘漆烘干定型。这种骨架因没有侧板，能多绕一些线圈，缩小变压器体积。

制造骨架的材料有多种，还可用胶纸板、胶布板、胶木化纤维板、胶木板、环氧胶木板、酚醛胶木板等。

③ 绕组　绕组的作用是构成电路。小功率变压器的绕组一般都采用漆包线绕制，因为它有良好的绝缘，占用体积较小，价格也便宜。对于低压大电流的绕组，有时也采用纱包粗铜线绕制。

线圈绕制的顺序通常是一次线圈绕在线包的里面，然后再绕制二次线圈。为了避免干扰电压经变压器窜入无线电设备，在变压器的一、二级间还加有静电屏蔽层，以消除一、二级绕组间的分布电容引入的干扰电压。

为了使变压器有足够的绝缘强度，绕组各层间均垫有薄的绝缘材料，如电容器纸、黄蜡绸等。在某些需要高绝缘的场合，还可使用聚酯薄膜和聚四氟乙烯薄膜等。

为了便于散热，绕组和窗口之间应留有一定空隙，一般为 1～3mm，但也不能过大，以免使变压器的损耗增大。绕组的引出线，一般采用多股绝缘软线。对于粗导线绕制的绕组，可使用线圈本身的导线作为引出线，外面再加绝缘套管。

特别提醒　　铁芯装入绕组后，必须将铁芯夹紧并予以固定。常用的固定方法是用夹板条夹紧螺钉固定。对于数瓦的小功率变压器，则可使用夹子固定。

（5）变压器的工作原理

变压器是变换交流电压、交变电流和阻抗的器件。最简单的变压器原理图如图 3-43 所示，当一次绕组中通有交流电压（电流）时，铁芯（或磁芯）中便产生交流磁通，使二次绕组中感应出频率相同的电压（或电流）。一、二次绕组感应电动势的大小与绕组匝数成正比，故只要改变一、二次绕组的匝数，就可达到改变电压的目的，这就是变压器的基本工作原理。

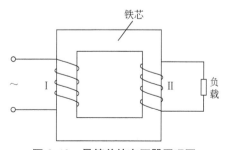

图 3-43　最简单的变压器原理图

（6）变压器的主要技术参数

变压器的主要技术数据一般都直接标注在变压器的铭牌上。变压器主要技术参数的含义见表 3-7。

表 3-7　变压器主要技术参数的含义

序号	主要参数	含义
1	额定功率	在规定的频率和电压下，变压器能长期工作而不超过规定温升的输出功率
2	额定电压	指在变压器的绕组上所允许施加的电压，工作时不得大于规定值
3	空载电流	变压器二次绕组开路时，一次侧仍有一定的电流，这部分电流称为空载电流。空载电流由磁化电流（产生磁通）和铁损电流（由铁芯损耗引起）组成。对于 50Hz 电源变压器而言，空载电流基本上是磁化电流
4	额定容量	指变压器在额定工作条件下的输出能力。对于大功率变压器，可用二次绕组的额定电压与额定电流的乘积来表示。对于小功率电源变压器而言，由于工作情况不同，一、二级的容量应分别计算
5	空载损耗	是指变压器二次侧开路时，在一次侧测得的功率损耗。主要损耗是铁芯损耗，其次是空载电流在一次线圈铜阻上产生的损耗（铜损），这部分损耗很小
6	绝缘电阻	表示变压器各绕组之间、各绕组与铁芯之间的绝缘性能。绝缘电阻的高低与所使用的绝缘材料的性能、温度高低和湿润程度有关
7	变压比	变压器一、二次绕组圈数分别为 N_1 和 N_2，在一次绕组上加一交流电压，在二次绕组两端就会产生感应电动势。N_1/N_2 称为变压比，用 k 表示。 当 $k > 1$ 时，这种变压器为升压变压器；当 $k < 1$ 时，这种变压器为降压变压器；当 $k=1$ 时，这种变压器为隔离变压器

（7）中频变压器好坏的检测

① 绕组通断的检测　将万用表置于 $R\times1$ 挡，按照中频变压器各绕组引脚的排列规律，逐一检查各绕组的通断情况，进而判断其是否正常，如图 3-44 所示。

② 绝缘性能的检测　将万用表置于 $R\times10k$ 挡，进行以下几种状态的检测：

a. 检测一次绕组与二次绕组之间的电阻值；

b. 一次绕组与外壳之间的电阻值；

c. 二次绕组与外壳之间的电阻值。

上述测量结果有三种情况：如果检测的阻值为无穷大，则变压器正常；如果阻值为零，则变压器有短路性故障；如果阻值小于无穷大，但大于零，则变压器有漏电性故障。

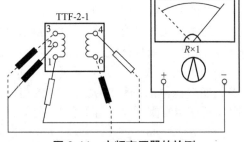

图 3-44　中频变压器的检测

（8）电源变压器好坏检测

首先从外观上观察，看变压器是否有烧焦发黑、变形。在保险失效的情况下，损坏的变压器往往从外观上就可看出来。

① 电压法检测　在加电情况下，用万用表交流电压挡测量变压器二次侧交流电压。若测得为零，再测变压器一次侧电压若有 220V 电压，表明变压器有故障。

② 电阻法检测　用万用表 $R\times100$ 或者 $R\times1k$ 挡分别测量变压器一次和二次绕组的电阻值。一次绕组电阻一般在 $50\sim150\Omega$ 之间，二次绕组电阻一般小于几欧姆，如图 3-45（a）所示。如果阻值过大，表明变压器有故障。

没有兆欧表的情况下也可以用万用表 $R\times10k$ 挡测量变压器的绝缘电阻，一支表笔接变压器外壳，另一支表笔分别接触各线圈的一根引线，如图 3-45（b）所示，表针应该都不偏转。如果某次测量时表针有偏转，说明这一线圈与外壳之间绝缘不良。然后，一支表笔接一次线圈任一根引线，另一支表笔接二次线圈任一根引线，此时表针也应该不偏转，否则是一次和二次线圈之间绝缘不良。

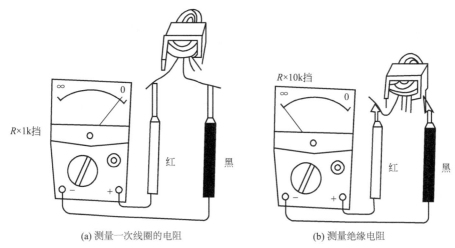

(a) 测量一次线圈的电阻　　　　　　　　(b) 测量绝缘电阻

图 3-45　电阻法检测变压器质量好坏

③ 温升法检测　给变压器通电 10min 左右，断电后用手接触变压器外壳，如果热到手指不能接触变压器外壳程度时，说明变压器已有问题。

 特别提醒　检测变压器的温升时，要断电。

（9）变压器的常见故障

不同的变压器由于结构和工作状态等不同，会出现不同的故障现象和故障原因，但是变压器的基本故障现象是相同的。变压器常见故障见表 3-8。

表 3-8　变压器常见故障

故障现象	说明
绕组开路	（1）无论是一次绕组还是二次绕组开路，变压器二次侧均无电压输出 （2）降压变压器一次绕组的线径比二次绕组的线径细，一次绕组比较容易断；升压变压器二次绕组线径比一次绕组的线径细，所以二次绕组比较容易断 （3）在绕组的头、尾，引线处比较容易折断。对于电源变压器更容易出现线圈开路故障
绕组内部匝间短路	（1）绕组内部匝间短路一般是由变压器线圈绝缘不良造成的，电源变压器和一些工作电压比较高的变压器中容易出现这一故障 （2）一次绕组出现局部短路故障时，二次侧的输出电压将增大；当二次绕组出现局部短路故障时，二次侧的输出电压将下降
漏电	线圈与铁芯之间的绝缘损坏，会使变压器的外壳带电，这是很危险的
温升异常	主要出现在电源变压器和工作电压比较高、输出功率比较大的变压器中。变压器正常工作时有一定温升是正常的，但是温度很烫手的程度则不正常
电磁声大	变压器在正常工作时不应听到有什么响声，有响声说明变压器铁芯没有固定紧，或者变压器有过载现象
线圈受潮	这种故障主要出现在中频、高频变压器中，线圈受潮将引起 Q 值下降

（10）故障变压器的处理

变压器损坏后，一般只能更换。但有一些故障是可以检修的。

① 部分电源变压器内有温度保险丝，如断路，则一次绕组不通，变压器不工作。对有内置温度保险的变压器，可仔细拆开绕组外的保护层，找到温度保险，直接连通温度保险的两个引脚。这可作为应急使用。

② 引线头断故障，可以重新焊好。

③ 变压器铁芯松而引起的响声故障。可以再插入几片铁芯，或将铁芯固定紧（拧紧固定螺钉）。

特别提醒

　　电源变压器常见故障有短路、断路、绝缘不良引起的漏电等。当变压器出现故障时，应及时检查更换。尤其是电源变压器出现焦煳味，冒烟、输出电压降低且温升很快时，应切断电源，找出故障所在。

想一想

1. 对于一个固定线圈，下面结论正确的是（　　　）。

A. 电流越大，自感电动势越大　　　　　　B. 电流变化量越大，自感电动势越大

C. 电流变化率越大，自感电动势越大　　　D. 电压变化率越大，线圈中电流越大

2. 在收音机等电子产品上，常常能看到几个只绕了几圈而且没有铁芯的线圈，它的作用是（　　　）。

A. 阻碍高频成分，让低频和直流成分通过

B. 阻碍直流成分，让低频成分通过

C. 阻碍低频成分，让直流成分通过

D. 阻碍直流和低频成分，让高频成分通过

3. 变压器铁芯的材料是（　　　）。

A. 硬磁性材料　　　B. 软磁性材料　　　C. 矩磁性材料　　　D. 逆磁性材料

4. 变压器的铁芯是（　　　）部分。

A. 磁路　　　　　　B. 电路　　　　　　C. 开路　　　　　　D. 短路

5. 将额定电压为220/110V的变压器的低压边误接到220V电压，则变压器将（　　　）。

A. 不变　　　　　　　　　　　　　　　　B. 正常工作

C. 发热但无损坏危险　　　　　　　　　　D. 严重发热有烧坏危险

6. 判断正误：只要使变压器的一、二次绕组匝数不同，就可达到变压的目的。（　　　）

7. 判断正误：数字万用表检测电感器与检测电阻器的方法是一样的。（　　　）

8. 判断正误：若测得变压器绕组对外壳的绝缘电阻值为几欧姆，则说明该变压器绕组正常。（　　　）

常用元器件及应用

第 **4** 章

4.1 电容器及应用

◆

任何两个彼此绝缘又相距很近的导体，就组成一个电容器。当在两金属电极间加上电压时，电极上就会存储电荷，所以电容器是储能元件。电容器的容量大小表征了电容器存储电荷多少的能力，它是电容器的重要参数，不同电路功能会选择不同容量大小的电容器。

电容器在电力系统中用于提高供电系统的功率因数，在电子电路中是具有滤波、耦合、旁路、调谐、选频等作用的主要元件。

4.1.1 电容器简介

（1）电容器的种类及参数

① 电容器按结构分类　电容器按其结构可分为固定电容器、可变电容器和微调电容器三类，见表 4-1。

表 4-1　电容器按结构分类

电容器	主要特征	图示
固定电容器	电容量不可以调节的电容器叫固定电容器。固定电容器按介质材料可分为纸介电容器、云母电容器、油质电容器、瓷片电容器、有机薄膜电容器、金属膜电容器以及电解电容器等	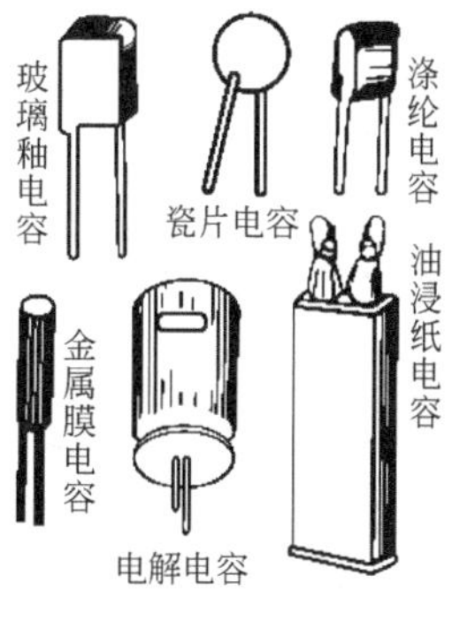 玻璃釉电容　瓷片电容　涤纶电容　油浸纸电容　金属膜电容　电解电容

电容器	主要特征	图示
可变电容器	电容量能在较大范围内调节的电容器叫可变电容器。常用的可变电容器有空气介质可变电容器和聚苯乙烯薄膜介质可变电容器。它们一般用作调谐元件，常用于收音机的调谐电路	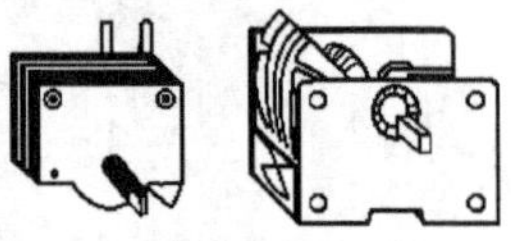 聚苯乙烯可变电容　空气可变电容
微调电容器	电容量在某一较小范围内可以调整的电容器叫微调电容器。常见的有陶瓷微调电容器、云母微调电容器、拉线微调电容器等	

② 电容器按极性分类　电容器按极性可分为有极性电容和无极性电容器两类，见表 4-2。

表 4-2　电容器按极性分类

电容器	主要特征	图示
有极性电容器	最常用的有极性电容器是电解电容器，它是在铝、钽、铌、钛等金属的表面采用阳极氧化法生成一薄层氧化物作为电介质，以电解质作为阴极而构成的电容器。电解电容器的内部有储存电荷的电解质材料，分正、负极性，类似于电池，不可接反	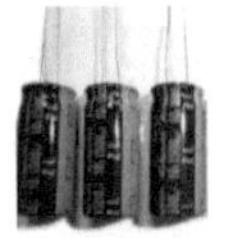
无极性电容器	无极性电容介质材料很多，大多采用金属氧化膜、涤纶等。无极性电容形状千奇百变，如管形、变形长方形、片形、方形、圆形、组合方形及圆形等	

（2）电容器的主要参数

电容器最主要的参数有标称容量、允许偏差和额定工作电压，这些参数一般直接标注在电容器的外壳上，如图 4-1 所示。

① 标称容量　成品电容器上所标注的电容量，称为电容器的标称容量。

② 允许偏差　电容器的实际容量与标称容量存在一定的偏差，电容器的标称容量与实际容量的允许最大偏差范围，称作电容器的允许偏差。电容器的标称容量与实际容量的误差反映了电容器的精度。精度等级与允许偏差的对应关系见表 4-3。实际电容量和标称电容量允许的最大偏差范围，一般分为 3 级：Ⅰ 级 ±5%，Ⅱ 级 ±10%，Ⅲ 级 ±20%。

图 4-1　电容器参数的标注

表 4-3　电容器的精度等级与允许偏差对应关系

精度级别	罗马数字标注			字母标注					
	Ⅰ	Ⅱ	Ⅲ	D	F	G	J	K	M
允许偏差 /%	±5	±10	±20	±0.5	±1	±2	±5	±10	±20

③ 额定工作电压　额定工作电压（又称为耐压）是指电容器在规定的温度范围内，能够连续可靠工作的最高直流电压。电容器承受的电压超过它的允许值可能造成电容器击穿损坏而不能使用（金属膜电容和空气介质电容例外）。额定工作电压的大小与电容器所用介质和环境温度有关。常用的固定电容工作电压有 6.3V、10V、16V、25V、50V、63V、100V、400V、500V、630V、1000V、2500V。耐压值一般直接标称在电容器上，但有些电解电容

的耐压采用色标法的，位置靠近正极引出线的根部，所表示的意义见表4-4。

表4-4　电容器耐压色环标志

颜色	黑	棕	红	橙	黄	绿	蓝	紫	灰
耐压 /V	4	6.3	10	16	25	32	40	50	63

　　工作在交流电路中电容器，所加交流电压的最大值不能超过其额定工作电压。

（3）电容器的结构

　　电容器的基本结构十分简单，它是由两块平行金属极板以及极板之间的绝缘电介质组成。如图4-2（a）所示为在两块金属极板上引出电极，中间的绝缘介质为空气，所构成的平板电容器。如图4-2（b）所示是在两片金属箔并引出电极，中间是一层纸介质作为绝缘介质，所构成的纸介电容器。

　　电容器的绝缘介质不同，其电容量也不同。

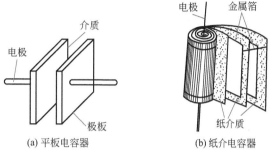

图4-2　电容器的结构示意图

记忆口诀

一个电容两极板，绝缘介质夹中间。
绝缘介质是何物，决定容量是关键。

（4）电容器的符号

　　在电路图中，电容器的文字符号为 C。由于电容器的种类很多，因此其图形符号比较多，常用电容器的图形符号见表4-5。

表4-5　常用电容器的图形符号

名称	无极性电容器	电解电容器	半可变电容器	可变电容器	双联可变电容器
图形符号					

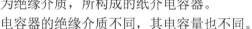

4.1.2 电容器的电容量

（1）什么是电容量

　　电容器因其储存电能的特性而得名，为了表示电容器储存电能本领的大小，人们引入了电容量这个物理量。为了更好地理解电容量的物理意义，我们将如图4-3所示电容器与水容器进行对比，就容易理解了。

　　当在电容器两个极板上加上直流电压 U 后，极板上就有等量电荷储存 Q，其储存电荷能力的大小

水面高度一样时，容积大的容器所装的水量多

两端电压一样时，电容量大的电容器所储存的电能多

(a) 水容器　　(b) 电容器

图 4-3　电容器与水容器对比

称为电容量。电荷与电容量、电压的关系为

$$C=\frac{Q}{U}$$

式中　　Q——极板上所带电荷量，C；

　　　　U——极板间的电压，V；

　　　　C——电容量，F。

电容器的单位有 F（法拉）、mF（毫法）、μF（微法）、nF（纳法）和 pF（皮法）（皮法又称微微法），其换算关系为

$$1F=10^3mF$$
$$1mF=10^3\mu F$$
$$1\mu F=10^3nF$$
$$1nF=10^3pF$$

记忆口诀

电容两端加电压，正负电荷两边站。

电荷在上电压下，两者相除来计算。

一般单位是法拉，微法皮法可换算。

（2）影响电容器电容量的因素

电容量的大小取决于电容器本身的形状、极板的正对面积、极板的距离和绝缘介质的种类。与两极板间的距离成反比。电容器的电容量与电容器极板的面积成正比，与两极板间的距离成反比，即

$$C=\varepsilon\frac{S}{d}$$

式中　　C——电容量，F；

　　　　S——极板间的有效面积，m^2；

　　　　d——两极板的距离，m；

　　　　ε——绝缘介质的介电常数（不同种类的绝缘介质，其介电常数不同，计算时可查阅电工手册等资料）。

此外，电容器的设计因素和工艺因素，也会影响其电容量。从工程学角度看，电容器的电容量还与环境温度、湿度、气压、灰尘、应力等因素有关。

记忆口诀

电容器能存电能，绝缘极板两导体。

极板面积成正比，极板距离成反比。

绝缘介质有多种，介电常数成正比。

　　电容器与电容量都简称电容，但是它们的含义是不一样的，电容器是一个能储存电能的电子元件，电容量是衡量电容器储存电能本领大小的一个物理量。

　　并不是只有电容器才有电容，在任何两个通电导体之间都存在电容。例如电力输电线之间、输电线与大地之间、晶体管各管脚之间以及元件与元件之间都存在电容，通常把这些电容称为分布电容。两只相距很近的平行导线之间的分布电容如图4-4所示。

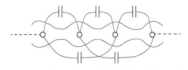

图4-4　平行导线之间的分布电容示意图

　　任何两个相邻导体间都存在电容，称为分布电容或寄生电容。它们对电路是有害的。

　　例如，现在非常流行的一些数字电子产品，其内部线路排列紧密，且多采用双面或多层印制板布线，在设计和布线时必须考虑尽量减小分布电容的影响，以抑制电源和地线可能产生的噪声。通常是将模拟电路区和数字电路区合理地分开，电源和地线单独引出。

　　又如，在家庭综合布线时，要将220V供电线路与电话线、网络线及音频、视频线等弱电线路分开布线，且要求尽量不要平行走线。如果不可避免走平行线，应留足30～50mm的距离，如图4-5所示。

图4-5　电视背景墙布线示例

特别提醒

4.1.3　电容器的识别

（1）电容器容量及误差的识别

　　电容器的容量标注法有直标法、数字法、数字字母法和色标法4种。

　　① 直标法　将标称容量、偏差、耐压直接标在电容体上，如图4-6所示。大多数电解电容器的容量标注都是采用这种表示法，许多瓷片电容、涤纶电容也是采用这种表示法。如6800pF±10%；若容量是零点零几，常把整数位的"0"省去。如".01μF"表示0.01μF。

4.1　电容器的标识法

　　直标法的规律如下：

　　a. 凡不带小数点的整数，若不标单位，则单位为pF，如图4-7所示。

　　b. 带小数点的数，不标单位，单位为μF，如图4-8所示。

图4-6　直标法示例

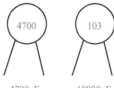

4700pF　　10000pF

图4-7　不带小数点的标注

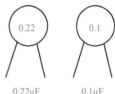

0.22μF　　0.1μF

图4-8　带小数点的标注

　　c. 小型电容，耐压在100V以下的可不标。

　　② 数字法　数字表示法是只标数字不标单位的直接表示法。常用的有3位数表示法和4

位数表示法。采用此法的仅限 pF 和 μF 两种电容器。

在 3 位数表示法中，用 3 位整数表示电容器的标称容量，再用一个字母来表示允许偏差，如图 4-9 所示。其中，第一、第二位为有效值数字，第三位表示倍数，即表示有效值后 "0" 的个数，其单位为 pF。如 "103" 表示 10×10^3pF（0.01μF）。即最后位为 10 的指数，这和数字表示电阻值的方法是一样的。

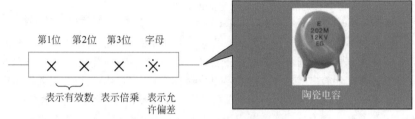

第1位 第2位 第3位 字母

表示有效数 表示倍乘 表示允许偏差

陶瓷电容

图 4-9　电容器 3 位数表示法

在 4 位数表示法中，用 4 位整数表示电容器的标称容量，其单位为 pF。如 5100pF、6800pF 等。

数字法标注的特殊情况如下：

a. 若第 3 位数为 9，则表示乘数量为 10^{-1}。例如：某电容器的容量标注为 339，则容量为 33×10^{-1}pF，即 3.3pF，如图 4-10（a）所示。

b. 若第 3 位数为 0，同直标法。例如：某电容器的容量标注为 470，则容量为 470pF，如图 4-10（b）所示。

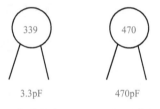

3.3pF　　470pF

(a) 第3位数为9　　(b) 第3位数为0

图 4-10　数字法标注的特殊情况

③ 数字字母法　用 2～4 位字母和数字有规律组合表示电容器的参数，用单位字母 m、μ、n、p 表示有效数后面的单位量级，同时，电容器容量允许偏差通常也用字母来表示，见表 4-6。单位字母所在位置表示小数点，如 4p7 表示 4.7pF，2μ2 表示 2.2μF 等，如图 4-11 所示。某些进口电容器在标注数值时不用小数点，而是将整数部分写在字母之前，将小数部分写在字母后面，如 R47μ 表示 0.47μF。

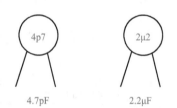

4p7　　2μ2

4.7pF　　2.2μF

图 4-11　数字字母法举例

表 4-6　单位字母和误差字母

单位字母	F	m	μ	n	p	B
单位表示	法	毫法	微法	纳法	皮法	±0.1pF
误差字母	C	D	F	G	J	K
误差表示	±0.2pF	±0.5pF	±1%	±2%	±5%	±10%

④ 色标法　其标志的颜色符号的含义与电阻器采用的相同，容量单位为 pF。对于立式电容器，色环顺序从上而下，沿引线方向排列。如果某个色环的宽度等于标准宽度的 2 或 3 倍，则表示相同颜色的有 2 个或 3 个色环。有时小型电解电容器的工作电压也采用色标表示，例如，6.3V 用棕色、10V 用红色、16V 用灰色，而且应标志在引线根部。

（2）电容器耐压值的识别

电容器耐压值的标注方法有两种，一种方法是直接标注，另一种方法是采用一个数字和一个字母组合而成，如图 4-12 所示。数字表示 10 的幂指数，字母表示数值，单位是 V（伏）。字母与耐压数值的对应关系见表 4-7。

图 4-12　电容器耐压值的标注

表 4-7　字母与耐压数值的对应关系

字母	A	B	C	D	E	F	G	H	J	K	Z
数值	1.0	1.25	1.6	2.0	2.5	3.15	4.0	5.0	6.3	8.0	9.0

例如：2A 代表 1.0×10^2=100V（即 1.0 乘以 10 的 2 次冥）；1J 代表 6.3×10^1=63V；2C 代表 1.6×10^2=160V。

又如，某电容器的标注为"3A682J"，其含义如下：3A 表示耐压，就是 1.0×10^3=1000V；682 表示电容量，就是 68×10^2pF，即 0.0068μF，也就是 6.8nF；J 表示允许偏差为 ±5%。

（3）电容器种类的识别

① 铝电解电容器　铝电解电容器是由铝圆筒作负极，里面装有液体电解质，插入一片弯曲的铝带作正极而制成。

电解电容器的内部有储存电荷的电解质材料，分正、负极性。电解电容器属于有极性元件，在电路中正、负极不允许反接，否则容易击穿损坏，如图 4-13 所示。

4.2　电容器种类识别

电解电容器的电容值的辨认非常容易。因为厂家将容量及单位都印在电容的封套上，并且还印有工作电压、容许误差、温度系数等，如图 4-14 所示。

铝电解电容器的引脚是有极性之分

图 4-13　铝电解电容器

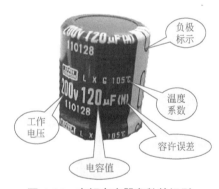

负极标示

温度系数

容许误差

工作电压

电容值

图 4-14　电解电容器参数的识别

② 瓷片电容器　瓷片电容器又称陶瓷电容器，是用陶瓷作为电介质，在陶瓷基体两面喷涂银层，然后经低温烧成银质薄膜作极板而制成。它的外形以片式居多，也有管形、圆形等形状，如图 4-15 所示。

相比电解电容器，多层陶瓷电容器拥有低成本、高可靠性、长寿命和小尺寸等优势。

图 4-15　瓷片电容器

陶瓷电容器据使用电压不同，可分为高压、中压和低压陶瓷电容器。据温度系数不同，可分为负温度系数、正温度系数、零温度系数电容器。据介电常数不同，可分为高介电常数、低介电常数等。

陶瓷电容器是最常用的一类电容，其性能稳定，可适用的频率广泛，体积小型化容易。

元件表面有丝印，无极性。

电容值的识别规则：第一、二位表示元件值有效数字，第三位表示有效数字后应乘的位数。允许误差也在丝印上有体现，并且部分生产厂家将温度系数也印在元件本体上。基本单位是 pF。

如图 4-16 所示瓷片电容器的丝印为 561K，读取其元件值：

第一、二位 56×第三位 1=56×10=560（pF）；K 表示容许误差为 10%；B 代表温度系数。

③ 聚酯电容器　聚酯电容器的材质聚酯薄膜，外观上有绿色、红褐色和透明的。薄膜材料有聚丙烯和聚乙烯两种，绿色和透明的一般为聚乙烯，红褐色一般为聚丙烯。性能上聚丙烯优于聚乙烯。表面有丝印，无极性，如图 4-17 所示。

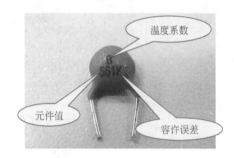

图 4-16　瓷片电容器的识别

图 4-17　聚酯电容器

小容量聚酯电容的电容值识别规则：第一、二位表示元件值有效数字，第三位表示有效数字后应乘的位数。允许误差也在丝印上有体现，并且印有工作电压。基本单位为 pF。

如图 4-18 所示聚酯电容的丝印为 104K，读取其元件值：

第一、二位 10×第三位 4=10×10000=100000（pF）=0.1（μF）；K 表示容许误差为 10%，100V 表示工作电压为 100V。

大容量聚酯电容的材质聚酯薄膜，外观上呈方形，有蓝色和黑色，薄膜材料为聚乙烯。表面有丝印，无极性。容量比较大一般为微法级，工作电压比较高一般在交流 220V 以上。并且大部分有安全要求。

大容量聚酯电容的容值识别规则：第一、二位表示元件值有效数字，第三位表示有效数字后应乘的位数。且印有工作电压。基本单位为 μF。

如图 4-19 所示大容量聚酯电容的丝印为 100，读取其元件值：

第一、二位 10×第三位 0=10×1=10（μF），250V ～表示工作电压为交流 250V。

图 4-18　聚酯电容的识别

图 4-19　大容量聚酯电容的识别

④ 安全电容器　安全电容器是一类比较特殊的电容，指电容器失效后，不会导致电击，不危及人身安全的安全电容器，通常只用于抗干扰电路中的滤波作用。它们用在电源滤波器

里，起到电源滤波作用，分别对共模、差模干扰起滤波作用。出于安全考虑和 EMC 考虑，一般在电源入口建议加上安全电容。

安全电容分为 x 型和 y 型，如图 4-20 所示。交流电源输入分为 3 个端子：火线 L/ 零线 N/ 地线 G。跨于"L-N"之间，即"火线 – 零线"之间的是 x 电容；跨于"L-G/N-G"之间，即"火线 – 地线 或零线 – 地线"之间的是 y 电容。

安全电容元件表面有丝印，无极性，且印有各类安全认证标志。

安全电容的容值识别规则：第一、二位表示元件值有效数字，第三位表示有效数字后应乘的位数。且印有容许误差和工作电压。基本单位为 pF。

如图 4-21 所示安全电容的丝印为 222M，读取其元件值：

第一、二位 22×第三位 2=22×100=2200（pF）；M 表示容许误差 20%；250V ～表示工作电压为交流 250V。

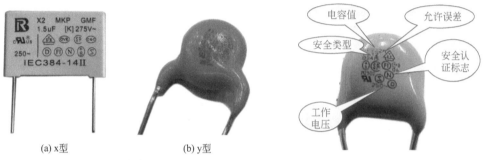

(a) x型　　　　　　　　　　(b) y型

图 4-20　安全电容器

图 4-21　安全电容器的识别

⑤ 单相电动机常用的电容器　交流电动机接电容的目的是通过电容移相作用，将单相交流电分离出另一相相位差 90°的交流电。将这两相交流电分别送入两组或四组电动机线圈绕组，就在电动机内形成磁场，单相电动机常用电容器的外形如图 4-22 所示。

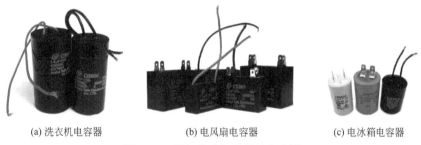

(a) 洗衣机电容器　　　　　(b) 电风扇电容器　　　　　(c) 电冰箱电容器

图 4-22　单相电动机常用的电容器

（4）有极性电容器正负极的识别

如图 4-23 所示，新买的直插式电解电容器，外壳标有"–"号的引脚为负极，另一个则是正极；2 个脚中，脚长的是正极，脚短的是负极。

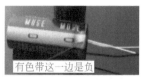

尖头所指方向为负　　　有色带这一边是负　　　引脚短的是负极

图 4-23　直插式电解电容器引脚极性识别

电解电容器的极性可采用万用表电阻挡判断，将电阻挡的两只表笔与电容两端相连，阻值会由小到大显示，最后趋于无穷大。将表笔反过来再测量一次，阻值会由小到大显示，最后趋于无穷大。阻值增加较快的那次测量，正表笔指示为负极。

（5）贴片电容的识别

贴片电容具有较高的电容量稳定性，可在 −55 ～ 125℃工作温度范围内，具有优良的焊接性和耐焊性，适用于回流炉和波峰焊。

贴片电容有中高压贴片电容和普通贴片电容，系列电压有 6.3V、10V、16V、25V、50V、100V、200V、500V、1000V、2000V、3000V、4000V。

贴片电容的材料常规分为三种：NPO、X7R、Y5V。

贴片电容的主要类型有：陶瓷贴片电容、贴片钽电容、贴片电解电容、贴片纸多层电容。

① 陶瓷贴片电容　陶瓷贴片电容，外观单一，表面没有丝印，没有极性。有多种颜色主要有褐色、灰色、淡紫色等，尺寸有各种大小。陶瓷贴片电容的基本单位 pF。陶瓷贴片电容使用时不存在正负极之分，如图 4-24 所示。

图 4-24　陶瓷贴片电容的识别

> **特别提醒**　陶瓷贴片电容上没有标注其容量，一般都是在贴片生产时的整盘上有标注。如果是单个的贴片电容，可以用电容测试仪或者数字万用表测出它的容量。

② 贴片纸多层电容　贴片纸多层电容，材质纸质。部分厂家的元件表面有丝印，外形主要有椭圆和方形两种，外观上椭圆形一般呈银白有金属光泽、方形呈褐色，从侧面能看到纸介质分层情况。如图 4-25 所示，这种电容没有极性，尺寸有各种大小，但体积一般较大，电容量一般万 μF 级。

③ 贴片钽电容　贴片钽电容，材质钽介质。表面有丝印，有极性。有多种颜色，主要有黑色、黄色等。钽电容表面有一条白色丝印用来表示钽电容的正极，并且在丝印上标明有电容值和工作电压，大部分生产厂家还在丝印上加注一些跟踪标记，如图 4-26 所示。尺寸有各种大小。贴片钽电容的基本单位是 μF。

图 4-25　贴片纸多层电容的识别

图 4-26　贴片钽电容的识别

贴片钽电容属于电解电容器中的一类，是有极性的电容。

④ 贴片电解电容　贴片电解电容，材质电解质。表面有丝印，有极性。从外观上可见铝制外壳，上为圆柱形，下为方体形状。电解电容表面有一条黑色丝印用来表示电解电容的负极，没标的是正极，并且在丝印上标明有电容值和工作电压，大部分生产厂家还在丝印上加注一些跟踪标记，如图4-27所示。尺寸有各种大小。贴片电解电容的基本单位是μF。

下面简要介绍贴片电容的命名：

贴片电容的命名所包含的参数有贴片电容的尺寸、做这种贴片电容用的材质、要求达到的精度、要求的电压、要求的容量、端头的要求以及包装的要求。

图4-27　贴片电解电容的识别

例如：0805CG102J500NT贴片电容的含义如下：

0805：是指该贴片电容的尺寸大小，是用英寸来表示的，08表示长度是0.08英寸，05表示宽度为0.05英寸。

CG：是表示做这种电容要求用的材质，这个材质一般适合于做小于10000pF以下的电容。

102：是指电容容量，前面两位是有效数字、后面的2表示有多少个零 $10^2=10\times100$ 也就是 $=1000$pF。

J：是要求电容的容量值达到的误差精度为5%，介质材料和误差精度是配对的。

500：是要求电容承受的耐压为50V同样500前面两位是有效数字，后面是指有多少个零。

N：是指端头材料，现在一般的端头都是指三层电极（银/铜层）、镍、锡。

T：是指包装方式，T表示编带包装。

4.1.4 电容器的充放电

4.3 电容器充放电特性

（1）电容器的充电

如图4-28（a）所示电路是以一个 RC 充放电回路示意图。假设电容器两端的初始电压为零，开关K与1端接通的瞬间，电源通过电阻 R 对电容器充电，此时电容器的充电电流为最大 E/R，若持续以这个电流充电，则 U_C 的上升曲线是一条线性的直线，如图4-28（b）中的虚线所示。电容器的充电规律如下：

① 电容器充电开始的一瞬间，电容器的两端电压为零，充电电流最大。

② 电容器充电过程中，电容器两端的电压慢慢地上升，充电电流逐渐减小。

③ 充电结束时，电容器的两端电压近似等于电源电压，充电电流为零。

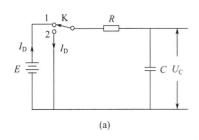
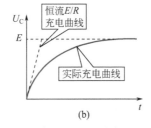
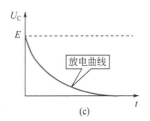

图4-28　电容器的充放电

（2）电容器的放电

在接通 2 端的瞬间，放电电流为最大，$I_D=E/R$，但随着 U_C 的降低，放电电流也逐渐降低，直至 U_C 为 0V，放电电流也为 0。这样一来，电容放电时 U_C 也是按指数规律下降的，其下降曲线如图 4-28（c）所示。电容器的放电规律如下：

① 电容器放电开始的一瞬间，电容器的两端电压最高，放电电流最大。

② 电容器放电过程中，电容器两端的电压慢慢地降低，放电电流逐渐减小。

③ 放电结束时，电容器的两端电压为零，放电电流为零。

从电容器充放电的规律可看出：电容器端电压不能突变，电容器能储存电荷。

4.4　容抗

（3）容抗

交流电是能够通过电容的，但是将电容器接入交流电路中时，由于电容器的不断充放电，所以电容器极板上所带电荷对定向移动的电荷具有阻碍作用，我们把电容对交流电的阻碍作用称为容抗，用字母 X_C 表示，单位为 Ω。

$$X_C=\frac{1}{2\pi fC}$$

上式表明，电容量大，电容的阻碍作用小；交流电的频率高，电容的阻碍作用也小。

特别提醒　电容器是一种储能元件，其最基本功能是储存电荷。我们也可以把电容器近似地看作一个依赖频率的电阻元件，这样就可用它构成一个依赖频率的分压电路。

4.1.5　判断电容器的质量好坏

（1）电容表测量电容器

数字电容表是一种多功能电子测量仪器，其主要功能就是测量电子元器件的电感、电容、电阻、阻抗，还可测量耗散因子、质量因子、相位角度等。并且可以更改测试频率，选择并行、串行电路模式，是电气领域的主要测量仪表之一。

将量程拨到合适的位置。测量电容值较小的电容时，需要调整"ZERO ADJ"旋钮来校零，以提高精度。将电容器按极性连接到电容输入插座或端子，当仅显示"1"时，仪表已过载，应将量程拨到更高的量程。如果是显示数字前有 1 个或几个零，应将量程选择下一个较低的范围，以提高电容仪表的分辨率。

当电容器短路时，仪表指示过载，并只显示"1"；当电容漏电时，显示值可以高于其真实值；当电容开路时，显示值为"0"（在 200pF 量程，可能显示 ±10pF）。

当一个漏电的电容接入时，显示值可能跳动不稳定。

（2）指针式万用表测量电容器

用指针式万用表测量电容器的质量好坏，就是电容器充放电规律的应用，具体方法见表 4-8 和表 4-9。

（3）数字万用表测量电容器

许多型号的数字万用表都具有测量电容的功能，其量程分为 2000p、20n、200n、2μ 和 20μ 五挡。测量时可将已放电的电容两引脚直接插入表板上的 Cx 插孔，选取适当的量程后就可读取显示数据。

表4-8 指针式万用表检测无极性电容器的方法

接线示意图	表头指针指示	说明
$R×10k$ 测量0.01μF以下的电容器		由于容量小，充电电流小，现象不明显，指针向右偏转角度不大，阻值为无穷大
		如果测出阻值为（指针向右摆动）为零，则说明电容漏电损坏或击穿
$R×10k$ 测量0.01μF以上的电容器		容量越大，指针偏转角度越大，向左返回也越慢
		如果指针向右偏转后不能返回，说明电容器已经短路损坏；如果指针向右偏转然后向左返回稳定值后，阻值小于500kΩ，说明电容器绝缘电阻太小，漏电电流较大，也不能使用

表4-9 指针式万用表检测有极性电容器的方法

接线示意图	表头指针指示	说明
	不接万用表	检测前，先将电容器两引脚短接，以放掉电容内残余的电荷
有极性（电解）电容器质量检测		黑表笔接电容器的正极，红表笔接电容的负极，指针迅速向右偏转，而且电容量越大，偏转角度越大，若指针没有偏转，说明电容器开路失效
		指针到达最右端之后，开始向左偏转，先快后慢，表头指针向左偏到接近电阻无穷大处，说明电容器质量良好。指针指示的电阻值为漏电阻值。如果指示的值不是无穷大，说明电容器质量有问题。若阻值为零，说明电容器已经击穿
电解电容器极性判断		若电解电容器的正、负极性标注不清楚，用万用表$R×1k$挡可以将电容器正、负极性判定出来。方法是先任意测量漏电电阻，记住大小，然后交换表笔再测一次，比较两次测量的漏电电阻的大小，漏电电阻大的那一次黑表笔接的就是电容器正极，红表笔为负极

如果要测量大于20μF的电容器，可采用以下方法，无需对数字万用表原电路做任何改动。

根据两只电容串联公式 $C_串=C_1C_2/(C_1+C_2)$，容量大小不一样的两只电容串联后，其串联后的总容量要小于容量小的那只电容的容量，因而，假设待测电容的容量大于20μF，则

只需用一只容量小于 20μF 的电容与之串联，就可以直接在数字万用表上测量了。再利用上述公式即可算出被测电容的容量值。

例如：被测电解电容器的标称容量为 220μF，设其为 C_1。选取一只标称值为 10μF 的电解电容作为 C_2，选用数字万用表 20μF 电容挡测出此电容的实践值为 9.5μF，将这两只电容串联后，测出 $C_串$ 为 9.09μF。将 C_2=9.5μF、$C_串$=9.09μF 代入公式，则

$$C_1=C_2C_串/(C_4-C_串)=9.5\times9.09/(9.5-9.09)\approx211(\mu F)$$

注意，无论 C_2 的容量选取为多少，都要在小于 20μF 的前提下选取容量较大的电容，且公式中的 C_2 应代入原本测值，而非标称值，这样可减小误差。

将两电容串联起来用数字万用表实测，由于电容自身的容量误差及测量误差，只需实测值与计算值相差不多即可认为待测电容 C_1 是好的，依据测量值即可进一步推算出 C_1 的实际容量。

用这种方法可测量任意容量的电容，但假设待测电容器的容量过大，则误差也会增大。其误差大小与待测电容的大小成正比。

实践证明，利用数字万用表也可观察电容器的充电过程，这实际上是以离散的数字量反映充电电压的变化情况。

① 电容测试前应完全放电。

② 铝电解电容器为两极性结构，安装时需注意极性，不得装反。交流电或反向电压的应用可能会导致短路或损坏电容器。

③ 加载至电容器终端的直流电压不得超过其额定工作电压，否则将导致漏电流迅速增加，并因此损坏电容器，甚至导致短路及明火。

④ 数字万用表可测试 20μF 以下的电容，大于 20μF 的电容可用 RLC 测试仪测量，如图 4-29 所示。

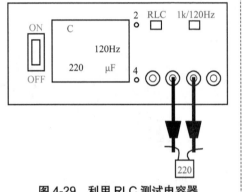

图 4-29　利用 RLC 测试电容器

 特别提醒

4.1.6　电容器的连接及应用

在实际应用中，往往会遇到电容器的电容量或耐压不满足要求的情况，可先通过计算，然后对电容器进行串联或并联，以满足实际电路的要求。

（1）电容器的串联及应用

① 电容器串联的方法　将两只或两只以上的电容器依次首尾相连，中间无分支的连接方式叫电容器的串联，如图 4-30 所示。对于电解电容器，串联时应注意极性不能接错。

② 电容器串联电路的特性

a. 每只电容器所带电量相等。即

$$Q=Q_1=Q_2=Q_3$$

b. 串联电容器的总电压等于各分电压之和。即

$$U=U_1+U_2+U_3=Q(\frac{1}{C_1}+\frac{1}{C_2}+\frac{1}{C_3})$$

4.5　电容器的连接

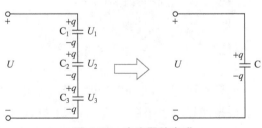

图 4-30　电容器的串联

c.各个电容器两端的电压分配与其电容成反比,即

$$U_1 : U_2 : U_3 = \frac{1}{C_1} : \frac{1}{C_2} : \frac{1}{C_3}$$

提示:容量大的电容器分配到的电压小,容量小的电容器分配到的电压大。

特例,当两个电容串联时分压公式为

$$U_1 = \frac{C_2}{C_1+C_2} U \qquad\qquad U_2 = \frac{C_1}{C_1+C_2} U$$

d.总电容量的倒数等于各个电容器的电容的倒数之和。即

$$\frac{1}{C} = \frac{1}{C_1} + \frac{1}{C_2} + \frac{1}{C_3}$$

如果有 n 个电容器串联,可推广为

$$\frac{1}{C} = \frac{1}{C_1} + \frac{1}{C_2} + \cdots + \frac{1}{C_n}$$

特例,当两个电容器串联时,则

$$C = \frac{C_1 C_2}{C_1+C_2}$$

当 n 个电容器的电容量均为 C_0 时,总电容 C 为

$$C = \frac{C_0}{n}$$

③ 电容器串联的应用 电容器串联,相当于拉大了两个极板间的距离,所以,其总容量会减小。

电容器串联可以提高耐压。当一只电容器的额定工作电压值太小不能满足需要时,除选用额定工作电压值高的电容器外,还可采用电容器串联的方式来获得较高的电压。

电容值不等的电容器串联使用时,每个电容器上所分配到的电压是不相等的。各电容器上的电压分配和它的电容成反比,即电容小的电容器比电容大的电容器所分配的电压要高。所以,电容值不等的电容器串联时,应先通过计算,在安全可靠的情况下再串联使用。

(2)电容器的并联及应用

① 电容器并联的方法 将两个或两个以上的电容器的一个极板连接在一起,另一个极板也连在一起的连接方式,称为电容器的并联,如图 4-31 所示。对于电解电容器,并联时应注意极性不能接错。

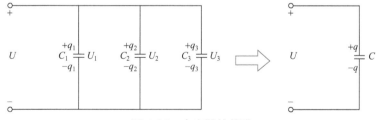

图 4-31 电容器的并联

② 电容器并联电路的特性

a.每个电容器上电压相等,且为所连接电路的电源电压。即

$$U = U_1 = U_2 = U_3$$

b.总电量等于每个电容器所带电量之和。即

$$Q = Q_1 + Q_2 + Q_3$$

电荷量的分配与电容器的容量成正比。即

$$Q_1：Q_2：Q_3=C_1：C_2：C_3$$

电量分配公式为

$$Q_1=\frac{C_1}{C_1+C_2}Q, \qquad\qquad Q_2=\frac{C_2}{C_1+C_2}Q$$

c. 总电容等于每个电容器的电容之和。即

$$C=C_1+C_2+C_3$$

如果有 n 个电容器并联，则有

$$C=C_1+C_2+\cdots+C_n$$

当 n 个容量均为 C_0 的电容器并联时，则总电容 $C=nC_0$。

③ 电容器并联的应用 电容器并联，相当于扩大了两个极板的正对面积（有效面积），所以，总容量将增大。当需要增大电容量时，可采用几个适当的电容器并联来解决。

电容器并联时，每只电容器的耐压均应大于外加电压。换言之，并联电容器组的耐压值等于其中耐压值最小的那一个电容器。若该电容器被击穿而短路，会使整个电容器组的端电压为零。

交流电路中，在负载两端并联电容器，可提高电路的功率因数，以减小在线路中产生的热损失和电压损失，提高电路的总体效率。

特别提醒

　　电容器的串联、并联的特点与电阻器的串联、并联的特点虽然对应，但是区别很大，宜对比记忆。
　　例如：串联电容器的总电压与串联电阻器两端的总电压的特性相同，等于各电容器（电阻器）端电压之和；串联电容器的等效电容与电阻并联电路的总电阻的计算公式就非常相似，等于各电容器电容（电阻）的倒数之和。其他的特性请读者自己去比较。

记忆口诀

电容串联容减小，好比板距在加长，
各容倒数再求和，再求倒数总容量。
电容并联容增大，相当板面在增大，
并后容量很好求，各容数值来相加。
想起电阻串并联，电容计算正相反，
电容串联电阻并，电容并联电阻串。

4.1.7　电容器的储能

电容器的储能是通过充放电来实现的。电容器在外加电压作用下，极板上可存储一定的电荷，即存储了一定的能量。

电容器存储的能量大小与电容器两端的电压和电容量的大小有关。电容器能量是以电场能的方式存储的，其电场能为

$$W_C=\frac{1}{2}CU^2$$

式中　W_C——电容器能量，J；

　　　C——电容量，F；

　　　U——加在电容器两端的电压，V。

 想一想

1. 判断正误：几个电容器串联后的总容量等于各电容器电容量之和。（　　　）

2. 判断正误：几个电容并联后的等效电容比任何一只电容都大。（　　　）

3. 判断正误：两个 $10\mu F$ 的电容器，耐压值分别为 10V、20V，则串联后总的耐压值为 30V。（　　　）

4. 判断正误：瓷介电容器的特点是电容量小，并且无正负极性。（　　　）

5. 判断正误：如图 4-32 所示电容器的容量为 222pF。（　　　）

6. 判断正误：如图 4-33 所示极性贴片电容，有横杠的为正极，另一端为负极。（　　　）

図 4-32　题 5 图　　　　　　图 4-33　题 6 图

7. 电容器在直流电路中相当于（　　　）。

A. 短路　　　　　　　B. 开路　　　　　　　C. 高通滤波器　　　　D. 低通滤波器

8. 两个电容量为 $10\mu m$ 的电容器，并联在电压为 10V 的电路中，现将电容器电压升至 20V，则此时电容器的电量将（　　　）。

A. 增大一倍　　　　　B. 减小一半　　　　　C. 不变　　　　　　　D. 不一定

9. 两个电容 C_1 和 C_2 串联，电容 C_1 分得的电压正确的是（　　　）。

A. $U_1=\dfrac{C_1}{C_1+C_2}U$　　B. $U_1=\dfrac{C_2}{C_1+C_2}U$　　C. $U_1=\dfrac{C_1+C_2}{C_2}U$　　D. $U_1=\dfrac{C_1+C_2}{C_1}U$

10. 将电容器 C_1 "200V 20μF" 和电容器 C_2 "160V 20μF" 串联接到 350V 电压上则（　　　）。

A. C_1、C_2 均正常工作　　　　　　　　　B. C_1 击穿，C_2 正常工作

C. C_2 击穿，C_1 正常工作　　　　　　　　D. C_1、C_2 均被击穿

4.2　晶体二极管及应用

4.2.1　电子线路中使用的晶体二极管

（1）二极管的结构及引脚极性识别

在 PN 结的两端各引出一个电极就构成了半导体二极管。由 P 区引出的电极称为阳极或正极，由 P 区引出的电极称为阴极或负极。

① 观察法识别二极管引脚极性

a. 手插二极管引脚极性的标注方法有三种：直标标注法、色环标注法和色点标注法，如图 4-34 所示，仔细观察二极管封装上的一些标记，一般可以看出引脚的正负极性。

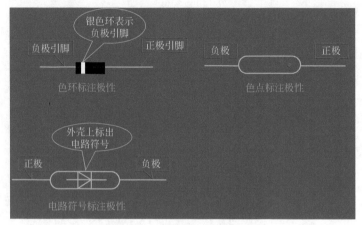

图 4-34　二极管引脚极性识别

也有部分厂家生产的二极管是采用符号标志为"P""N"来确定二极管极性的。

b. 贴片二极管有片状和管状两种。贴片二极管正、负极的判别，通常观察管子外壳标示即可。一般采用在一端用一条丝印的灰杠或者色环来表示负极，如图 4-35 所示。

c. 金属封装的大功率二极管，可以依据其外形特征分辨出正负极，如图 4-36 所示。

图 4-35　贴片二极管极性识别　　　　图 4-36　金属封装大功率二极管极性识别

d. 发光二极管的正负极可从引脚长短来识别，长脚为正，短脚为负。如果引脚一样长，发光二极管内部面积大点的是负极，面积小点的是正极，如图 4-37 所示。有的发光二极管带有一个小平面，靠近小平面的一根引线为负极。

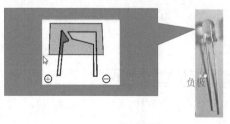

(a) 从内部观察　　　　　　　　　　(b) 从引脚长短观察

图 4-37　发光二极管极性识别

e. 大功率发光二极管带小孔的一端就是正极，如图 4-38 所示。需要注意是这个小孔引脚没有实际作用，焊接时，还是焊接那两个像小脚的引脚。

f. 常见的红外线接收二极管外观颜色呈黑色。识别引脚时，面对受光视窗，从左至右，分别为正极和负极。另外，在红外线接收二极管的管体顶端有一个小斜切平面，通常带此斜切平面一端的引脚为负极，另一端为正极，如图4-39所示。

带小孔一端是正极

图 4-38　大功率发光二极管极性识别

斜切平面

受光面

图 4-39　红外线接收二极管引脚极性识别

② PCB上二极管极性的识别　在PCB中，通过看丝印的符号可判别二极管的极性，PCB上二极管极性的几种表示法如图4-40所示。

PCB上二极管极性的常用表示法如下：

a. 有缺口的一端为负极；

b. 有横杠的一端为负极；

c. 有白色双杠的一端为负极；

d. 三角形箭头方向的一端为负极；

e. 插件二极管丝印小圆一端是负极，大圆是正极。

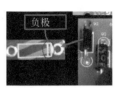

负极

图 4-40　PCB上二极管极性的几种表示法

晶体二极管识别记忆口诀

单向导电二极管，内部结构PN结。

引出电极有两个，一个阳极一阴极。

分辨极性较简单，首先查看图标记。

三角一端极为阴，短杠一端为阳极。

重要提醒　二极管的电极是有极性的。安装时，其正负极引脚不能接错。

③ 二极管变形体的识别　二极管的变形体主要有整流块、数码发光管和双色发光二极管。

a. 整流块　在电子线路中多个二极管组合在一起可以构成功能电路，整流电路是最常使用的二极管组合电路，在电源上使用，主要起到将交流电源转换成直流电。因此，人们将此电路集成在一起做成整流电路模块，封在一个壳内，习惯称法就叫整流桥。整流桥分全桥和半桥。

全桥是将连接好的桥式整流电路的四个二极管封在一起，只引出四个引脚。四个引脚中，两个直流输出端标有"+"或"-"，两个交流输入端有"～"或者"AC"标记，如图4-41所示为全桥的外形及内部电路。

全桥的正向电流有0.5A、1A、1.5A、2A、2.5A、3A、5A、10A、20A等多种规格，耐压值（最高反向电压）有25V、50V、100V、200V、300V、400V、500V、600V、800V、1000V等多种规格。

  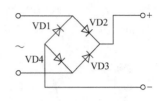

(a) 全桥的外形　　　　　　　　　　　(b) 全桥的内部电路

图 4-41　全桥的外形及内部电路

由 4 只二极管组成的单相桥式全波整流器用于用在单相交流整流电路中，由 6 只二极管组成的三相桥式全波整流器使用在三相整流电路中。

半桥是由两只整流二极管封装在一起构成的，它有 4 端和 3 端之分，如图 4-42 所示。4 端半桥内部的两只二极管各自独立，而 3 端半桥内部的两只整流二极管的负极与负极相连或正极与正极相连，如图 4-43 所示。

(a) 3端半桥　　(b) 4端半桥　　　　(a) 3端半桥　　　　(b) 4端半桥

图 4-42　半桥外形　　　　　　**图 4-43　半桥的内部电路**

用两个半桥可组成一个桥式整流电路。一个半桥也可以组成变压器带中心抽头的全波整流电路。

b. 数码发光管　数码发光管是一种显示数字和符号的半导体发光器件，在数字化仪表仪器和电气设备中已广泛使用。数码发光管是由发光二极管的段码构成的，最常用的是七段 LED，其内部有 8 个发光二极管，由 7 个发光二极管

图 4-44　数码发光管实物图

构成一个"8"字，各段的代号分别为 a、b、c、d、e、f、g，另一个发光二极管在数字右下方为小数点，代号是 dp。数码发光管能显示 0 ～ 9 中的任一数字和小数点，外形如图 4-44 所示。这种数码管内部结构有共阴极和共阳极两种接法，如图 4-45 所示。

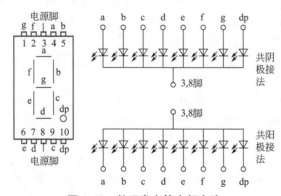

图 4-45　数码发光管内部电路

c. 双色发光二极管 双色发光二极管是将两种颜色的发光二极管制作在一起组成的，常见的有红绿双色发光二极管。如图 4-46 所示，它的内部结构有两种连接方式：一是共阳极或共阴极（即正极或负极连接为公共端），二是正负连接形式（即一只二极管正极与另一只二极管负极连接）。共阳极或共阴极双色二极管有三只引脚，正负连接式双色二极管有两只引脚。双色二极管可以发单色光，也可以发混合色光，即红、绿管都亮时，发黄色光。

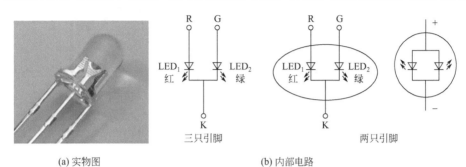

(a) 实物图　　　　　　　　(b) 内部电路

图 4-46　双色发光二极管

（2）单向导电特性

二极管加正向电压导通，加反向电压时就截止。单向导电性是二极管的最重要特性。

利用单向导电性可以判断二极管的好坏，正偏时电阻值小，反偏时电阻值大，否则，二极管是损坏了的。

4.6　二极管单向导电性

（3）二极管的最主要参数

① 最大整流电流 是指二极管长时间工作时允许通过的最大正向平均直流电流值。

② 最高反向工作电压 是指二极管正常使用时所允许加的最高反向工作电压。

③ 反向电流 是指二极管加上最高反向工作电压时的反向电流值。

（4）几种特殊二极管

① 稳压二极管 稳压二极管正常工作时处于反向击穿区，且在外加反向电压撤除后又能恢复正常。稳压二极管工作在反向击穿区时，电流虽然在很大范围内变化，但稳压管两端的电压变化很小，所以能起稳压作用。如果稳压管的反向电流超过允许值，将会因过热而损坏，所以与稳压管串联的限流电阻要适当，才能起稳压作用。稳压管除用于稳压外，还可用于限幅、欠压或过压保护、报警等。

② 光电二极管 光电二极管用于将光信号转变为电信号输出，正常工作时处于反向工作状态，没有光照射时反向电流很小，有光照射时就形成较大的光电流。

③ 发光二极管 发光二极管用于将电信号转变为光信号输出，正常工作时处于正向导通状态，当有正向电流通过时，电子与空穴直接复合而发出光。

（5）普通二极管的检测

① 极性判定 将万用表拨到 $R×1k$ 电阻挡，用万用表的红、黑表笔分别接触二极管的两个脚，测其正反向电阻，其中，测得阻值最小的那一次的黑表笔接触的就是二极管的正极，红表笔接触的就是二极管的负极，只需两次完成，如图 4-47 所示。

② 单向导电性的检测 通过测量正、反向电阻，可以检查二极管的单向导电性。一般情况下，二极管的正、反向电阻值相差越悬殊，说明它的单向导电性越好。在正常情况下，

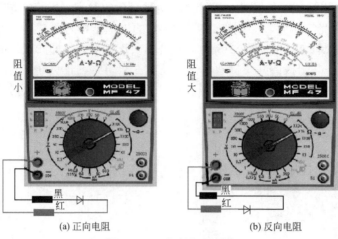

阻值小   阻值大

黑   红   黑   红

(a) 正向电阻   (b) 反向电阻

图4-47 二极管极性判定

二极管的反向电阻比正向电阻大几百倍。也就是说，正向电阻越小越好，反向电阻越大越好。选择万用表的 $R×1k$ 挡分别测出正、反向电阻，对照表4-10即可判断二极管单向导电性的好坏。

表4-10 用 $R×1k$ 挡检查二极管电阻值分析

正向电阻 /Ω	反向电阻 /Ω	二极管 PN 结质量好坏
一百欧至几百欧	几十千欧至几百千欧	好
0	0	短路损坏
∞	∞	开路损坏
正、反向电阻比较接近		管子失效

注：表中规定的只是大致范围。实际上正、反向电阻不仅与被测管有关，还与万用表的型号有关。硅二极管正向电阻为几百欧至几千欧，锗二极管约为 $100Ω \sim 1kΩ$。

指针式万用表测量普通二极管的口诀

单向导电二极管，一个正极一负极。
正反测量比阻值，一大一小记清楚。
阻值小者看表笔，黑正红负定电极。
反向测量针不动，在路测量有特殊。
正反电阻都很小，说明管芯已击穿。
正向电阻无穷大，说明管芯已开路。

特别提醒

用数字万用表的二极管挡（"—▷|—"挡或者"—▷|— ♫"挡），通过测量二极管的正、反电压降来判断出正、负极性。正常的二极管，在测量其正向电压降时，如果是硅二极管正向导通压降约为 0.5 ~ 0.8V，锗二极管正向导通压降约为 0.15 ~ 0.3V；测量反向电压降时，表的读数显示为溢出符号"1"。在测量正向电压降时，红表笔接的是二极管的正极，黑表笔接的是二极管的负极。

（6）光敏二极管的检测

① 好坏检测　用黑纸或黑布遮住光敏二极管的光信号接收窗口，然后用万用表 $R \times 1k$ 挡测量光敏二极管的正、反向电阻值。正常时，正向电阻值在 $10 \sim 20k\Omega$ 之间，反向电阻值为 ∞（无穷大），如图 4-48（a）所示。若测得正、反向电阻值均很小或均为无穷大，则是该光敏二极管漏电或开路损坏。

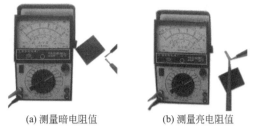

(a) 测量暗电阻值　　(b) 测量亮电阻值

图 4-48　光敏二极管的检测

② 光敏特性检测　再去掉黑纸或黑布，使光敏二极管的光信号接收窗口对准光源，然后观察其正、反向电阻值的变化。正常时，正、反向电阻值均应变小，阻值变化越大，说明该光敏二极管的灵敏度越高，如图 4-48（b）所示。

4.2.2　二极管单相整流滤波电路

（1）二极管整流的基本原理

将交变电流换成单方向脉动电流的过程，叫做整流。完成这种功能的电路叫整流电路，又叫整流器。

利用二极管的单向导电性，把大小和方向随时间变化的交流电变换成只有大小变化的单向脉动直流电，这就是二极管整流的基本原理。

（2）二极管整流电路的类型

常用的二极管整流电路有半波整流和全波整流两种类型。

① 半波整流电路　只有一个方向的电流通过负载，即负载上只能得到半个周期的电压和电流，所以叫半波整流。

② 全波整流电路　有两个同一方向的电流都通过负载，使负载上能得到一个完整周期的电压和电流，所以叫全波整流。变压器中心抽头式全波整流电路和桥式整流电路都属于全波整流电路的范畴。

4.7　二极管单相整流电路

4.8　全波整流电路

二极管整流电路的口诀

整流电路有两类，半波整流和全波。
半波整流较简单，输出电压点四五。
全波整流较复杂，输出电压零点九。

二极管单相整流电路的性能比较见表 4-11。

表 4-11　二极管单相整流电路性能比较

比较项目 ＼ 电路名称	单相半波整流电路	单相桥式整流电路
电路结构	 	

比较项目 ＼ 电路名称	单相半波整流电路	单相桥式整流电路
整流电压波形	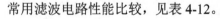 U_0 ⟋ ωt	U_0 ⟋ ωt
负载电压平均值 U_0	$U_0=0.45U_2$	$U_0=0.9U_2$
负载电流平均值 I_0	$I_0=0.45U_2/R_L$	$I_0=0.9U_2/R_L$
通过每支整流二极管的平均电流 I_V	$I_V=0.45U_2/R_L$	$I_V=0.9U_2/R_L$
整流管承受的最高反向电压 U_{RM}	$U_{RM}=\sqrt{2}\,U_2$	$U_{RM}=\sqrt{2}\,U_2$
整流二极管参数选用	$I_{OM}\geqslant I_0$ $U_{RM}\geqslant\sqrt{2}\,U_2$	$I_{OM}\geqslant\dfrac{1}{2}I_0$ $U_{RM}\geqslant\sqrt{2}\,U_2$
优缺点	电路简单，输出整流电压波动大，整流效率低	电路较复杂，输出电压波动小，整流效率高，输出电压高
适用范围	输出电流不大，对直流稳定度要求不高的场合	输出电流较大，对直流稳定度要求较高的场合

单相桥式整流电路记忆口诀

单相桥式4个管，两两串联再并联。
并联两端出直流，正正接点负极出。
负负接点正极出，两管连点进电源。

（3）滤波电路

① 滤波电路的作用　将脉动的直流电压或电流，变成较平滑的直流电压或电流。

② 滤波原理　利用电抗元件（L 和 C）的储能作用，滤除整流后单向脉动电压或电流中的交流成分，使直流电压或电流中的脉动成分减少。

常用滤波电路性能比较，见表4-12。

4.9　电容滤波器

表4-12　常用滤波电路性能比较

比较项目 ＼ 滤波电路		电容滤波	电感滤波	RCΠ型滤波	LCΠ型滤波
电路结构					
负载电压	半波	较高（$U_0=U_2$）	低（$U_0=0.45U_2$）	较高（$U_0=U_2$）	较高（$U_0=U_2$）
	全波	高（$U_0=1.2U_2$）	较高（$U_0=0.9U_2$）	高（$U_0=1.2U_2$）	高（$U_0=1.2U_2$）

续表

滤波电路\比较项目	电容滤波	电感滤波	RCΠ型滤波	LCΠ型滤波
输出电流	较小	大	小	较小
负载能力	差	好	差	较好
滤波效果	较好	较差	较好	好
对整流管的冲击电流	大	小	大	较大
主要特点	（1）输出电压波形连续且比较平滑 （2）输出电压的平均值提高 （3）对整流管的冲击电流大，负载能力差	（1）输出电压波形连续且比较平滑 （2）输出直流电流大，负载能力好，通电瞬间对整流管无冲击电流	（1）负载电流小时，滤波效果好，有降压限流作用 （2）有直流电压损耗，负载能力差	（1）负载电流较大，滤波效果好，直流电压损耗小 （2）负载能力较强；但电感体积大、笨重、成本高
适用范围	负载较轻，对直流稳定度要求不高的场合	负载较重，对直流稳定度要求不高的场合	负载较轻，对直流稳定度要求较高的场合	负载电流较大，对直流稳定度要求较高的场合

 想一想

1. 判断正误：用万用表欧姆挡测得一只二极管的正反向电阻的阻值均较小（接近0），表明二极管已经热击穿。（　　　）

2. 判断正误：一般情况下，硅二极管导通后的正向压降比锗二极管的要大。（　　　）

3. 判断正误：稳压二极管只能用作稳压，不能作为普通二极管使用。（　　　）

4. 判断正误：二极管电压击穿后可恢复正常。（　　　）

5. 判断正误：只要给二极管加上正向电压，二极管就能导通。（　　　）

6. 二极管有两个主要参数（　　　）。

A. I_{OM}　U_{RM}　　　B. I_{CM}　U_{RM}　　　C. I_{OM}　U_{OM}　　　D. I_{OM}　U_{OM}

7. 桥式整流电路中，每个二极管所承受的反向工作电压 U_{RM} 与变压器次级的电压 U_2 的关系为（　　　）。

A. $U_{RM}=U_2$　　　B. $U_{RM}=\sqrt{2}\,U_2$　　　C. $U_{RM}=2U_2$　　　D. $U_{RM}=2\sqrt{2}\,U_2$

8. 稳压二极管的正常工作状态是（　　　）。

A. 导通状态　　　B. 截止状态　　　C. 反向击穿状态　　　D. 任意状态

9. 测得某二极管负极电压为3.7V，正极电压为3V，表明该二极管工作在（　　　）状态。

A. 导通　　　　　B. 截止　　　　　C. 不确定　　　　　D. 击穿

4.3　晶体三极管及应用

4.3.1　晶体三极管简介

（1）晶体三极管的结构

晶体三极管的核心是 2 个互相联系的 PN 结，按照 PN 结的组合方式不同，有 PNP 和 NPN 型两大类。晶体三极管有 2 个 PN 结，3 个区，3 个电极，如图 4-49 所示。PNP 型晶体三极管是因其半导体排列顺序为 P-N-P 而得名，它的中间层为 N 型半导体，上下层为 P 型半导体。在晶体三极管的符号中，发射极上标的箭头代表其电流方向。

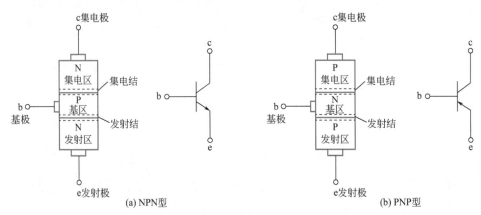

图 4-49　晶体三极管的结构及电路符号

晶体三极管的结构特点如下：

① 基区很薄，且掺杂浓度低。

② 发射区掺杂浓度比基区和集电区高得多。

③ 集电结的面积比发射结大

（2）晶体三极管的外形及封装

三极管设计额定功率越大，其体积就越大，大功率晶体三极管多采用金属封装，通常做成扁平形状并有螺栓安装孔，有的大功率晶体三极管做成螺栓形状，这样能使晶体三极管的外壳和散热器连接成一体，便于散热。由于封装技术的不断更新发展，三极管有多种多样的封装形式。塑料封装是三极管的主流封装形式，其中"TO"和"SOT"形式封装最为常见，如图 4-50 所示。

        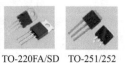

SOT-8　　SOT-23　　SOT-89　　TO-92　　TO-92L　　TO-928　　TO-126　　TO-220FA/SD　TO-251/252

图 4-50　常用晶体三极管的外形及封装

关于晶体三极管的管引脚排列，不同品牌、不同封装的三极管管脚定义不完全一样，如图 4-51 所示。一般来说，其引脚排列遵循以下规律：

规律一：对中大功率三极管，集电极明显较粗大甚至以大面积金属电极相连，多处于基极和发射极之间。

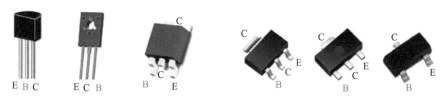

(a) TO封装引脚排列　　　　　　　(b) SOT封装引脚排列

图4-51 晶体三极管引脚排列

规律二：对贴片三极管，面向标识时，左为基极，右为发射极，集电极在另一边。

（3）晶体三极管的分类

晶体三极管的分类很多，见表4-13。

表4-13 晶体三极管的分类

分类方法	种类
按照结构工艺分	PNP 型、NPN 型
按照制造材料分	锗管、硅管
按照工作频率分	低频管、高频管
按照允许耗散的功率大小分	小功率管、中功率管、大功率管
按照用途不同分	普通放大晶体三极管、开关晶体三极管

（4）晶体三极管的主要参数

晶体三极管的主要参数有直流参数（晶体三极管在正常工作时需要的直流偏置，也称为直流工作点）、交流参数 β（放大倍数）和工作频率 f 等。

晶体三极管的参数反映了晶体三极管各种性能的指标，是分析晶体三极管电路和选用晶体三极管的依据。这些参数是正确使用晶体三极管的依据。使用时，如果对某个晶体三极管的参数不了解，在晶体管手册中就可查找到该晶体三极管的型号、主要用途、主要参数和器件外形等资料。

图4-52 用色点表示 β 值

通常在三极管的管壳顶端标上不同颜色的色点，表示它的 β 值，如图4-52所示。不同颜色色点表示的 β 值见表4-14。

表4-14 色点与 β 值的对应关系

颜色	棕	红	橙	黄	绿
β 值	5～15	15～25	25～40	45～55	55～80
颜色	蓝	紫	灰	白	黑
β 值	80～120	120～180	180～270	400～600	600～1000

在选用三极管时，并不是 β 值大的三极管质量就好，往往 β 值大的三极管工作时性能不很稳定。一般选用 β 在 40～80 之间的管子较为合适。

（5）晶体三极管的电流放大原理

工作于放大状态的晶体管，基极电流 I_B 远小于集电极电流 I_C 和发射极电流 I_E，只要发射结电压 U_{BE} 有微小变化，造成基极电流 I_B 有微小变化，就能引起集电极电流 I_C 和发射极电流 I_E 大的变化，这就是晶体管的电流放

4.10 三极管电流放大作用

大作用。即

$$I_C = \beta I_B$$

晶体三极管的电流分配规律如下：

$$I_E = I_B + I_C$$

晶体三极管的电流流向是确定的，但不同极性的晶体三极管不同，如图 4-53 所示。

晶体三极管的主要作用是放大信号，用晶体三极管组成的电路可以放大电流、电压、功率。

（6）晶体三极管的工作状态

根据晶体三极管的输出特性曲线（如图 4-54 所示），晶体三极管的工作状态可分为放大区、截止区和饱和区 3 个工作区。晶体管在不同工作状态下的特点见表 4-15。

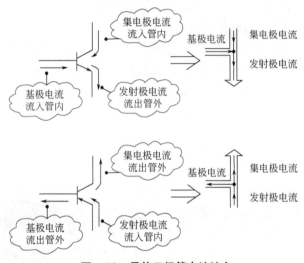

图 4-53　晶体三极管电流流向

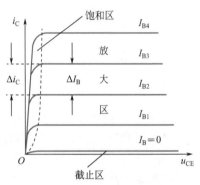

图 4-54　晶体三极管的输出特性曲线

表 4-15　晶体三极管放大、截止、饱和的条件及特点

工作状态	截止	放大	饱和
条件	发射结反偏，集电结反偏	发射结正偏，集电结反偏	发射结正偏，集电结正偏
特点	$U_{BE} \leq 0$，$I_B=0$，$I_C=I_{CEO}=0$，$U_{CE}=V_{CC}$ 无电流放大能力	$U_{BE}=0.7V$，$I_C=\beta I_B$、$\Delta I_C=\beta \Delta I_B$，$V_{CC} > U_{CE} > U_{BE}$，有电流放大能力	$U_{BE}=0.7V$，U_{CE} 很 小（$V_{CE}=0.3V < V_{BE}$），I_C 不受 I_B 控制，$I_C=I_{CS}$，$I_B \geq I_{RS}=\dfrac{I_{CS}}{\beta}$

（7）复合管

在一个管壳内装有两个以上的电极系统，且每个电极系统各自独立通过电子流，实现各自的功能，这种三极管称为复合管。换言之，复合管就是指将两只三极管按一定规律进行组合，等效成一只三极管，复合管又称达林顿管。如图 4-55 所示。

由图 4-55 可看出，复合管的组合方式有四种接法：图（a）中为 NPN 管加 NPN 管构成 NPN 型复合管；图（b）中 PNP 管加 PNP 管构成 PNP 型复合管；图（c）中 NPN 管加 PNP 管构成 NPN 型复合管；图（d）中 PNP 管加 NPN 管构成 PNP 型复合管。前两种是同极性接法，后两种是异极性接法。显然复合管也有 NPN 型和 PNP 型两种，其类型与第一只管子相同。

以图（a）为例，有：$i_c = i_{c1} + i_{c2} = \beta_1 i_b + \beta_2(1+\beta_1)i_{b1} = (\beta_1 + \beta_2 + \beta_1\beta_2)i_b$

显然，复合管的电流放大系数比普通三极管大得多。

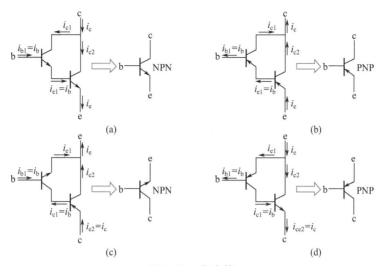

图 4-55 复合管

由于复合管具有很大的电流放大能力，所以用复合管构成的放大电路具有更高的输入电阻。鉴于复合管的这种特点，常常用于音频功率放大电路、电源稳压电路、大电流驱动电路、开关控制电路、电机调速电路及逆变电路等。

4.3.2 万用表检测晶体三极管

4.11 万用表检测常用元器件

（1）指针式万用表检测晶体三极管

① 判断基极和管型　由于晶体三极管的基极对集电极和发射极的正向电阻都较小，据此，可先找出基极，其方法是用万用表的黑笔接基极、红笔接另外两个极，阻值都很小，则为 NPN 型晶体三极管的基极；如果红笔接基极、黑笔接另外两个极，阻值都很小，则为 PNP 型晶体三极管的基极。如图 4-56 所示。

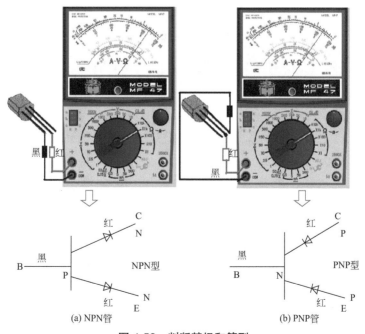

图 4-56 判断基极和管型

②**判断集电极和发射极** 在晶体三极管的类型和基极确定后，将红、黑表笔分别接待测的集电极和发射极，基极通过 $20 \sim 100\Omega$ 的电阻与集电极相接。根据晶体三极管共发射极电流放大原理可知，PNP 型晶体三极管集电极接红笔（电池负极），表针偏转角将变大；对于 NPN 型晶体三极管，则集电极接黑笔时，表针偏转角变大。这样就可判断出集电极和发射极。

也用手捏住基极与另一个电极，利用人体电阻代替基极与集电极相接的那个 $20 \sim 100\Omega$ 的电阻，则同样可以判别出集电极和发射极，如图 4-57 所示。

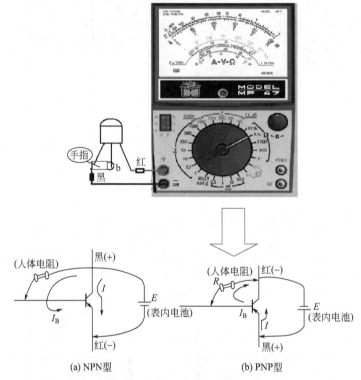

图 4-57 判断集电极和发射极

指针式万用表测量晶体三极管口诀

晶体三极管，两类型，三个极，e、b、c。

万用表，电阻挡，找基极（b），固黑笔，NPN，固红笔，PNP。

NPN，捏基极（b），阻值小，黑接集（c）。

PNP，捏基极（b），阻值小，红接集（c）。

剩余极，是发射（e）。

（2）数字万用表检测晶体三极管

利用数字万用表不仅能判定晶体管电极、测量管子的电流放大系数 h_{FE}，还可鉴别硅管与锗管。

①**判定基极** 将数字万用表的量程开关置于二极管挡，红表笔固定任接某个引脚，用黑表笔依次接触另外两个引脚，如果两次显示值均小于 1V 或都显示溢出符号"1"，则红

表笔所接的引脚就是基极 B。如果在两次测试中，一次显示值小于 1V，另一次显示溢出符号 "1"，表明红表笔接的引脚不是基极 B，此时应改换其他引脚重新测量，直到找出基极 B 为止。

② 判定 NPN 管与 PNP 管　仍使用数字万用表的二极管挡。按上述操作确认基极 B 之后，将红表笔接基极 B，用黑表笔先后接触其他两个引脚。如果都显示 0.500 ～ 0.800V，则被测管属于 NPN 型；若两次都显示溢出符号 "1"，则表明被测管属于 PNP 管。

③ 判定集电极 C 与发射极 E（兼测 h_{FE} 值）　区分晶体管的集电极 C 与发射极 E，需使用数字万用表的 h_{FE} 挡。如果假设被测管是 NPN 型管，则将数字万用表拨至 h_{FE} 挡，使用 NPN 插孔。把基极 B 插入 B 孔，剩下两个引脚分别插入 C 孔和 E 孔中。若测出的 h_{FE} 为几十～几百，说明管子属于正常接法，放大能力较强，此时 C 孔插的是集电极 C，E 孔插的是发射极 E，如图 4-58（a）所示。

(a) 正常测量　　(b) 不正确测量

图 4-58　晶体三极管 C、E 极的判定

若测出的 h_{FE} 值只有几～十几，则表明被测管的集电极 C 与发射极 E 插反了［如图 4-58（b）所示］，这时 C 孔插的时发射极 E，E 孔插的是集电极 C。

为了使测试结果更可靠，可将基极 B 固定插在 B 孔不变，把集电极 C 与发射极 E 调换复测 1 ～ 2 次，以仪表显示值大（几十～几百）的一次为准，C 孔插的引脚即是集电极 C，E 孔插的引脚则是发射极 E。

（3）判定硅管和锗管

硅管和锗管的 PN 结正向电阻是不一样的，即硅管的正向电阻大，锗管的小。利用这一特性就可以用指针式万用表来判别一只晶体三极管是硅管还是锗管。判断方法如下。

① 将指针式万用表拨到 $R \times 100$ 挡或 $R \times 1k$ 挡，并调零。

② 测量 NPN 型的晶体三极管时，万用表的黑表笔接基极，红表笔接集电极或发射极；测量 PNP 型的晶体三极管时，万用表的红表笔接基极，黑表笔接集电极或发射极。

③ 如果测得的阻值小于 1kΩ，则所测的管子是锗管；如果测得的阻值在 5 ～ 10kΩ，则所测的管子是硅管。

（4）判定高频管和低频管

① 用指针式万用表测量晶体三极管发射极的反向电阻，如果是测量 PNP 型管，万用表的黑表笔接基极，红表笔接发射极；如果是测量 NPN 型管，万用表的红表笔接基极，黑表笔接发射极。

② 用万用表的 $R \times 1k$ 挡测量，此时万用表的表针指示的阻值应当很大，一般不超过满刻度值的 1/10。

③ 再将万用表转换到 $R \times 10k$ 挡，如果表针指示的阻值变化很大，超过满刻度值的 1/3，则此管为高频管；反之，如果万用表转换到 $R \times 10k$ 挡后，表针指示的阻值变化不大，不超过满刻度值的 1/3，则所测的管子为低频管。

4.3.3　晶体三极管放大电路

放大电路的功能是把微弱的电信号放大成较强的电信号。放大电路必须由直流电源供电才能工作，其实质是一种能量转换器，它将直流电能转换为交流信号电能输出给负载。

三极管放大电路可以放大电流、电压、功率等。

（1）构成放大电路的条件

一个完整的放大电路必须具有放大元件，同时还须满足直流条件和交流条件。

① 放大元件是放大电路的核心器件，它可以是三极管，也可以是场效应管或集成电路。如果放大元件是三极管，要求其工作在放大区，并能够对信号进行不失真的放大。

② 直流条件是指必须达到放大元件的供电要求，包括电压的大小、极性等。对于由三极管构成的放大电路而言，直流条件就是必须满足三极管的放大条件：发射结正偏，集电结反偏。

③ 交流条件是指放大器的输入信号源到负载之间，交流通路必须要畅通。一般常用电容器的"隔直通交"作用来耦合传递交流信号，或者用变压器的电磁耦合来传递交流信号等。

4.12 三极管
静态工作点

4.13 偏置和
三种连接方式

（2）三极管基本放大电路

三极管基本放大电路如图 4-59 所示。其信号从基极和射极之间输入，放大后由集电极和发射极之间输出。发射极是输入输出信号的公共端，所以该电路为共发射极放大电路，属于固定偏置放大电路。

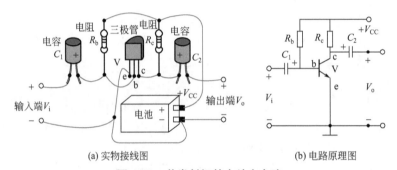

(a) 实物接线图　　　　　　　　(b) 电路原理图

图 4-59　共发射极基本放大电路

NPN 管共发射极放大电路元件名称及作用见表 4-16。

表 4-16　NPN 管共发射极放大电路元件名称及作用

元件	名称	作用	说明
V	NPN 型三极管	电流放大元件，实现 $I_C=\beta I_B$	
R_b	偏置电阻	为放大管提供偏置电流 I_B	
V_{CC}	直流电源	为放大电路提供工作电压和电流	在放大电路作图时，电源元件一般不画出，仅用符号表示即可
R_C	集电极电阻	（1）充当集电极负载（将集电极电流 i_C 变化转换成集－射之间的电压 U_{CE} 的变化，这个变化的电压就是放大器的输出电压） （2）电源 V_{CC} 通过 R_C 为集电极供电	
C_1	输入耦合电容	耦合输入交流信号，隔直流	耦合电容一般为电解电容，正极接高电位端，负极接低电位端
C_2	输出耦合电容	耦合输出交流信号，隔直流	

三极管基本放大电路有三种连接方式，除了共发射极连接方式外，还有共集电极、共基极连接方式。不同的连接方式各有特点，可根据需要选择，见表 4-17。

表 4-17　三极管基本放大电路的三种连接方式比较

比较项目 ＼ 组合状态		共发射极电路	共集电极电路	共基极电路
电路形式		V_i　V_o	V_i　V_o	V_i　V_o
大小相位	大小	$\dfrac{\beta R_L'}{r_{be}}$	$\dfrac{(1+\beta)R_L'}{r_{be}+(1+\beta)R_L'}$	$\dfrac{\beta R_L'}{r_{be}}$
	相位	V_O 与 V_i 反相	V_O 与 V_i 同相	V_O 与 V_i 同相
A_i		β	$1+\beta$	$\alpha=\dfrac{\beta}{1+\beta}$
r_i		r_{be}（中）	$r_{be}+(1+\beta)R_L'$（大）	$\dfrac{r_{be}}{1+\beta}$（小）
r_o		R_C（大）	$\dfrac{r_{be}+(R_S\,/\!/\,R_b)}{1+\beta}\,/\!/\,R_e$（小）	R_C（小）
高频特性		差	好	好
用途		输入级、中间级	输入级、中间级、输出级	高频或者宽带放大器

（3）分压式偏置放大电路

如图 4-60 所示为分压式偏置放大电路，该电路与三极管基本放大电路比较，增加了三个元件。

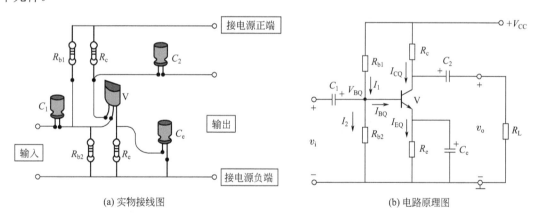

(a) 实物接线图　　　　　　　　　　(b) 电路原理图

图 4-60　分压式偏置放大电路

R_{b1} 和 R_{b2} 分别为上、下偏置电阻，电源电压经过 R_{b1}、R_{b2} 串联分压后为三极管提供基极电位 V_{BQ}。

R_e 为发射极电阻，自动使 I_e 稳定，起到稳定静态工作点 I_{EQ} 的作用。

发射极旁路电容 C_e 的作用：为交流信号提供通路（因它的容量较大，对交流信号相当于短路），避免交流信号在 R_e 上的损耗。

分压式偏置放大电路自动稳定工作点的过程如图 4-61 所示。

因为，$I_2 \gg I_{BQ}$，所以 $I_1 \approx I_2$，则

$$V_b \approx \frac{R_{b2}}{R_{b1}+R_{b2}} E_c$$

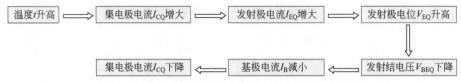

图 4-61　分压式偏置放大电路自动稳定工作点的过程

从上式可知，V_b 的大小与三极管的参数无关，只由偏置电阻的分压来决定。要调整静态工作点，只调整 R_{b1} 或 R_{b2} 均可。

特别提醒　影响放大电路静态工作点稳定的因素有：温度变化、电源电压波动、三极管老化、更换三极管等。稳定静态工作点的常用措施是采用分压式偏置放大电路。

想一想

1. 判断正误：三极管各电极上的电流分配满足 $I_E=I_B+I_C$ 的关系。（　　）

2. 判断正误：三极管工作在放大状态时，集电结反偏，发射极正偏，对于 PNP 型三极管来讲则有：$V_c>V_b>V_e$。（　　）

3. 判断正误：三极管工作在截止状态时，C、E 间电阻等效为无穷大，相当于开关断开。（　　）

4. 判断正误：用万用表测得三极管的任意二极间的电阻均很小，说明该管的二个 PN 结均开路。（　　）

5. 判断正误：分压式偏置共发射极放大电路是一种能够稳定静态工作点的放大器。（　　）

6. 电路中工作在截止状态的三极管，应满足（　　）。

A. 集电结反偏，发射极正偏　　　　　　B. 集电结正偏，发射极正偏

C. 集电结反偏，发射极反偏　　　　　　D. 集电结正偏，发射极反偏

7. 三极管是一种（　　）的半导体器件。

A. 电压控制型　　B. 电流控制型　　　C. 功率控制型　　　D. 电压电流双重控制型

8. 在晶体三极管放大电路的 3 种组态中，输入电阻大且输出电阻又小的是（　　）。

A. 共射放大电路　　B. 共基放大电路　　C. 共集放大电路　　D. 无法确定

9. 晶体三极管构成的三种放大电路中，没有电压放大作用但有电流放大作用的是（　　）。

A. 共集电极接法　　B. 共基极接法　　　C. 共发射极接法　　D. 以上都不是

10. 在图 4-62 所示电路中，工作在放大状态的三极管是（　　）。

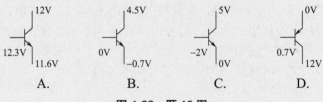

图 4-62　题 10 图

第 5 章

电工工具及材料与测量

5.1 电工工具及使用

5.1.1 常用电工工具及使用

（1）常用电工工具有哪些

电工常用工具包括试电笔、电工刀、螺丝刀、钢丝钳、斜口钳、剥线钳、尖嘴钳等，电工在日常作业中，会经常使用到这些工具，因此常常随身携带在工具包（袋）中，如图 5-1 所示。

5.1 常用电工工具使用

（2）正确使用常用电工工具

电工工具的正确使用，是电工技能的基础。正确使用工具不但能提高工作效率和施工质量，而且能减轻疲劳、保证操作安全及延长工具的使用寿命。因此，电工必须十分重视工具的合理选择与正确的使用方法。常用电工工具的用途与使用见表 5-1。

图 5-1 电工工具包（袋）

表 5-1 常用电工工具的用途及使用

名称	图示	用途及规格	使用及注意事项
试电笔		用来测试导线、开关、插座等电器及电气设备是否带电的工具	使用时，用手指握住验电笔身，食指触及笔身的金属体（尾部），验电笔的小窗口朝向自己的眼睛，以便于观察。试电笔测电压的范围为 60 ~ 500V，严禁测高压电 目前广泛使用电子（数字）试电笔。电子试电笔使用方法同发光管式试电笔。读数时最高显示数为被测值

名称	图示	用途及规格	使用及注意事项
钢丝钳		用来钳夹、剪切电工器材（如导线）的常用工具，规格有150、175、200（mm）三种，均带有橡胶绝缘导管，可适用于500V以下的带电作业	钢丝钳由钳头和钳柄两部分组成，钳头由钳口、齿口、刀口和铡口四部分组成。钳口用来弯曲或钳夹导线线头；齿口用来紧固或起松螺母；刀口用来剪切导线或剖削软导线绝缘层；铡口用来铡切电线线芯等较硬金属 使用时注意：①钢丝钳不能当做敲打工具；②要注意保护好钳柄的绝缘管，以免碰伤而造成触电事故
尖嘴钳		尖嘴钳的钳头部分较细长，能在较狭小的地方工作，如灯座、开关内的线头固定等。常用规格有130、160、180（mm）三种	使用时的注意事项与钢丝钳基本相同，特别要注意保护钳头部分，钳夹物体不可过大，用力时切忌过猛
斜口钳		斜口钳又名断线钳，专用于剪断较粗的金属丝、线材及电线电缆等。常用规格有130、160、180和200（mm）四种	使用时的注意事项与钢丝钳的使用注意事项基本相同
螺丝刀		用来旋紧或起松螺钉的工具，常见有一字形和十字形螺丝刀。规格有75、100、125、150（mm）的几种	使用时注意：①根据螺钉大小及规格选用相应尺寸的螺丝刀，否则容易损坏螺钉与螺丝刀；②带电操作时不能使用木柄穿芯螺丝刀；③螺丝刀不能当凿子用；④螺丝刀手柄要保持干燥清洁，以免带电操作时发生漏电
电工刀		在电工安装维修中用于切削导线的绝缘层、电缆绝缘、木槽板等，规格有大号、小号之分；大号刀片长112mm，小号刀片长88mm	刀口要朝外进行操作；削割电线包皮时，刀要放平一点，以免割伤线芯；使用后要及时把刀身折入刀柄内，以免刀刃受损或危及人身、割破皮肤
剥线钳		用于剥除小直径导线绝缘层的专用工具，它的手柄是绝缘的，耐压强度为500V。其规格有140mm（适用于铝、铜线，直径为0.6mm、1.2mm和1.7mm）和160mm（适用于铝、铜线，直径为0.6mm、1.2mm、1.7mm和2.2mm）	将要剥除的绝缘长度用标尺定好后，即可把导线放入相应的刀口中（比导线直径稍大），用手将钳柄一握，导线的绝缘层即被割破而自动弹出 注意不同线径的导线要放在剥线钳不同直径的刀口上
活络扳手		电工用来拧紧或拆卸六角螺丝（母）、螺栓的工具，常用的活络扳手有150×20（6英寸），200×25（8英寸），250×30（10英寸）和300×36（12英寸）四种	①不能当锤子用；②要根据螺母、螺栓的大小选用相应规格的活络扳手；③活络扳手的开口调节应以既能夹住螺母又能方便地取下扳手、转换角度为宜
手锤		在安装或维修时用来锤击水泥钉或其他物件的专用工具	手锤的握法有紧握和松握两种。挥锤的方法有腕挥、肘挥和臂挥三种。一般用右手握在木柄的尾部，锤击时应对准工件，用力要均匀，落锤点一定要准确

记忆口诀

电工用钳种类多，不同用法要掌握。
绝缘手柄应完好，方便带电好操作。
电工刀柄不绝缘，不能带电去操作。
螺丝刀有两种类，规格一定要选对。
使用电笔来验电，握法错误易误判。
松紧螺栓用扳手，受力方向不能反。
手锤敲击各工件，一定瞄准落锤点。

（3）常用工具使用注意事项

① 使用验电笔前先要检查验电笔内部有无安全电阻，再检查验电笔是否损坏，有无进水或受潮等。

② 在白天或者光线很强的地方，使用验电笔应注意避光（例如用手挡着光线），以免光线太强影响观察氖泡是否发亮而引起误判，如图5-2所示。验电时，手指必须触及笔尾的金属体，否则带电体也会误判为非带电体。

③ 钢丝钳、尖嘴钳、剥线钳和螺丝刀等工具的绝缘手柄部分不得有损伤，在使用时手与金属部分的距离不得低于2cm。使用钢丝钳带电剪切导线时，不得用刀口同时剪切不同电位的两根线（如相线与零线、相线与相线等），以免发生短路事故。

④ 电工刀的手柄是不绝缘的，一般不允许在电气设备及线路带电的情况下使用电工刀削割电线、电缆包皮等。

⑤ 为了避免在使用螺丝刀时皮肤触及螺丝刀的金属杆，或者金属杆触及邻近带电体，可在金属杆上加套一段绝缘套管，如图5-3所示。作为电工，不应使用金属杆直通握柄顶部的螺丝刀。

图5-2　强光下使用应注意避光

手遮挡光线，谨慎观察

套管

图5-3　金属杆上加套管

⑥ 根据实际工作的需要，正确选用电工工具的型号及规格。

⑦ 使用电工工具时，不仅要注意操作者自己的人身安全，也要注意身边其他人的人身安全，同时还有注意设备的安全。

（4）常用工具维护与保养常识

使用者对常用电工工具的最基本要求是安全、绝缘良好、活动部分应灵活。基于这一最基本要求，大家平时要注意维护和保养好电工工具，下面予以简单说明。

① 常用电工工具要保持清洁、干燥。

② 在使用电工钳之前，必须确保绝缘手柄的绝缘性能良好，以保证带电作业时的人身

安全。若工具的绝缘套管有损坏，应及时更换，不得勉强使用。

③ 对钢丝钳、尖嘴钳、剥线钳等工具的活动部分要经常加油，防止生锈。

④ 电工刀使用完毕，要及时把刀身折入刀柄内，以免刀口受损或危及人身安全。

⑤ 手锤的木柄不能有松动，以免锤击时影响落锤点或锤头脱落。

5.1.2　其他电工工具的使用

（1）其他电工工具及使用注意事项

电工作业的对象不同，需要选用的工具也不一样。这里所说的其他电工工具，主要包括高压验电器、手用钢锯、千分尺、转速表、手电钻、电锤、电烙铁、喷灯、手摇绕线机、拉具、脚扣、蹬板、梯子、錾子和紧线器等，见表 5-2。

表 5-2　其他电工工具及使用注意事项

名称	图示	用途	使用及注意事项
高压验电器		用于测试电压高于 500V 以上的电气设备	使用时，要戴上绝缘手套，手握部位不得超过保护环；逐渐靠近被测体，看氖管是否发光，若氖管一直不亮，则说明被测对象不带电；在使用高压验电器测试时，至少应该有一个人在现场监护
手用钢锯		电工用来锯割物件	安装锯条时，锯齿要朝前方，锯弓要上紧。锯条一般分为粗齿、中齿和细齿 3 种。粗齿适用于锯削铜、铝和木板材料等，细齿一般可锯较硬的铁板及穿线铁管和塑料管等
千分尺		用于测量漆包线外径	使用时，将被测漆包线拉直后放在千分尺砧座和测微杆之间，然后调整测微螺杆，使之刚好夹住漆包线，此时就可以读数了。读数时，先看千分尺上的整数读数，再看千分尺上的小数读数，二者相加即为铜漆包线的直径尺寸。千分尺的整数刻度一般 1 小格为 1mm，可动刻度上的分度值一般是每格为 0.01mm
转速表		用于测试电气设备的转速和线速度	使用时，先要用眼观察电动机转速，大致判断其速度，然后把转速表的调速盘转到所要测的转速范围内。若没有把握判断电动机转速时，要将速度盘调到高位观察，确定转速后，再向低挡调，可以使测试结果准确。测量转速时，手持转速表要保持平衡，转速表测试轴与电动机轴要保持同心，逐渐增加接触力，直到测试指针稳定时再记录数据
手电钻		用于钻孔	在装钻头时要注意钻头与钻夹保持在同一轴线，以防钻头在转动时来回摆动。在使用过程中，钻头应垂直于被钻物体，用力要均匀，当钻头被被钻物体卡住时，应立即停止钻孔，检查钻头是否卡得过松，重新紧固钻头后再使用。钻头在钻金属孔过程中，若温度过高，很可能引起钻头退火，为此，钻孔时要适量加些润滑油
电锤		用于钻孔	电锤使用前应先通电空转一会儿，检查转动部分是否灵活，待检查电锤无故障时方能使用；工作时应先将钻头顶在工作面上，然后再启动开关，尽可能避免空打孔；在钻孔过程中，发现电锤不转时应立即松开开关，检查出原因后再启动电锤。用电锤在墙上钻孔时，应先了解墙内有无电源线，以免钻破电线发生触电。在混凝土中钻孔时，应注意避开钢筋

112

续表

名称	图示	用途	使用及注意事项
电烙铁		焊接线路接头和元器件	使用外热式电烙铁要经常将铜头取下，清除氧化层，以免日久造成铜头烧死；电烙铁通电后不能敲击，以免缩短使用寿命；电烙铁使用完毕后，应拔下插头，待其冷却后再放置于干燥处，以免受潮漏电
喷灯		焊接铅包电缆的铅包层，截面积较大的铜芯线连接处的搪锡，以及其他连接的镀锡	在使用喷灯前，应仔细检查油桶是否漏油，喷嘴是否堵塞、漏气等。根据喷灯所规定使用的燃料油的种类，加注相应的燃料油，其油量不得超过油桶容量的3/4，加油后应拧紧加油处的螺塞。喷灯点火时，喷嘴前严禁站人，且工作场所不得有易燃物品。点火时，在点火碗内加入适量燃料油，用火点燃，待喷嘴烧热后，再慢慢打开进油阀；打气加压时，应先关闭进油阀。同时，注意火焰与带电体之间要保持一定的安全距离
手摇绕线机		主要用来绕制电动机的绕组、低压电器的线圈和小型变压器的线圈	使用手摇绕线机时要注意：①要把绕线机固定在操作台上；②绕制线圈要记录开始时指针所指示的匝数，并在绕制后减去该匝数
拉具		用于拆卸皮带轮、联轴器、电动机轴承和电动机风叶	使用拉具拉电动机皮带轮时，要将拉具摆正，丝杆对准机轴中心，然后用扳手上紧拉具的丝杠，用力要均匀。在使用拉具时，如果所拉的部件与电动机轴间已经锈死，可在轴的接缝处浸些汽油或螺栓松动剂，然后用手锤敲击皮带轮外圆或丝杆顶端，再用力向外拉皮带轮
脚扣		用于攀登电力杆塔	使用前，必须检查弧形扣环部分有无破裂、腐蚀，脚扣皮带有无损坏，若已损坏应立即修理或更换。不得用绳子或电线代替脚扣皮带。在登杆前，对脚扣要做人体冲击试验，同时应检查脚扣皮带是否牢固可靠
蹬板		用于攀登电力杆塔	用于攀登电力杆塔。使用前，应检查外观有无裂纹、腐蚀，并经人体冲击试验合格后再使用；登高作业动作要稳，操作姿势要正确，禁止随意从杆上向下扔蹬板；每年对蹬板绳子做一次静拉力试验，合格后方能使用
梯子		电工登高作业工具	梯子有人字梯和直梯，使用方法比较简单，梯子要安稳，注意防滑；同时，梯子安放位置与带电体应保持足够的安全距离
錾子		用于打孔，或者对已生锈的小螺栓进行錾断	使用时，左手握紧錾子（注意錾子的尾部要露出约4cm左右），右手握紧手锤，再用力敲打
紧线器		在架空线路时用来拉紧电线的一种工具	使用时，将镀锌钢丝绳绕于右端滑轮上，挂置于横担或其他固定部位，用另一端的夹头夹住电线，摇柄转动滑轮，使钢丝绳逐渐卷入轮内，电线被拉紧而收缩至适当的程度

记忆口诀

直梯登高要防滑，人字梯要防张开。
脚扣蹬板登电杆，手脚配合应协调。
紧线器，紧电线，慢慢收紧勿滑线。
喷灯虽小温度高，能融电缆的铅包。
电烙铁焊元器件，根据需要选规格。
冲击钻头是专用，孔径大小应匹配。

（2）手动电动工具使用注意事项

使用手电钻、电锤等手动电动工具时，应注意以下几点。

① 使用前首先要检查电源线的绝缘是否良好，如果导线有破损，可用电工绝缘胶布包缠好。电动工具最好是使用三芯橡胶软线作为电源线，并将电动工具的外壳可靠接地。

5.2 电锤的使用

② 检查电动工具的额定电压与电源电压是否一致，开关是否灵活可靠。

③ 电动工具接入电源后，要用电笔测试外壳是否带电，如不带电方能使用。操作过程中若需接触电动工具的金属外壳时，应戴绝缘手套，穿电工绝缘鞋，并站在绝缘板上。

④ 拆装手电钻的钻头时要用专用钥匙，切勿用螺丝刀和手锤敲击电钻夹头，如图5-4所示。

⑤ 装钻头时要注意，钻头与钻夹应保持同一轴线，以防钻头在转动时来回摆动。

图5-4 手电钻换钻头的方法

⑥ 在使用过程中，如果发现声音异常，应立即停止钻孔，如果因连续工作时间过长，电动工具发烫，要立即停止工作，让其自然冷却，切勿用水淋浇。

⑦ 钻孔完毕，应将导线绕在手动电动工具上，并放置在干燥处以备下次使用。

👆 **想一想**

1.判断正误：电工钳一般每半年进行一次绝缘试验。（　　）

2.判断正误：在电气线路安装时，应根据不同的使用对象选用相应规格的螺丝刀，可以大带小，不可以小带大，以免损坏电气元件。（　　）

3.判断正误：电工刀的刀口应朝外进行操作，使用完毕随即把刀身折入刀柄。（　　）

4.判断正误：电工钳的钳头应防锈，轴销处应经常加机油润滑，以保证使用灵活。（　　）

5.判断正误：试电笔的金属探头能承受的一定的转矩，故能作为螺丝刀使用。（　　）

6.判断正误：低压试电笔进行验电前必须先在有电设备上试验，确证试电笔良好，方可进行验电。（　　）

7.判断正误：手持式电动工具接线可以随意加长。（　　）

8.判断正误：利用钢丝钳的钳口不可以直接进行钢丝剪切，应利用钢丝钳的铡口

剪切钢丝。（　　）

9.在使用试电笔时一定要注意，被测带电体与大地之间电压超过（　　），氖管才会起辉发光，电压太低不会发光。

A. 15V　　　　　B. 30V　　　　　C. 60V　　　　　D. 220V

10.手握持功率较小的电烙铁进行电子元件焊接时，一般采用（　　）。

A. 正握法　　　　B. 反握法　　　　C. 握笔法　　　　D. 上述三种方法都可以

11.尖嘴钳150mm是指（　　）。

A. 其总长度为150mm　　　　　　　B. 其绝缘手柄为150mm

C. 其开口150mm　　　　　　　　　D. 两个绝缘手柄长度之和为150mm

12.下列常用电工工具中，不具有绝缘套管的是（　　）。

A. 钢丝钳　　　　B. 尖嘴钳　　　　C. 剥线钳　　　　D. 活络扳手

5.2　电工绝缘材料及选用

5.2.1　绝缘材料简介

（1）绝缘材料的作用

5.3　电工绝缘材料

具有高电阻率（通常在 $10^{10} \sim 10^{22}\Omega \cdot m$ 的范围内）、能够隔离相邻导体或防止导体间发生接触的材料称为绝缘材料，又称电介质。绝缘材料是电气工程中用途最广、用量最大、品种最多的一类电工材料。

① 绝缘材料的质量与用电安全息息相关。良好的绝缘性能是保证设备和线路正常运行的必要条件，也是防止触电事故的重要措施。

② 绝缘材料的作用就是将带电的部分或带不同电位的部分相互隔离开来，使电流能够按人们指定的路线去流动。如在电动机中，导体周围的绝缘材料将匝间隔离并与接地的定子铁芯隔离开来，以保证电动机的安全运行。

③ 绝缘材料往往还起着其他作用，如散热冷却、机械支撑和固定、储能、灭弧、防潮、防霉及保护导体等。

特别提醒　绝缘材料是在允许电压下不导电的材料，但不是绝对不导电的材料。在一定外加电场强度作用下，也会发生导电、极化、损耗、击穿等过程，而长期使用还会发生绝缘老化。

（2）绝缘材料的种类

绝缘材料按其化学性质可分为无机绝缘材料、有机绝缘材料和混合绝缘材料3种类型。常用绝缘材料的类型及主要作用见表5-3。

在诸多的电工绝缘材料中，常用的固态材料有绝缘导管、绝缘纸、层压板、橡胶、塑料、油漆、玻璃、陶瓷、云母等；常用的液态材料有变压器油等；常用的气态材料有空气、氮气、六氟化硫等。

表 5-3　常见绝缘材料的类型及作用

类型	材料	主要作用
无机绝缘材料	云母、石棉、大理石、瓷器、玻璃、硫磺等	电动机、电器的绕组绝缘、开关的底板和绝缘子等
有机绝缘材料	虫胶、树脂、橡胶、棉纱、纸、麻、人造丝等	制造绝缘漆，还可以作为绕组导线的被覆绝缘物
混合绝缘材料	由无机绝缘材料和有机绝缘材料两种材料经过加工制成的各种绝缘成型件	制造电器的底座、外壳等

（3）电工绝缘材料的主要性能指标

绝缘材料的电阻率很高，导电性能差甚至不导电，在电工技术中大量用于制作带电体与外界隔离的材料。电工绝缘材料的主要性能指标有：绝缘耐压强度、耐热等级、绝缘材料的抗拉强度、膨胀系数等。

① 绝缘材料在高于某一个数值的电场强度的作用下，会损坏而失去绝缘性能，这种现象称为击穿。绝缘材料被击穿时的电场强度，称为击穿强度，单位为 kV/mm。

② 当温度升高时，绝缘材料的电阻、击穿强度、机械强度等性能都会降低。因此，要求绝缘材料在规定的温度下能长期工作且绝缘性能保证可靠。不同成分的绝缘材料的耐热程度不同，耐热等级可分为 Y、A、E、B、F、H、C 7 个等级，并对每个等级的绝缘材料规定了最高极限工作温度。

③ 根据各种绝缘材料的具体要求，相应规定的抗张、抗压、抗弯、抗剪、抗撕、抗冲击等各种强度指标，统称为机械强度。

④ 有些绝缘材料以液态形式呈现，如各种绝缘漆，其特性指标就包含黏度、固定含量、酸值、干燥时间及胶化时间等。有的绝缘材料特性指标还涉及渗透性、耐油性、伸长率、收缩率、耐溶剂性、耐电弧等。

（4）绝缘材料产品型号的含义

绝缘材料的产品型号一般用 4 位数表示，如图 5-5 所示。

选用绝缘材料时，必须根据设备的最高允许温度，选用相应等级的绝缘材料。例如，常用电动机多为 A 级、E 级或 B 级。

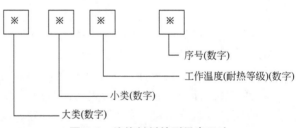

图 5-5　绝缘材料的型号表示法

（5）常用绝缘材料的耐热等级及其极限温度

常用绝缘材料的耐热等级及其极限温度见表 5-4。

表 5-4　常用绝缘材料的耐热等级及其极限温度

数字代号	耐热等级	极限温度/℃	相当于该耐热等级的绝缘材料
0	Y	90	用未浸渍过的棉纱、丝及纸等材料或其混合物所组成的绝缘结构
1	A	105	用浸渍过的或浸在液体电介质（如变压器油）中的棉纱、丝及纸等材料或其混合物所组成的绝缘结构
2	E	120	用合成有机薄膜、合成有机瓷器等材料的混合物所组成的绝缘结构
3	B	130	用合适的树脂黏合或浸渍、涂覆后的云母、玻璃纤维、石棉等，以及其他无机材料、合适的有机材料或其混合物所组成的绝缘结构
4	F	155	用合适的树脂黏合或浸渍、涂覆后的云母、玻璃纤维、石棉等，以及其他无机材料、合适的有机材料或其混合物所组成的绝缘结构

数字代号	耐热等级	极限温度 /℃	相当于该耐热等级的绝缘材料
5	H	180	用合适的树脂（如有机硅树脂）黏合或浸渍、涂覆后的云母、玻璃纤维、石棉等材料或其混合物所组成的绝缘结构
6	C	＞180	用合适的树脂黏合或浸渍、涂覆后的云母、玻璃纤维以及未经浸渍处理的云母、陶瓷、石英等材料或其混合物所组成的绝缘结构

（6）常用绝缘材料的绝缘耐压强度

常用绝缘材料的绝缘耐压强度见表 5-5。

表 5-5 常用绝缘材料的绝缘耐压强度

材料名称	绝缘耐压强度 /（kV/cm）	材料名称	绝缘耐压强度 /（kV/cm）
干木材	0.36～0.80	电木	10～30
石棉板	1.2～2	石蜡	16～30
空气	3～4	绝缘布	10～54
纸	5～7	白云母	15～18
玻璃	5～10	硬橡胶	20～38
纤维板	5～10	油漆	干 100，湿 25
瓷	8～25	矿物油	25～57

（7）正确应用绝缘材料

① 绝缘材料主要用来隔离电位不同的导体，如隔离变压器绕阻与铁芯，或者隔离高、低压绕组，或者隔离导体以保证人身安全。在某些情况下，绝缘材料还能起支承固定（如在接触器中）、灭弧（如断路器中）、防潮、防霉及保护导体（如在线圈中）等作用。

② 绝缘材料只有在其绝缘强度范围内才具有良好的绝缘作用。若电压或场强超过绝缘强度，会使材料发生电击穿。

③ 由于热、电、光、氧等多因素作用会导致材料绝缘性能丧失，即绝缘材料的老化。受环境影响是主要的老化形式。因此，工程上对工作环境恶劣而又要求耐久使用的材料均须采取防老化措施。

④ 绝缘材料的种类很多，要了解常用的各种绝缘材料的主要特性、用途和加工工艺，在具体选材时应尽可能结合生产实际，查阅有关技术资料，不但要进行技术性比较，还要进行经济性比较，以便正确合理地选择出价廉物美适用的材料。

⑤ 有的绝缘材料（如石棉）长期接触后会对人体健康有害，在加工制作时要注意劳动保护。

⑥ 掌握常用绝缘材料的使用方法对安全生产至关重要。

5.2.2 电气绝缘板

（1）电气绝缘板的特点

电气绝缘板通常是以纸、布或玻璃布作底材，浸以不同的胶黏剂，经加热压制而成，如图 5-6 所示。绝缘板具有良好的电气性能和力学性能，具有耐热、耐油、耐霉、耐电弧、防电晕等特点。

电工基础

图 5-6　电气绝缘板

（2）电气绝缘板的选用

电气绝缘板主要用于做线圈支架、电动机槽楔、各种电器的垫块、垫条等。常用电气绝缘板的特点与用途见表 5-6。

表 5-6　常用电气绝缘板的特点与用途

名称	耐热等级	特点与用途
3020 型酚醛层压纸板	E	介电性能高，耐油性好。适用于电气性能要求较高的电气设备中做绝缘结构件，也可在变压器油中使用
3021 型酚醛层压纸板	E	机械强度高、耐油性好。适用于力学性能要求较高的电气设备中做绝缘结构件，也可在变压器油中使用
3022 型酚醛层压纸板	E	有较高的耐潮性，适用于潮湿环境下工作的电气设备中做绝缘结构件
3023 型酚醛层压纸板	E	介电损耗小，适用于无线电、电话及高频电子设备中做绝缘结构件
3025 型酚醛层压布板	E	机械强度高，适用于电气设备中做绝缘结构件，并可在变压器油中使用
3027 型酚醛层压布板	E	吸水性小，介电性能高，适用于高频无线电设备中做绝缘结构件
环氧酚醛层压玻璃布板	B	具有高的力学性能、介电性能和耐水性，适用于电动机、电器设备中作绝缘结构零部件，可在变压器油中和潮湿环境下使用
有机硅环氧层压玻璃布板	H	具有较高的耐热性、力学性能和介电性能，适用于热带型电动机、电气设备中做绝缘结构件使用
有机硅层压玻璃布板	H	耐热性好，具有一定的机械强度，适用于热带型旋转电动机、电气设备中做绝缘结构零部件使用
聚酰亚胺层压玻璃布板	C	具有很好的耐热性和耐辐射性，主要用于"H"绝缘等级（最高允许温度 180℃）的电动机、电气设备绝缘结构件

5.2.3　绝缘黏带

（1）绝缘黏带的作用

绝缘黏带是在常温下稍加压力即能自黏成型的带状绝缘材料，其品种之一就是我们平时用于包缠裸线头的黑胶布或涤纶胶带。

绝缘黏带广泛用于在 380V 电压以下使用的导线的包扎、接头、绝缘密封等电工作业，以及电动机或变压器等的线圈绕组绝缘等。

（2）绝缘黏带的选用

绝缘黏带可分为薄膜黏带、织物黏带、无底材黏带 3 大类。

① 薄膜黏带　薄膜黏带是在薄膜的一面或两面涂覆胶黏材料，经过烘焙后制成，如图 5-7 所示。常用薄膜黏带的特点与用途见表 5-7。

图 5-7　薄膜黏带

表 5-7　常用薄膜黏带的特点与用途

名称	耐热等级	特点与用途
聚乙烯薄膜黏带	Y 以下	具有一定的电气性能和力学性能，柔软性好，黏接力较强，但耐热性较低。主要用于一般电线接头的绝缘包扎
聚乙烯薄膜纸黏带	Y 以下	柔软性和黏接力较好，使用方便。主要用于一般电线接头的绝缘包扎
聚氯乙烯薄膜黏带	Y 以下	性能与聚乙烯薄膜黏带类似。主要用于 6000V 以下电压的电线接头的绝缘包扎
聚酯薄膜黏带	E～B	耐热性较好，机械强度高。主要用于电动机线圈绝缘、对地绝缘、密封绝缘等
聚酰亚胺薄膜黏带	H	电气性能和力学性能均较高，耐热性好。主要用于电动机线圈绕组绝缘和线槽绝缘等

② 织物黏带　织物黏带是以无碱玻璃布或棉布为底材，涂覆胶黏材料后经过烘焙并制成带状，如图 5-8 所示。常用织物黏带的特点与用途见表 5-8。

③ 无底材黏带　无底材黏带是由硅橡胶或丁基橡胶加上填料和硫化剂等，经过混炼后挤压成型而制成。绝缘黏带自身具有黏性，因此使用十分方便，常用于包扎电缆端头、导线接头、电气设备接线连接处，以及电动机或变压器等的线圈绕组绝缘。表 5-9 所示为常用无底材黏带的特点与用途。

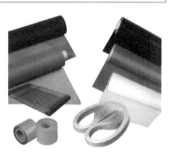

图 5-8　织物黏带

表 5-8　常用织物黏带的特点与用途

名称	耐热等级	特点与用途
环氧玻璃黏带	B	电气性能和力学性能均较高。主要用于变压器铁芯及电动机线圈绕组的固定包扎等
硅橡胶玻璃黏带	B	电气性能和力学性能均较高，柔软性较好。主要用于变压器铁芯及电动机线圈绕组的固定包扎等
有机硅玻璃黏带	H	耐热性、耐寒性和耐潮性都较高，电气性能和力学性能较好。主要用于电动机线圈绕组的绝缘、导线的连接绝缘等

表 5-9　常用无底材黏带的特点与用途

名称	耐热等级	特点与用途
自黏性硅橡胶三角带	H	耐热、耐潮、耐腐蚀和抗振动特性好，但抗拉强度较低。主要用于高压电动机线圈绕组的绝缘等
自黏性丁基橡胶带	H	弹性好，伸缩性大，包扎紧密性好。主要用于导线、电缆接头和端头的绝缘包扎

5.2.4　绝缘漆管

（1）绝缘漆管的作用

绝缘漆管又称绝缘套管、黄蜡管，一般以白色为主，主要原料是玻璃纤维，通过拉丝、编织、加绝缘清漆后完成，如图 5-9 所示。

绝缘套管成管状，可以直接套在需要绝缘的导线或细长形引线端上，使用很方便，主要用于电线端头及变压器、电动机、低压电器等电气设备引出线的护套绝缘。

图 5-9　绝缘漆管

在布线（网线、电线、音频线等）过程中，如果需要穿墙，或者暗线经过梁柱的时候，导线需要加护和防拉伤、防老鼠咬坏等，这个时候，也需要用到绝缘漆管。

（2）绝缘漆管的选用

常用绝缘漆管的特性及适用场合，见表5-10。

表5-10　常用绝缘漆管的特性及适用场合

名称	耐热等级	特点与用途
油性漆管	A	具有良好的电气性能和弹性，但耐热性、耐潮性和耐霉性差。主要用于仪器仪表、电动机和电气设备的引出线与连接线的绝缘
油性玻璃漆管	E	具有良好的电气性能和弹性，但耐热性、耐潮性和耐霉性较差。主要用于仪器仪表、电动机和电气设备的引出线与连接线的绝缘
聚氨酯涤纶漆管	E	具有优良的弹性，较好的电气性能和力学性能。主要用于仪器仪表、电动机和电气设备的引出线与连接线的绝缘
醇酸玻璃漆管	B	具有良好的电气与力学性能，耐油性、耐热性好，但弹性稍差。主要用于仪器仪表、电动机和电气设备的引出线与连接线的绝缘
聚氯乙烯玻璃漆管	B	具有优良的弹性，较好的电气力学性能和耐化学性。主要用于仪器仪表、电动机和电气设备的引出线与连接线的绝缘
有机硅玻璃漆管	H	具有较高的耐热性、耐潮性和柔软性，有良好的电气性能。适用于"H"绝缘级电动机、电气设备等的引出线与连接线的绝缘
硅橡胶玻璃漆管	H	具有优良的弹性、耐热性和耐寒性，有良好的电气性能和力学性能。适用于在严寒或180℃以下高温等特殊环境下工作的电气设备的引出线与连接线的绝缘

5.2.5　电工塑料

电工塑料的主要成分树脂类型，电工用塑料可分为热固性和热塑性两大类。热压成型后成为不溶、不熔的固化物，如酚醛塑料、聚酯塑料等。热塑性塑料在热挤压成型后虽固化，但其物理、化学性质不发生明显变化，仍可溶、可熔，故可反复成型。

（1）ABS 塑料

ABS 塑料具有良好的机电综合性能，在一定的温度范围内尺寸稳定，表面硬度较高，易于机械加工和成型，表面可镀金属，但耐热性，耐寒性较差，接触某些化学药品（如冰醋酸和醇类）和某些植物油时，易产生裂纹。

ABS 适用于制作各种仪表外壳、支架、小型电动机外壳、电动工具外壳等，可用注射、挤压或模压法成型，如图5-10所示。

（2）聚酰胺

聚酰胺（尼龙1010）为白色半透明体，在常温下有较高的机械强度，较好的电气性能、冲击韧性、耐磨性、自润滑性，结构稳定，有较好的耐油、耐有机溶剂性。可用作线圈骨架、插座、接线板、碳刷架等，如图5-11所示。

图5-10　ABS塑料应用举例　　　　　图5-11　尼龙1010应用举例

聚酰胺可用注射、挤出或离心浇铸法成型，也可喷涂使用。

（3）聚甲基丙烯酸甲酯

聚甲基丙烯酸甲酯（俗称有机玻璃）是透光性优异的无色透明体，耐气候性好，电气性能优良，常态下尺寸稳定，易于成型和机械加工，但可溶于丙酮、氯仿等有机溶剂，性脆，耐磨性，耐热性均较差。

图5-12　聚甲基丙烯酸甲酯应用示例

有机玻璃适用于制作仪表的一般结构零件、绝缘零件，以及电器仪表外壳、外罩、盖、接线柱等，如图5-12所示。

（4）电线电缆用热塑性塑料

电线电缆用热塑性塑料应用最多的是聚乙烯和聚氯乙烯。

① 聚乙烯　聚乙烯（PE）具有优异的电气性能，其相对介电系数、介质损耗等几乎与频率无关，且结构稳定，耐潮、耐寒性优良，但软化温度较低，长期工作温度不应高于70℃。

② 聚氯乙烯　聚氯乙烯（PVC）分绝缘级与护层级两种。其中，绝缘级按耐温条件分别为65℃、80℃、90℃、105℃四种；护层级耐温65℃。

聚氯乙烯力学性能优异，电气性能良好，结构稳定，具有耐潮、耐电晕、不延燃、成本低、加工方便等优点。

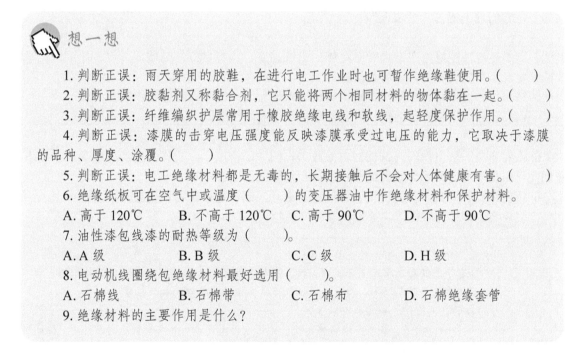

想一想

1. 判断正误：雨天穿用的胶鞋，在进行电工作业时也可暂作绝缘鞋使用。（　　）

2. 判断正误：胶黏剂又称黏合剂，它只能将两个相同材料的物体黏在一起。（　　）

3. 判断正误：纤维编织护层常用于橡胶绝缘电线和软线，起轻度保护作用。（　　）

4. 判断正误：漆膜的击穿电压强度能反映漆膜承受过电压的能力，它取决于漆膜的品种、厚度、涂覆。（　　）

5. 判断正误：电工绝缘材料都是无毒的，长期接触后不会对人体健康有害。（　　）

6. 绝缘纸板可在空气中或温度（　　）的变压器油中作绝缘材料和保护材料。

A. 高于120℃　　　B. 不高于120℃　　　C. 高于90℃　　　D. 不高于90℃

7. 油性漆包线漆的耐热等级为（　　）。

A. A级　　　B. B级　　　C. C级　　　D. H级

8. 电动机线圈绕包绝缘材料最好选用（　　）。

A. 石棉线　　　B. 石棉带　　　C. 石棉布　　　D. 石棉绝缘套管

9. 绝缘材料的主要作用是什么？

5.3　常用导电材料及选用

5.3.1　常用金属导电材料

（1）金属材料的导电性

导电材料大部分是金属，在金属中，导电性最佳的是金和银，其次是铜，再次是铝。由于银的价格比较昂贵，因此只是在一些特殊的场合才使用，一般将铜和铝用作主要的导电金

属材料。

常用金属材料的主要性能，见表5-11。

表5-11　常用金属材料的主要性能

材料名称	20℃时的电阻率 /Ω·m	抗拉强度 /(N/mm²)	密度 /(g/cm³)	抗氧化耐腐蚀 （比较）	可焊性 （比较）	资源 （比较）
银	$1.6×10^{-8}$	160～180	10.50	中	优	少
铜	$1.72×10^{-8}$	200～220	8.90	上	优	少
金	$2.2×10^{-8}$	130～140	19.30	上	优	稀少
铝	$2.9×10^{-8}$	70～80	2.70	中	中	丰富
锡	$11.4×10^{-8}$	1.5～2.7	7.30	中	优	少
钨	$5.3×10^{-8}$	1000～1200	19.30	上	差	少
铁	$9.78×10^{-8}$	250～330	7.8	下	良	丰富
铅	$21.9×10^{-8}$	10～30	11.37	上	中	中

（2）铜和铝

铜和铝是两种最常用且用量最大的电工材料。室内线路以铜材料居多，室外线路以铝材料为主，它们几乎各占"半边天"。

① 铜

a. 铜的导电性能好，在常温时有足够的机械强度，具有良好的延展性，便于加工，化学性能稳定，不易氧化和腐蚀，容易焊接。

b. 纯铜俗称紫铜，含铜量高。根据材料的软硬程度，铜分为硬铜和软铜。

c. 铜广泛应用于制造电动机、变压器和各种电器的线圈。

② 铝

a. 铝的导电系数虽然没有铜的导电系数大，但它的密度小。同样长度的两根线，若要求它们的电阻值一样，则铝导线的截面积积约是铜导线的1.69倍。

b. 铝资源比较丰富，价格便宜，在铜材紧缺时，铝材是最好的替代品。

c. 铝导线的焊接比较困难，必须采取特殊的焊接工艺。

> 影响铜、铝材料导电性能的主要因素如下：
>
> ①"杂质"使铜的电阻率上升，磷、铁、硅等杂质的影响尤其明显。铁和硅是铝的主要杂质，它们使铝的电阻率增加，塑性、耐蚀性降低，但提高了铝的抗拉强度。
>
> ②温度的升高使铜、铝的电阻率增加。
>
> ③环境影响。潮湿、盐雾、酸与碱蒸气、被污染的大气都对导电材料有腐蚀作用。铜的耐蚀性比铝好，用于特别恶劣环境中的导电材料应采用铜合金材料。

5.3.2　熔体材料

（1）熔体材料的作用

熔体材料是构成熔断器的核心材料。熔断器在电路中的保护作用就是通过熔体实现的。一旦电路超过负载电流允许值或温升允许值等，熔断器的熔体动作，切断故障电路，保护了线路和设备。所以熔体都是由熔点低、导电性能好、不易被氧化的合金材料或某种金属材料制成。根据电路的要求不同，熔断器的种类、规格和用途的不同，熔体可制成丝状、带状、片状等。

在电工技术中，由于对熔体的封装不同，常用的有裸熔丝（如用在家用闸刀上的保险丝）、玻璃管熔丝（如用在电器上的熔丝管）、陶瓷管熔丝（如用在螺旋式熔断器中的熔丝管）等。

熔体材料的保护作用见表5-12。

表 5-12 熔体材料的保护作用

保护形式	保护说明
短路保护	一旦电路出现短路情况，熔体尽快熔断，时间越短越好。如保护晶闸管元件的快速熔断器（其熔体常用银丝）
过载与短路保护兼顾	对电动机的保护，出现过载电流时，不要求立即熔断而是要经一定时间后才烧断熔体。 短路电流出现时，经较短时间（瞬间）熔断，此处用慢速熔体，如铅锡合金、部分焊有锡的银线（或铜线）等延时熔断器
限温保护	"温断器"用于保护设备不超过规定温度。如保护电炉、电镀槽等不超过规定温度。常用的低熔点合金熔体材料主要成分是铋（Bi）、铅（Pb）、锡（Sn）、镉（Cd）等

（2）常用的熔体材料

常用的熔体材料有纯金属熔体材料和合金熔体材料两大类，见表5-13。

表 5-13 常用的熔体材料

材料	品种	特性及用途
纯金属熔体材料	银	具有高导电、导热性好、耐蚀、延展性好，可以加工成各种尺寸精确和外形复杂的熔体。银常用来做高质量要求的电力及通信设备的熔断器熔体
	锡和铅	熔断时间长，宜做小型电动机保护用的慢速熔体
	铜	熔断时间短，金属蒸气少，有利于灭弧，但熔断特性不够稳定，只能做要求较低的熔体
	钨	可做自复式熔断器的熔体。故障出现时可熔断、切断电路起保护作用；故障排除后自动恢复，并可多次（5次以上）使用
合金熔体材料	铅合金	它是最常见的熔体材料，如铅锑熔丝、铅锡熔丝等。低熔点合金熔体材料由铋、铅、锡、镉、汞等按不同比例混合而成

（3）熔体材料的选用

熔体置于熔断器中，是电路运行安全的重要保障。在选用熔体时，必须遵循下列原则。

① 照明电路上熔体的选择：熔体额定电流等于负载电流。

② 日常家用电器，如电视机、电冰箱、洗衣机、电暖器、电烤箱等，熔断额定电流等于或略大于上述所有电器额定电流之和。

③ 电动机类的负载：对于单台电动机，熔体额定电流是电动机额定电流的 1.5～2.5 倍；对于多台电动机，熔体额定电流是容量最大一台电动机额定电流的 1.5～2.5 倍加其余电动机额定电流之和。

④ 熔体与电线额定电流的关系：熔体额定电流应等于或小于电线长时间运行的允许电流的 80%。

5.3.3 电线电缆

通常把以金属材料制成的用来传输电能、控制信号的线材叫做电线电缆。

（1）电线电缆的种类

电线电缆产品的种类有成千上万，应用在各行各业中。它们总的用途

5.4 电线电缆

有两种，一种是电力电缆（用于传输电流），一种是控制电缆（用于传输信号）。传输电流类的电缆最主要控制的技术性能指标是导体电阻、耐压性能；传输信号类的电缆主要控制的技术性能指标是传输性能，包括特性阻抗、衰减及串音等。当然传输信号主要也靠电流（电磁波）作载体，现在随着科技发展可以用光波作载体来传输。

在常规供配电线路及电气设备中主要使用的线缆有耐压 10kV 以下的聚乙烯或聚氯乙烯绝缘类各式电缆电线、橡胶绝缘电缆、架空铝绞导线、裸母线（汇流排）几种，如图 5-13 所示。

(a) 聚乙烯电力电缆

(b) 聚氯乙烯电力电缆

(c) 钢芯铝交联聚乙烯电力电缆

(d) 聚氯乙烯控制电缆

(e) 聚氯乙烯绝缘硬电线

(f) 聚氯乙烯绝缘电线

图 5-13　常用的电缆

绝缘导线的种类很多，常用的绝缘导线的种类及用途见表 5-14。

表 5-14　常用绝缘导线的种类及用途

型号	名 称	主要用途
BX	铜芯橡胶线	固定敷设用
BLX	铝芯橡胶线	
BV	铜芯聚氯乙烯塑料线	
BLV	铝芯聚氯乙烯塑料线	
BVV	铜芯聚氯乙烯绝缘、护套线	
BLVV	铝芯聚氯乙烯绝缘、护套线	
RVS	铜芯聚氯乙烯型软线	灯头和移动电器、设备的引线
RVB	铜芯聚氯乙烯平行软线	
LJ、LGJ	裸铝绞线	架空线路
AV、AVR、AVV	塑料绝缘线	电器、设备安装
KVV、KXV	控制电缆	室内敷设
YQ、YZ、YC	通用电缆	连接移动电器

记忆口诀

常用电缆两大类，电力电缆控制缆。
单芯多芯铜铝芯，根据用途选性能。

（2）硬母线

硬母线又称为汇流排，硬母线可分为裸母线和母线槽两大类。

① 裸母线 裸母线是用铜材或铝材制成的条状导体，有较大的截面积和刚性。使用时，用绝缘子作为支撑进行安装固定，主要用于变压器与低压配电控制柜间的连接和配电柜内主干线，如图 5-14 所示。

图 5-14 裸母线及其应用示例

② 母线槽 母线槽的特点是将裸母线由绝缘撑垫隔开后封装在标准的金属外罩内。母线槽可根据使用场合不同，分为室内型、室外型、馈电型（不带中间分接装置）、插接式（带有支路分接引出装置）、滑接式（用滚轮或滑触块来分接单元电气）。

母线槽主要适用于高层建筑、多层式厂房、标准厂房以及机床密集的车间供配电线路，如图 5-15 所示。母线槽具有容量大、结构紧凑、安装简单、使用安全可靠的优点，但母线槽供电线路的投资较高。

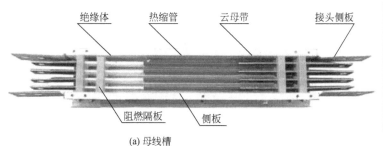

(a) 母线槽

(b) 母线槽的应用

图 5-15 母线槽及其应用示例

> **特别提醒**
>
> 母线的相序排列方法如下：
> ① 从左到右排列时，左侧为 A 相，中间为 B 相，右侧为 C 相。
> ② 从上到下排列时，上侧为 A 相，中间为 B 相，下侧为 C 相。
> ③ 从远至近排列时，远为 A 相，中间为 B 相，近为 C 相。

（3）导电带

导电带是由细铜丝编织成的一种柔软带状裸导线，没有绝缘层，如图 5-16 所示。

导电带主要用于电气设备的活动部分的接地连接，如配电柜门扇的接地可采用导电带。导电带的一端与已接地的配电柜体紧固，另一端连接门扇，将门扇与配电柜体连成一体，防止可能因触及柜门而引发的漏电、触电事故。

图 5-16 导电带

（4）裸导线

裸导线的导体直接裸露在外，没有任何绝缘层和保护层。按照产品的形状和结构不同，常用的裸导线分为裸单线、裸软接线、型线（裸扁线、裸铜带）、空芯线、裸绞线 5 种。

一般来说，裸绞线用于架空电力线路；型线用于变压器和配电柜，裸软线用于电动机电

刷、蓄电池等场合。

裸导线也可以直接使用，如电子元器件的连接线。常用裸线的型号和用途见表 5-15。

表 5-15   常用裸线的型号和用途

分类	名称	型号	主要用途
裸单线	圆铝线（硬、半硬、软） 圆铜线（硬、软） 镀锡软圆铜单线	LY、LYB、LR TY、TR TRX	供电线电缆及电气设备制品用（如电动机、变压器等），硬圆铜线可用于电力及通用架空线路
裸绞线	铝绞线 钢芯铝绞线	LT LGJ、LGJQ、LGJJ	供高低压输电线路用
裸软接线	铜电刷线（裸、软裸） 纤维编织裸软电线（铜、软铜）	TS、TSR TSX、TSXR	供电动机、电气线路连接线用
	裸铜软绞线	TR、TRJ-124	供移动电器、设备连线连接线用
型线	扁铜线（硬、软） 铜带（硬、软） 铜母线（硬、软） 铝母线（硬、软）	TBY、TBR TDY、TDR TMY、TMR LMY、LMR	供电动机、电器、安装配电设备及其他电工方面用
空芯线	空芯导线（铜、铝）	TBRK、LBRK	供水内冷电动机、变压器作绕组线圈的导体

（5）绝缘导线的型号

绝缘导线的型号一般由 4 个部分组成，如图 5-17 所示，绝缘导线型号的含义见表 5-16。例如，"RV-1.0"表示标称截面积 1.0mm^2 的铜芯聚氯乙烯塑料软导线。

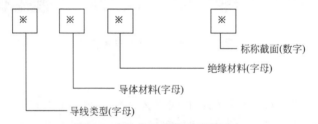

图 5-17   绝缘导线的型号表示法

表 5-16   绝缘导线型号的含义

类型	导体材料	绝缘材料	标称截面
B：布线用导线			
R：软导线	L：铝芯 （无）：铜芯	X：橡胶 V：聚氯乙烯塑料	单位：mm^2
A：安装用导线			

（6）选用电缆应考虑的因素

电力电缆（导线）的选用应从电压损失条件、环境条件、机械强度和经济电流密度条件等多方面综合考虑。

① 电压损失条件   导线和电缆在通过负荷电流时，由于线路存在阻抗，所以就会产生电压损失，对线路电压损失的规定见表 5-17。

如果线路的电压损失超过了规定的允许值，则应选用更大截面积的电线或者减小配电半径。

② 环境条件   电缆的使用环境条件包括周围的温差、潮湿情况、腐蚀性等因素，这些因素对电缆的绝缘层及芯线有较大影响。线路的敷设方式（明敷设、暗敷设）对电缆的性能

要求也有所不同。因此，所选线材应能适应环境温度的要求。常用导线在正常和短路时的最高允许温度见表 5-18。

表 5-17 线路电压损失的一般规定

用电线路	允许最大电压损失 /%
高压配电线路	5
变压器低压侧到用户用电设备受电端	5
视觉要求较高的照明电路	2～3

表 5-18 导线在正常和短路时的最高允许温度

导体种类和材料		最高允许温度 /℃	
		额定负荷时	短路时
母线或绞线	铜	70	300
	铝	70	200
500V 橡胶绝缘导线和电力电缆	铜芯	65	150
500V 聚氯乙烯绝缘导线和 1～6kV 电力电缆	铜芯	70	160
1～10kV 交联聚乙烯绝缘电力电缆、乙丙橡胶电力电缆	铜芯	90	250

③ 机械强度　机械强度是指导线承受重力、拉力和扭折的能力。

在选择导线时，应该充分考虑其机械强度，尤其是电力架空线路。只有足够的机械强度，才能满足使用环境对导线强度的要求。

④ 经济电流密度条件　导线截面积越大，电能损耗越小，但线路投资、维修管理费用要增加。因此，需要合理选用导线的截面积。现行经济电流密度的规定见表 5-19（用户电压10kV 及以下线路，通常不按照此条件选择）。

表 5-19 导线和电缆的经济电流密度　　　　　A/mm²

线路类型	导线材质	年最大负荷利用小时 /h		
		≤ 3000	3000～5000	≥ 5000
架空线路	铜	3.00	2.25	1.75
	铝	1.65	1.15	0.90
电缆线路	铜	2.50	2.25	2.00
	铝	1.92	1.73	1.54

记忆口诀

选择电缆四方面，综合考虑来权衡。
电压等级要符合，过大过小均不可。
使用环境很重要，电缆也怕温度高。
机械强度应足够，电流密度符要求。

（7）导线截面积的选择

在不需考虑允许的电压损失和导线机械强度的一般情况下，可只按导线的允许载流量来

选择导线的截面积。选择导线截面积的方法通常有查表法和口诀法两种。

① 查表法 在安装前，常用导线的允许载流量可通过查阅电工手册得知。500V 护套线（BV、BLV）在空气中敷设、长期连续负荷的允许载流量见表 5-20，架空裸导线和绝缘导线的最小允许截面积分别见表 5-21 和表 5-22。

表 5-20 500V 护套线（BV、BLV）的允许载流量 A

截面积 /mm^2	一芯		二芯		三芯	
	铝芯	铜芯	铝芯	铜芯	铝芯	铜芯
1.0	—	19	—	15	—	11
1.5	—	24	—	19	—	14
2.5	25	32	20	26	16	20
4.0	34	42	26	36	22	26
6.0	43	55	33	49	25	32
10.0	59	75	51	65	40	52

表 5-21 架空裸导线的最小允许截面积

线路种类		导线最小截面积 /mm^2		
		铝及铝合金	钢芯铝线	铜绞线
35kV 及以上电路		35	35	35
3 ～ 10kV 线路	居民区	35	25	25
	非居民区	25	16	16
低压线路	一般	35	16	16
	与铁路交叉跨越	35	16	16

表 5-22 绝缘导线的最小允许截面积

线路种类			导线最小截面积 /mm^2		
			铜芯软线	铜芯线	保护地线 PE 线和保护中性线 PEN 线（铜芯线）
照明用灯头下引线		室内	0.5	1.0	
		室外	1.0	1.0	
移动式设备线路		生活用	0.75	—	
		生产用	1.0	—	
敷设在绝缘子上的绝缘导线（L 为绝缘子间距）	室内	$L \leq 2m$	—	1.0	有机械性保护时为 2.5，无机械性保护时为 4
	室外	$L \leq 2m$		1.0	
		$L \geq 2m$		1.5	
		$2m < L \leq 6m$		2.5	
		$6m < L \leq 12m$		4	
		$15m < L \leq 25m$		6	
穿管敷设的绝缘导线			1.0	1.0	
沿墙明敷的塑料护套线			—	1.0	

② 口诀法 电工口诀，是电工在长期工作实践中总结出来的用于应急解决工程中的一些比较复杂问题的简便方法。

例如，利用下面的口诀介绍的方法，可直接求得导线截面积允许载流量的估算值。

记忆口诀

10下五，100上二；
25、35，四、三界；
70、95，两倍半；
穿管、温度，八、九折；
裸线加一半，铜线升级算。

这个口诀以铝芯绝缘导线明敷、环境温度为25℃的条件为计算标准，对各种截面积导线的载流量（A）用"截面积（mm^2）乘以一定的倍数"来表示。

第一，要熟悉导线芯线截面积排列，把口诀的截面积与倍数关系排列起来，表示为

……10	16~25	35~50	75~95	100……以上
五倍	四倍	三倍	二倍半	二倍

第二，口诀中的"穿管、温度，八、九折"，是指导线不明敷，温度超过25℃较多时才予以考虑。若两种条件都已改变，则载流量应打八折后再打九折，或者简单地一次以七折计算（即 $0.8×0.9=0.72$）。

第三，口诀中的"裸线加一半"是指按一般计算得出的载流量再加一半（即乘以1.5）；口诀中的"铜线升级算"是指将铜线的截面积按截面积排列顺序提升一级，然后再按相应的铝线条件计算。

电工师傅在实践中总结出的经验口诀较多，虽然表述方式不同，但计算结果是基本一致的。我们只要记住其中的一两种口诀就可以了。

（8）绝缘导线的电阻值估算

根据电阻定律公式 $R=\rho\dfrac{L}{S}$，可以得出对绝缘导线的电阻估算的口诀。

记忆口诀

导线电阻速估算，先算铝线一平方。
百米长度三欧姆，多少百米可相乘。
同粗同长铜导线，铝线电阻六折算。

对于常用铝芯绝缘导线，只要知道它的长度（m）和标称截面积（mm^2），就可以立即估算出它的电阻值。其基准数值是：每100m长的铝芯绝缘线，当标称截面积为$1mm^2$时，电阻约为3Ω。这是根据电阻定律公式 $R=\rho\dfrac{L}{S}$，铝线的电阻率 $\rho \approx 0.03\Omega/m$ 算出来的。

例如：200m、$6mm^2$的铝芯绝缘线，其电阻则为 $3×2÷6=1$（Ω）。

由于铜芯绝缘线的电阻率 $\rho=0.018\Omega/m$，是铝线的电阻率的0.6倍。因此，可按铝芯绝缘线算出电阻后再乘以0.6。

上述例子若是铜芯绝缘线，其电阻则为（3×2÷6）×0.6=1×0.6=0.6（Ω）。

（9）识别劣质绝缘电线的方法

劣质电线有很大的危害。一些劣质电线的绝缘层采用回收塑料制成，轻轻一剥就能将绝缘层剥开，这样极易造成绝缘层被电流击穿漏电，对使用者的生命安全造成极大威胁。有的线芯线明粗实细，线芯实际截面积远小于其所标明的大小。如标注线芯截面积为 4mm²，实际测量仅为 2.5mm²，有的甚至只有 1.5mm²。使用这种产品时，很容易引发电器火灾。

劣质绝缘电线识别口诀

细看标签印刷样，字迹模糊址不详。
用手捻搓绝缘皮，掉色掉字差质量。
再用指甲划掐线，划下掉皮线一般。
反复折弯绝缘线，三至四次就折断。
用火点燃线绝缘，离开明火线自燃。
线芯常用铝和铜，颜色变暗光泽轻。
细量内径和外径，秤称质量看皮厚。

5.3.4 电刷

（1）电刷的作用

电刷是在直流电动机旋转部分与静止部分之间传导电流的主要部件之一，用于做电动机的换向器或集电环上，作为导入导出电流的滑动接触体。电刷的导电、导热以及润滑性能良好，并具有一定的机械强度。几乎所有的直流电动机以及换向式电动机都使用电刷，因此它是电动机的重要组成部件。

（2）电刷的选用

常用电刷可分为石墨型电刷（S系列）、电化石墨型电刷（D系列）和金属石墨型电刷（J系列）三类，见表5-23。常用电刷如图5-18所示。

表 5-23　常用电刷的种类及作用

种类	作用
石墨型电刷	用天然石墨制成，质地较软，润滑性能较好，电阻率低，摩擦系数小，可承受较大的电流密度，适用于负载均匀的电动机
电化石墨型电刷	以天然石墨焦炭、炭墨等为原料除去杂质，经2500℃以上高温处理后制成。其特点是摩擦系数小，耐磨性好，换向性能好，有自润滑作用，易于加工。适用于负载变化大的电动机
金属石墨型电刷	由铜及少量的银、锡、铅等金属粉末渗入石墨中（有的加入黏合剂）均匀混合后采用粉末冶金方法制成。特点是导电性好，能承受较大的电流密度，硬度较小、电阻率和接触压降低。适用于低电压、大电流、圆周速度不超过30m/s的直流电动机和感应电动机

从直观来看，电刷接触面的倒角应得体、规格适当、结构规范，其截面积和长度符合要求，没有松动、脱落、破损、掉边、掉角、卡箍等现象。

针对同一电动机来说，应尽量选择同一型号同一制造厂，最好是同一时间生产的电刷，以防止由于电刷性能上的差异造成并联电刷电流分布不平衡，影响电动机的正常运行。

（3）电刷与刷架如何配合

电刷与刷架如图 5-19 所示，电刷装入刷架后，应以电刷能够上下自由移动为宜，只有这样，才能确保电刷在弹簧的压力下随着不断的磨损，而与整流子或集电环持续保持紧密接触。因此，电刷的四个侧面与刷架内壁之间必须留有一定的间隙。实践证明，这个间隙一般在 0.1 ~ 0.3mm 之间。既不宜过大，也不宜过小。间隙过小，可能造成电刷卡在刷架中，弹簧无法压紧电刷，电动机工作失去意义；间隙过大，电刷则会在架内产生摆动，不仅出现噪声，更重要的是出现火花，对整流子或集电环产生破坏性影响。

图 5-18　电刷

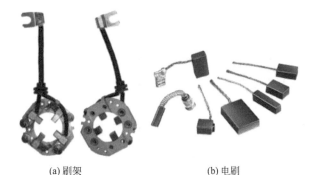

(a) 刷架　　　　　　　　　(b) 电刷

图 5-19　电刷与刷架

5.3.5　漆包线

（1）漆包线的作用

漆包线是在裸铜丝的外表涂覆一层绝缘漆而成。漆膜就是漆包线的绝缘层。漆膜的特点是薄而牢固，均匀光滑。由于漆包线是以绕组形式来实现电磁能的转化，通常又称为绕组线。

漆包线主要用于绕制变压器、电动机、继电器、其他电器及仪表的线圈绕组，如图 5-20 所示。

图 5-20　漆包线及其应用示例

（2）漆包线的选用

常用漆包线的特点及应用见表 5-24。

表 5-24　漆包线的特点及应用

主要用途	名称	型号	规格范围/mm	特点		
				耐热等级/℃	优点	局限性
油浸变压器线圈	纸包圆铜线	Z	1.0 ~ 5.6	105	耐电压击穿优	绝缘纸易破
	纸包扁铜线	ZB	厚 0.9 ~ 5.6 宽 2 ~ 18	105		
高温变压器、中型高温电动机绕组	聚酰胺纤维纸包圆（扁）铜线	—	—	200	能经受复杂的加工工艺，与干湿式变压器通常使用的原材料相容	—
大中型电动机绕组	双玻璃丝包圆铜线	SBE	0.25 ~ 6.0	130	过载性好，可耐电晕	弯曲性差，耐潮性差
	双玻璃丝包扁铜丝	SBEB	厚 0.9 ~ 5.6 宽 2.0 ~ 18	—		

主要用途	名称	型号	规格范围/mm	特点		
				耐热等级/℃	优点	局限性
大型电动机、汽轮或水轮发电机	双玻璃丝包空芯扁铜线	—	—	130	通过内冷降温	线硬、加工困难
高温电动机和特殊场合使用电动机的绕组	聚酰亚胺薄膜绕包圆铜线	MYF	2.5～6.0	220	耐热和低温性均优，耐辐射性优，高温下耐电压优	耐水性差

（3）漆包线线径的测量

在维修时，如果不知道漆包线线径的大小，可用以下方法进行测量。

① 将一段拆下的漆包线细心地除去漆膜，方法是用火烧一下再擦去漆膜或用金相砂纸细心磨去漆膜，然后用千分卡尺测量线径，如图 5-21 所示。

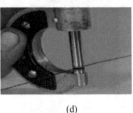

(a)　　　　　　　　(b)　　　　　　　　(c)　　　　　　　　(d)

图 5-21　漆包线线径的测量

② 也可不去漆膜，直接用千分卡尺测量，然后减去二倍漆膜厚度就是标称尺寸。一般是线径越大，漆层越厚。需要注意的是同种漆包线的漆膜有厚、薄、加厚之分（详见电工材料手册）。也可通过理论计算，求出线径值，确定漆包线的型号。

 想一想

1. 判断正误：铜电刷线是由软圆铜线绞制而成。（　　　）

2. 判断正误：选择导线截面积的方法通常有查表法和口诀法两种。（　　　）

3. 判断正误：熔体可制成带状、丝状、片状、粉尘状等。（　　　）

4. 铝和铜的焊接不宜采用（　　　）。

A. 电容储能焊　　　　B. 冷压焊　　　　　C. 钎焊　　　　　　D. 亚弧焊

5. 铜在（　　　）气体中的腐蚀最为严重。

A. 氧　　　　　　　　B. 二氧化碳　　　　C. 二氧化硫　　　　D. 氯

6. 绝缘电线一般选用（　　　）护层。

A. 轻型　　　　　　　B. 重型　　　　　　C. 特种　　　　　　D. 铠装护层

7. 大档距和重冰区的架空导线，最好选用（　　　）型号的导线。

A. LJ 型　　　　　　B. LGJF 型　　　　　C. LHAGJ 型　　　　D. LGJ 型

5.4 磁性材料及选用

大家知道，不管是机械能转换成电能，还是电能转换成机械能，均离不开电磁场，而磁性材料是最好、最节能的恒磁场。常用的电工磁性材料有软磁材料和硬磁材料。

5.4.1 软磁材料

软磁材料也称导磁材料，主要特点是磁导率高、剩磁弱。常用软磁材料的主要特点及应用范围见表 5-25。

表 5-25 软磁材料的主要特点及应用范围

品种	主要特点	应用范围
电工纯铁	含碳量在 0.04% 以下，饱和磁感应强度高，冷加工性好。但电阻率低，铁损高，有磁时效现象	一般用于直流磁场
硅钢片	铁中加入 0.5% ～ 4.5% 的硅，就是硅钢。它和电工纯铁相比，电阻率增高，铁损降低，磁时效基本消除，但导热系数降低，硬度提高，脆性增大	电动机、变压器、继电器、互感器、开关等产品的铁芯，常用硅钢片如图 5-22 所示
铁镍合金	和其他软磁材料相比，在弱磁场下，高磁导率，低矫顽力，但对应力比较敏感	频率在 1MHz 以下弱磁场中工作的器件
软磁铁氧体	它是一种烧结体，电阻率非常高，但饱和磁感应强度低，温度稳定性也较差	高频或较高频率范围内的电磁元件
铁铝合金	与铁镍合金相比，电阻率高，密度小，但磁导率低，随着含铝量的增加，硬度和脆性增大，塑性变差	弱磁场和中等磁场下工作的器件

5.4.2 硬磁材料

（1）硬磁材料的特点

硬磁材料又称永磁材料或恒磁材料。

硬磁材料的特点是经强磁场饱和磁化后，具有较高的剩磁和矫顽力，当将磁化磁场去掉以后，在较长时间内仍能保持强而稳定的磁性。因而，硬磁材料适合制造永久磁铁，被广泛应用在磁电系测量仪表、扬声器、永磁发电机及通信装置中。

图 5-22 常用硅钢片

（2）硬磁材料的种类

硬磁材料的种类很多，下面简单介绍铝镍钴永磁材料和铁氧体永磁材料。

① 铝镍钴永磁材料 铝镍钴合金是一种金属硬磁材料，其组织结构稳定，具有优良的磁性能，良好的稳定性和较低的温度系数。

铝镍钴永磁材料主要用于电动机、微电动机、磁电系仪表等。

② 铁氧体永磁材料 铁氧体永磁材料是一种以氧化铁为主，不含镍、钴等贵重金属的非金属硬磁材料。其价格低廉，材料的电阻率高，是目前产量最多的一种永磁材料。

铁氧体永磁材料主要用于电信器件中的拾音器、扬声器、电话机等的磁芯，以及微型电动机、微波器件、磁疗片等。

 想一想

1. 属铁磁物质的是（   ）。
A. 铝、锡　　　　　B. 铜、银　　　　　C. 镍、钴　　　　　D. 空气
2. 通常称为坡莫合金的是（   ）。
A. 铁镍合金　　　　B. 铁铝合金　　　　C. 铁钴合金　　　　D. 软磁铁氧体
3. 在强磁场条件下，最常用的软磁材料是（   ）。
A. 硅钢片　　　　　B. 铁镍合金　　　　C. 铁铝合金　　　　D. 软磁铁氧体

5.5　电工测量

5.5.1　万用表的使用

（1）数字式万用表和指针式万用表性能比较

万用表又称为多用表，主要用来测量电阻、交直流电压、交直流电流。有的多用表还可以测量晶体管的主要参数以及电容器的电容量等。

万用表是最基本、最常用的电工仪表，主要有指针式万用表和数字式万用表两大类，如图 5-23 所示。指针式万用表是以表头为核心部件的多功能测量仪表，测量值由表头指针指示读取。数字式万用表的测量值由液晶显示屏直接以数字的形式显示，读取方便，有些还带有语音提示功能。数字式万用表和指针式万用表的性能比较见表 5-26。

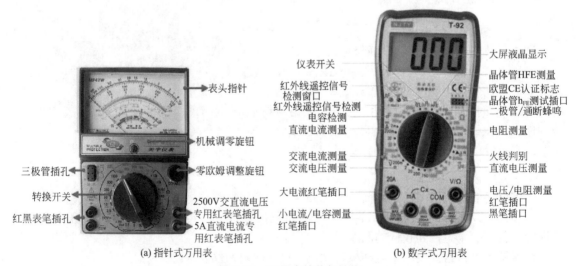

（a）指针式万用表　　　　　　　　　（b）数字式万用表

图 5-23　万用表的外部结构

表 5-26　数字式万用表和指针式万用表的性能比较

项目	指针式万用表	数字式万用表
测量值显示线	表针的指向位置	液晶显示屏显示数字
读数情况	很直观、形象（读数值与指针摆动角度密切相关）	间隔 0.3s 左右数字有变化，读数不太方便
万用表内阻	内阻较小	内阻较大
使用与维护	结构简单，成本较低，功能较少，维护简单，过流过压能力较强，损坏后维修容易	内部结构多采用集成电路，因此过载能力较差，损坏后一般不容易修复
输出电压	有 10.5V 和 12V 等，电流比较大，可以方便地测试可控硅、发光二极管等	输出电压较低（通常不超过 1V），对于一些电压特性特殊的元件测试不便（如可控硅、发光二极管等）
量程	手动量程，挡位相对较少	量程多，很多数字式万用表具有自动量程功能
抗电磁干扰能力	差	强
测量范围	较小	较大
准确度	相对较低	高
对电池的依赖性	电阻量程必须要有表内电池	各个量程必须要有表内电池
重量	相对较重	相对轻
价格	价格差别不太大	

（2）指针式万用表的使用

指针式万用表的外部结构主要由表头、转换开关（又称选择开关）、表笔插孔和表笔等部分组成。表笔就像万用表的两只手，它是表内电路与被测量物件连接的桥梁和纽带。使用时，应将表笔插入相应的插孔。

例如，MF47 型万用表共有 4 个表笔插孔。面板左下角是正、负表笔插孔。习惯上，将红表笔插入"+"（正）插孔，黑表笔插入"COM"（负）插孔，如图 5-24 所示。这是大家约定俗成的规定。

5.6　指针式万用表的使用

面板右下角是交直流"2500V"和"5A"的红表笔专用插孔，当测量 2500V 交、直流电压时，红表笔插入"2500V"专用插孔；当测量 5A 直流电流时，红表笔插入"5A"专用插孔。

我们使用任何型号的万用表，都要遵守表笔插法的规定。

万用表表笔的插接法，可以总结为如下口诀。

红笔插"+"孔，黑笔插"－"孔

图 5-24　表笔的插接法

操作口诀

红插正孔黑插负，任何情况黑不动。
若遇高压大电流，红笔移到专用孔。

① 测量电阻　测量电阻必须使用万用表内部的直流电源。打开背面的电池盒盖，右边是低压电池仓，装入一枚 1.5V 的 2 号电池；左边是高压电池仓，装入一枚 15V 的层叠电池，如图 5-25 所示。现在也有的厂家生产的 MF47 型万用表，$R\times 10k$ 挡使用的是 9V 层叠电池。

图 5-25　安装电池

指针式万用表测量电阻的方法可以总结为如下口诀。

操作口诀

测量电阻选量程，两笔短路先调零。
旋钮到底仍有数，更换电池再调零。
断开电源再测量，接触一定要良好。
两手悬空测电阻，防止并联变精度。
要求数值很准确，表针最好在格中。
读数勿忘乘倍率，完毕挡位电压中。

测量电阻选量程——测量电阻时，首先要选择适当的量程。量程选择时，应力求使测量数值应尽量在欧姆刻度线的 0.1～10 之间的位置，这样读数才准确。

一般测量 100Ω 以下的电阻可选"$R×1$"挡，测量 100～1kΩ 的电阻可选"$R×10$"挡，测量 1k～10kΩ 可选"$R×100$"挡，测量 10k～100kΩ 可选"$R×1k$"，测量 10kΩ 以上的电阻可选"$R×10k$"挡。

两笔短路先调零——选择好适当的量程后，要对表针进行欧姆调零。注意，每次变换量程之后都要进行一次欧姆调零操作，如图 5-26 所示。欧姆调零时，操作时间应尽可能短。如果两支表笔长时间碰在一起，万用表内部的电池会过快消耗。

3.让指针准确指在零欧姆的位置

2.向左或向右调节欧姆零位调节旋钮

1.将红黑表笔短

图 5-26　欧姆调零的操作方法

旋钮到底仍有数，更换电池再调零——如果欧姆调零旋钮已经旋到底了，表针始终在 0Ω 线的左侧，不能指在"0"的位置上，说明万用表内的电池电压较低，不能满足要求，需要更换新电池后再进行上述调整。

断开电源再测量，接触一定要良好——如果是在路测量电阻器的电阻值，必须先断开电源再进行测量，否则有可能损坏万用表，如图 5-27 所示。换言之，不能带电测量电阻。在测量时，一定要保证表笔接触良好（用万用表测量电路其他参数时，同样要求表笔接触良好）。

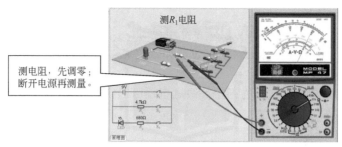

测电阻，先调零；断开电源再测量。

图 5-27　电阻测量应断开电源

两手悬空测电阻，防止并联变精度——测量时，两只手不能同时接触电阻器的两个引脚。因为两只手同时接触电阻器的两个引脚，等于在被测电阻器的两端并联了一个电阻（人体电阻），所以将会使得到的测量值小于被测电阻的实际值，影响测量的精确度。

要求数值很准确，表针最好在格中——量程选择要合适，若太大，不便于读数；若太小，无法测量。只有表针在标度尺的中间部位时，读数最准确。

读数勿忘乘倍率——读数乘以倍率（所选择挡位，如 $R \times 10$、$R \times 100$ 等），就是该电阻的实际电阻值。例如选用 $R \times 100$ 挡测量，指针指示为 40，则被测电阻值为：

$$40 \times 100\Omega = 4000\Omega = 4k\Omega$$

完毕挡位电压中——测量工作完毕后，要将量程选择开关置于交流电压最高挡位，即交流 1000V 挡位。

② 测量交流电压　测量 1000V 以下交流电压时，挡位选择开关置所需的交流电压挡。测量 $1000 \sim 2500V$ 的交流电压时，将挡位选择开关置于"交流 1000V"挡，正表笔插入"交直流 2500V"专用插孔。

指针式万用表测量交流电压的方法及注意事项可归纳以下口诀。

操作口诀

量程开关选交流，挡位大小符要求。
确保安全防触电，表笔绝缘尤重要。
表笔并联路两端，相接不分火或零。
测出电压有效值，测量高压要换孔。
表笔前端莫去碰，勿忘换挡先断电。

量程开关选交流，挡位大小符要求——测量交流电压，必须选择适当的交流电压量程。若误用电阻量程、电流量程或者其他量程，有可能损坏万用表。此时，一般情况是内部的保险管损坏，可用同规格的保险管更换。

确保安全防触电，表笔绝缘尤重要——测量交流电压必须注意安全，这是该口诀的核心内容。因为测量交流电压时人体与带电体的距离比较近，所以特别要注意安全，如图 5-28 所示。如果表笔有破损、表笔引线有破碎露铜等，应该完全处理好才能使用。

表笔并联路两端，相接不分火或零——测量交流电压与测量直流电压的接线方式相同，即万用表与被测量电路并联，但测量交流电压不用考虑哪个表笔接火线、哪个表笔接零线的问题。

测出电压有效值，测量高压要换孔——用万用表测得的电压值是交流电的有效值。如果需要测量高于 1000V 的交流电压，要把红表笔插入 2500V 插孔。不过，在实际工作中一般

不容易遇到这种情况。

③ 测量直流电压　测量 1000V 以下直流电压时，挡位选择开关置于所需的直流电压挡。测量 1000～2500V 的直流电压时，将挡位选择开关置于"直流 1000V"挡，正表笔插入"交直流 2500V"专用插孔。

指针式万用表测量直流电压的方法及注意事项可归纳为如下口诀。

图 5-28　测量交流电压

操作口诀

确定电路正负极，挡位量程先选好。
红笔要接高电位，黑笔接在低位端。
表笔并接路两端，若是表针反向转，
接线正负反极性，换挡之前请断电。

确定电路正负极，挡位量程先选好——用万用表测量直流电压之前，必须分清电路的正负极（或高电位端、低电位端），注意选择好适当的量程挡位。

电压挡位合适量程的标准是：表针尽量指在满偏刻度的 2/3 以上的位置（这与电阻挡合适倍率标准有所不同，一定要注意）。

红笔要接高电位，黑笔接在低位端——测量直流电压时，红笔要接高电位端（或电源正极），黑笔接在低位端（或电源负极），如图 5-29 所示。

表笔并接路两端，若是表针反向转，接线正负反极性——测量直流电压时，两只表笔并联接入电路（或电源）两端。如果表针反向偏转，俗称打表，说明正负极性搞错了，此时应交换红、黑表笔再进行测量。

换挡之前请断电——在测量过程中，如果需要变换挡位，一定要取下表笔，断电后再变换电压挡位。

图 5-29　测量直流电压

④ 测量直流电流　一般来说，指针式万用表只有直流电流测量功能，不能直接用指针式万用表测量交流电流。

MF47 型万用表测量 500mA 以下直流电流时，将挡位选择开关置所需的"mA"挡。测量 500mA～5A 的直流电流时，将挡位选择开关置于"500mA"挡，正表笔插入"5A"插孔。

指针式万用表测量直流电流的方法及注意事项归纳为以下口诀。

操作口诀

量程开关拨电流，确定电路正负极。
红色表笔接正极，黑色表笔要接负。
表笔串接电路中，高低电位要正确。
挡位由大换到小，换好量程再测量。
若是表针反向转，接线正负反极性。

量程开关拨电流，确定电路正负极——指针式万用表都具有测量直流电流的功能，但一般不具备测量交流电流的功能。在测量电路的直流电流之前，需要首先确定电路正、负极性。

红色表笔接正极，黑色表笔要接负——这是正确使用表笔的方法，测量时，红色表笔接电源正极，黑色表笔接电源的负极，如图 5-30 所示为测量电池电流的方法。

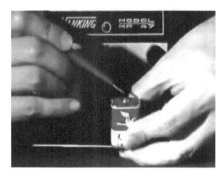

表笔串接电路中，高低电位要正确——测量前，应将被测量电路断开，再把万用表串联接入被测电路中，红表笔接电路的高电位端（或电源的正极），黑表笔接电路的低电位端（或电源的负极），这与测量直流电压时表笔的连接方法完全相同。

万用表置于直流电流挡时，相当于直流表，内阻会很小。如果误将万用表与负载并联，就会造成短路，烧坏万用表。

图 5-30　测量电池电流

挡位由大换到小，换好量程再测量——在测量电流之前，可先估计一下电路电流的大小，若不能大致估计电路电流的大小，最好的方法是挡位由大换到小。

若是表针反向转，接线正负反极性——在测量时，若是表针反向偏转，说明正负极性接反了，应立即交换红、黑表笔的接入位置。

（3）指针式万用表使用注意事项

① 测量先看挡，不看不测量。每次拿起表笔准备测量时，必须再核对一下测量类别及量程选择开关是否拨对位置。为了安全，必须养成这种习惯。

② 测量不拨挡，测完拨空挡。测量中不能任意拨动量程选择开关，特别是测高压（如 220V）或大电流（如 0.5A）时，以免产生电弧，烧坏转换选择开关触点。测量完毕，应将量程选择开关拨到交流最高挡或"OFF"位置。

③ 表盘应水平，读数要对正。使用万用表应水平放置，待指针稳定后读数，读数时视线要正对着表针。

④ 量程要合适，针偏过大半。选择量程，若事先无法估计被测量大小，应尽量选较大的量程，然后根据偏转角大小，逐步换到较小的量程，直到指针偏转到满刻度的 2/3 左右为止。

⑤ 测 R 不带电，测 C 先放电。严禁在被测电路带电的情况下测电阻。检查电气设备上的大容量电容器时，应先将电容器短路放电后再测量。

⑥ 测 R 先调零，换挡需调零。测量电阻时，应先将转换开关旋到电阻挡，把两表笔短接，旋"Ω"调零电位器，使指针指零欧后再测量。每次更换电阻挡时，都应重新调整欧姆零点。

⑦ 黑负要记清，表内黑接"+"。万用表的红表笔为正极，黑表笔为负极。但在电阻挡上，黑表笔接的是内部电池的正极。

⑧ 测 I 应串联，测 U 要并联。测量电流时，应将万用表串接在被测电路中；测量电压时，应将万用表并联在被测电路的两端。

⑨ 极性不接反，单手成习惯。测量直流电流和电压时，应特别注意红、黑表笔的极性不能接反。使用万用表测量电压、电流时，要养成单手握笔操作的习惯，以确保安全，如图 5-31（a）所示。在不通电时测量体积较小的元器件，可以双手握笔操作，如图 5-31（b）所示。

(a) 单手握笔　　　　(b) 双手握笔

图 5-31　万用表测量操作

（4）数字万用表的使用

① 测量电阻

a. 将黑表笔插入 COM 插孔，红表笔插入 V/Ω 插孔。

b. 根据待测电阻标称值（可从电阻器的色环上观察）选择量程，所选择的量程应比电阻器的标称值稍微大一点。

5.7　数字万用表的使用

c. 将数字万用表表笔与被测电阻并联，从显示屏上直接读取测量结果。如图 5-32 所示测量标称阻值是 12kΩ 的电阻，实际测得其电阻值为11.97kΩ。

② 测量直流电压

a. 黑表笔插入 COM 插孔，红表笔插入 V/Ω 插孔。

b. 将功能开关置于直流电压挡 "DCV" 或 "$\overline{\overline{V}}$" 合适量程。

c. 两支表笔与被测电路并联（一般情况下，红表笔接电源正极，黑表笔接电源负极），即可测得直流电压值。如果表笔极性接反，在显示电压读数时，显示屏上用 "–" 号指示出红表笔的极性。如图 5-33 所示显示 "–3.78"，表明此次测量电压值为 3.78V，负号表示红表笔接的是电源负极。

直接按所选量程及单位读数，这与使用指针式万用表测量电阻时读数方法是不同的

"–"号表示红表笔与电源负极连接

表笔可以不分极性

图 5-32　测量电阻

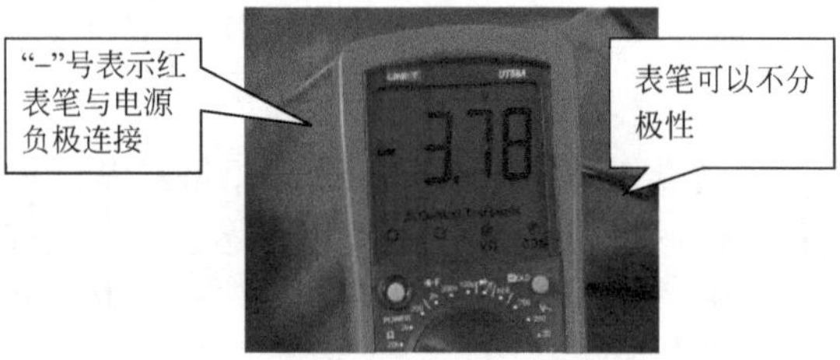

图 5-33　测量直流电压

③ 测量交流电压

a. 黑表笔插入 COM 插孔，红表笔插入 V/Ω 插孔。

b. 将功能开关置于交流电压挡 "ACV" 或 "V～" 的合适量程。

c. 测量时表笔与被测电路并联，表笔不分极性。直接从显示屏上读数，如图 5-34 所示。

手不能与表笔的金属部分接触，以免触电

测量220V交流电压，量程选择为700V挡

图 5-34　测量交流电压

④ 测量电流

a. 将黑表笔插入 COM 插孔，当被测电流在 200mA 以下时，红表笔插入 "mA" 插孔，当测量 0.2 ～ 20A 的电流时，红表笔插入 "20A" 插孔。

b. 转换开关置于直流电流挡 "ACA" 或 "A –" 的合适量程。

c. 测量时必须先断开电路，将表笔串联接入到被测电路中，如图 5-35 所示。显示屏在显示电流值时，同时会指示出红表笔的极性。

选择量程为20mA时，显示读数为0.82mA

选择量程为2mA时，显示读数为0.822mA

图 5-35 测量电流

（5）使用数字万用表的注意事项

① 测量 U/I 看高低，量程选择要合适。如果无法预先估计被测电压或电流的大小，则应先拨至最高量程挡测量一次，再视情况逐渐把量程减小到合适位置，如图 5-36 所示。测量完毕，应将量程开关拨到最高电压挡，并关闭电源。

② 屏幕显示数字"1"，"1"的含义不一样。有一些型号的数字万用表，按下电源开关后，没有进行任何测量时，屏幕上也是显示数字"1"。

数字万用表测量时（例如电阻、电压、电流），屏幕仅在最高位显示数字"1"，其他位均消失，"1"的意思是计算值"溢出"，说明实际值已经超过该挡测量最大值，挡位需要向更高的一挡拨动。即：量程开关置错位，屏幕出现"1"字样。

如果量程选择开关置于蜂鸣挡（图标是二极管图标），显示 1。始终显示数字"1"，是因为两表笔之间的被测量部分是不通的（或电阻很大于1000Ω）。

③ 量程选择要合适，测量时候不拨挡。禁止在测量高电压（220V 以上）或大电流（0.5A以上）时换量程，以防止产生电弧，烧毁开关触点。一般来说，数字万用表的电流量程范围，较小为毫安挡，最大电流为 20A 挡。

④ 电池电量若不足，及时更换新电池。当显示"BATT"或"LOWBAT"时，表示电池电压低于工作电压，应更换新电池。如果数字万用表长期不用的话，要将电池取出来，避免因电池漏液腐蚀表内的零器件，如图 5-37 所示。

频率测量挡
二极管和通断测量挡
三极管放大系数测量挡
电阻测量挡
电容容量测量挡
直流电压测量挡
直流电流测量挡
交流电流测量挡
交流电压测量挡

图 5-36 数字万用表的量程选择

较长时期不用，请将电池取出来单独陈放，预埋电池漏液损坏万用表

图 5-37 数字万用表的电池盒

5.5.2 钳形电流表的使用

钳形电流表是一种不需要中断负载运行（即不断开载流导线）就可测量低压线路上的交流电流大小的携带式仪表，它的最大特点是无需断开被测电路，就能够实现对被测导体中电流的测量，所以特别适合于不便于断

5.8 钳形电流表的使用

开线路或不允许停电的测量场合。

（1）使用前的检查

① 重点检查钳口上的绝缘材料（橡胶或塑料）有无脱落、破裂等现象，包括表头玻璃罩在内的整个外壳的完好与否，这些都直接关系着测量安全并涉及仪表的性能问题。

② 检查钳口的开合情况，要求钳口开合自如（如图5-38所示），钳口两个结合面应保证接触良好，如钳口上有油污和杂物，应用汽油擦干净；如有锈迹，应轻轻擦去。

③ 检查零点是否正确，若表针不在零点时可通过调节机构调准。

图5-38　检查钳口开合情况

④ 多用型钳形电流表还应检查测试线和表笔有无损坏，要求导电良好、绝缘完好。

⑤ 数字式钳形电流表还应检查表内电池的电量是否充足，不足时必须更新。

（2）使用方法

① 在测量前，应根据负载电流的大小先估计被测电流数值，选择合适量程，或先选用较大量程的电流表进行测量，然后再根据被测电流的大小减小量程，使读数超过刻度的1/2，以获得较准的读数。

② 在进行测量时，用手捏紧扳手使钳口张开，将被测载流导线的位置应放在钳口中心位置，以减少测量误差，如图5-39所示。然后，松开扳手，使钳口（铁芯）闭合，表头即有指示。注意，不可以将多相导线都夹入钳口测量。

③ 测量5A以下的电流时，如果钳形电流表的量程较大，在条件许可时，可把导线在钳口上多绕几圈（如图5-40所示），然后测量并读数。线路中的实际电流值为读数除以穿过钳口内侧的导线匝数。

图5-39　载流导线放在钳口中心位置

图5-40　测量5A以下电流的方法

④ 在判别三相电流是否平衡时，若条件允许，可将被测三相电路的三根相线同方向同时放入钳口中，若钳形电流表的读数为零，则表明三相负载平衡；若钳形电流表的读数不为零，说明三相负载不平衡。

（3）钳形电流表使用注意事项

① 某些型号的钳形电流表附有交流电压刻度，测量电流、电压时，应分别进行，不能同时测量。

② 钳型表钳口在测量时闭合要紧密，闭合后如有杂音，可打开钳口重合一次。若杂音仍不能消除时，应检查磁路上各接合面是否光洁，有尘污时要擦拭干净。

③ 被测电路电压不能超过钳形表上所标明的数值，否则容易造成接地事故，或者引起触电危险。

④ 在测量现场，各种器材均应井然有序，测量人员应戴绝缘手套，穿绝缘鞋。身体的各部分与带电体之间至少不得小于安全距离（低压系统安全距离为 0.1～0.3m）。读数时，往往会不由自主地低头或探腰，这时要特别注意肢体，尤其是头部与带电部分之间的安全距离。

⑤ 测量回路电流时，应选有绝缘层的导线上进行测量，同时要与其他带电部分保持安全距离，防止相间短路事故发生。测量中禁止更换电流挡位。

⑥ 测量低压熔断器或水平排列的低压母线电流时，应将熔断器或母线用绝缘材料加以相间隔离，以免引起短路。同时应注意不得触及其他带电部分。

⑦ 对于数字式钳形电流表，尽管在使用前曾检查过电池的电量，但在测量过程中，也应当随时关注电池的电量情况，若发现电池电压不足（如出现低电压提示符号），必须在更换电池后再继续测量。能否正确地读取测量数据，直接关系到测量的准确性。如果测量现场存在电磁干扰，就必然会干扰测量的正常进行，故应设法排除干扰。

⑧ 对于指针式钳形电流表，首先应认准所选择的挡位，其次认准所使用的是哪条刻度尺。观察表针所指的刻度值时，眼睛要正对表针和刻度以避免斜视，减小视差。数字式表头的显示虽然比较直观，但液晶屏的有效视角是很有限的，眼睛过于偏斜时很容易读错数字，还应当注意小数点及其所在的位置，这一点千万不能被忽视。

⑨ 测量完毕，一定要把调节开关放在最大电流量程位置，以免下次使用时，不小心造成仪表损坏。

钳形电流表的基本使用方法及注意事项可归纳为如下口诀。

操作口诀

不断电路测电流，电流感知不用愁。
测流使用钳形表，方便快捷算一流。
钳口外观和绝缘，用清一定要检查。
钳口开合应自如，清除油污和杂物。
量程大小要适宜，钳表不能测高压。
如果测量小电流，导线缠绕钳口上。
带电测量要细心，安全距离不得小。

5.5.3 绝缘电阻表的使用

绝缘电阻表俗称兆欧表，主要用来检查电气设备、家用电器或电气线路对地及相间的绝缘电阻，以保证这些设备、电器和线路工作在正常状态，避免发生触电伤亡及设备损坏等事故。

5.9 兆欧表的使用

（1）绝缘电阻表的使用方法

① 将被测设备脱离电源，并进行放电，再把设备清扫干净（双回线、双母线，当一路带电时，不得测量另一路的绝缘电阻）。

② 测量前应对绝缘电阻表进行校验，即做一次开路试验（测量线开路，摇动手柄，指针应指于"∞"处）和一次短路试验（测量线直接短接一下，摇动手柄，指针应指"0"），两测量线不准相互缠交，如图 5-41 所示。

短路检查

(a) 短路试验

开路检查

(b) 开路试验

图 5-41　绝缘电阻表校验

③ 正确接线。一般绝缘电阻表上有三个接线柱，一个为线接线柱的标号为"L"，一个为地接线柱的标号为"E"，另一个为保护或屏蔽接线柱的标号为"G"。在测量时，"L"与被测设备和大地绝缘的导体部分相接，"E"与被测设备的外壳或其他导体部分相接。一般在测量时只用"L"和"E"两个接线柱，但当被测设备表面漏电严重、对测量结果影响较大而又不易消除时，例如空气太潮湿、绝缘材料的表面受到侵蚀而又不能擦干净时就必须连接"G"端钮，如图 5-42 所示。同时在接线时还须注意不能使用双股线，应使用绝缘良好且不同颜色的单根导线，尤其对于连接"L"接线柱的导线必须具有良好绝缘。

镀锡铜导体

硅橡胶护套

FEP氟塑料绝缘

保护环G

图 5-42　绝缘电阻表接线示例

④ 在测量时，绝缘电阻表必须放平。如图 5-43 所示左手按住表身，右手摇动绝缘电阻表摇柄，以 120r/min 的恒定速度转动手柄，使表指针逐渐上升，直到出现稳定值后，再读取绝缘电阻值（严禁在有人工作的设备上进行测量）。

⑤ 对于电容量大的设备，在测量完毕后，必须将被测设备进行对地放电（绝缘电阻表没停止转动时及放电设备切勿用手触及）。

（2）绝缘电阻表使用注意事项

绝缘电阻表本身工作时要产生高电压，为避免人身及设备事故，必须重视以下几点注意事项。

图 5-43　摇动发电机摇柄的方法

① 不能在设备带电的情况下测量其绝缘电阻。测量前被测设备必须切断电源和负载，并进行放电；已用绝缘电阻表测量过的设备如要再次测量，也必须先接地放电。

② 绝缘电阻表测量时要远离大电流导体和外磁场。

③ 与被测设备的连接导线，要用绝缘电阻表专用测量线或选用绝缘强度高的两根单芯多股软线，两根导线切忌绞在一起，以免影响测量准确度。

④ 测量过程中，如果指针指向"0"位，表示被测设备短路，应立即停止转动手柄。

⑤ 被测设备中如有半导体器件，应先将其插件板拆去。

⑥ 测量过程中不得触及设备的测量部分，以防触电。

⑦ 测量电容性设备的绝缘电阻时，测量完毕，应对设备充分放电。

⑧ 测量过程中手或身体的其他部位不得触及设备的测量部分或绝缘电阻表接线桩，即操作者应与被测量设备保持一定的安全距离，以防触电。

⑨ 数字式绝缘电阻表多采用 5 号电池或者 9V 电池供电，工作时所需供电电流较大，故在不使用时务必要关机，即便有自动关机功能的绝缘电阻表，建议用完后就手动关机。

⑩ 记录被测设备的温度和当时的天气情况，有利于分析设备的绝缘电阻是否正常。

 想一想

1. 判断正误：对于一般的工程测量，用绝对误差表示测量的准确度较为方便。（   ）

2. 判断正误：随机误差的大小可以用测量值的标准偏差衡量，其值越小，测量值越集中，测量的精密度越高。（   ）

3. 判断正误：电工仪表分为 0.1、0.2、0.5、1.0、1.5、2.5、5.0 七级。（   ）

4. 判断正误：绝对误差就是误差的绝对值。（   ）

5. 判断正误：如图 5-44 所示，检测导线的通断，应该选择蜂鸣挡进行测量。（   ）

6. 判断正误：万用表在测量电阻时，指针指在刻度盘的中间，测量结果最准确。（   ）

7. 根据误差的性质分类，测量误差不包括（   ）。

A. 随机误差　　　　B. 粗大误差

C. 系统误差　　　　D. 人为误差

图 5-44　题 5 图

8. 在相同的条件下多次测量同一量值时，测量误差的绝对值和符号保持不变，或测量条件改变时按一定规律变化的误差称为（   ）。

A. 随机误差　　　　B. 系统误差　　　　C. 粗大误差　　　　D. 过失误差

9. 在实际测量中，选择何种测量方法，主要取决于（   ）等因素。

A. 所用仪表价格的高低

B. 使用仪表的要求和对误差的要求

C. 所用仪表价格的高低和使用的便利程度

D. 测量方法使用的便利程度和对误差的要求

10. 用绝缘电阻表测量时应不断摇动其手柄，且经（   ）时间再读取稳定读数。

A. 30s　　　　B. 60s　　　　C. 120s　　　　D. 50s

11. 用绝缘电阻表摇测绝缘电阻时，手柄摇动转速为（   ）r/min。

A. 380　　　　B. 120　　　　C. 220　　　　D. 50

12. 钳形电流表测量电流时，可以在（   ）电路的情况下进行。

A. 短接　　　　B. 断开　　　　C. 不断开　　　　D. 上述情况均可

13. 钳形电流表是利用（   ）的原理制造的。

A. 电压互感器　　　B. 电流互感器　　　C. 变压器　　　　D. 电流热效应

14. 钳形电流表使用时应先用较大量程，然后再视被测电流的大小变换量程。切换量程时应（   ）。

A. 直接转动量程开关　　　　　　　　B. 先将钳口打开，再转动量程开关

C. 先转动量程开关，再将钳口打开　　D. 一边将钳口打开，一边转动量程开关

第 **6** 章

供配电与用电安全

6.1 供配电基础知识

6.1.1 电力系统简介

（1）电力系统与电力网

6.1 低压配电基础知识

由各种电压的电力线路将一些发电厂、变电所和电力用户联系起来的发电、输电、变电、配电和用电的整体称为电力系统，如图6-1所示。

通常将电力系统中各级电压的电力线路及其联系的变电所称为电力网。在我国习惯将电力系统称作电网，电网按电压等级来划分，有10kV电网、110kV电网等；也可按地域来划分，如华东电网、东北电网等。

图6-1　电力系统的组成

从发电厂发出的电力经过输电、变电、配电，直至用户，都离不开输配电设备。电力系统中的输配电设备品种非常多，有变压器、互感器、电抗器、高压开关设备、绝缘子、避雷器、电力电容器、继电保护与自动装置、电力系统监控设备、电线电缆、低压配电电器与开关柜等。

从发电厂到用户最简单的送电过程如图6-2所示。

在电力系统中，由于从发电厂到用户的距离较远，当线路传输功率一定时，电压越高，电流越小，则线路的用铜量、电压降和电能损耗就越小，因此要采用高压输电。而发电机受绝缘等级限制，端电压并不高，所以需要升压变压器升高电压。当电能送到用户时，考虑到安全用电和降低用电设备的绝缘等级及成本，需要降压变压器降低电压，如图6-3所示。

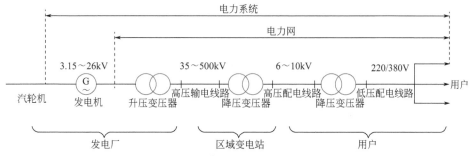

图 6-2　电力系统的送电过程

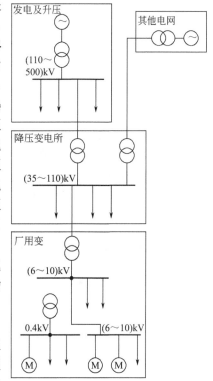

图 6-3　升压和降压过程

　　为了提高电力系统供电的可靠性和经济性，一般是采用联络电路将各个单独的发电厂联合起来并联运行，如图 6-4 所示是一个较大电力系统的单线图。该系统有 4 个发电厂，其中有 2 个火力发电厂，1 个热电厂，1 个水力发电厂。大型水力发电厂的发电机直接与升压变压器连接，升压到 220kV，再用双回路 220kV 高电压远距离输电。热电厂建于热能用户的中心，对附近用户，用发电机电压 10kV 供电，同时还通过一台升压变压器和一条 110kV 电路与大电网相连。火力发电厂的 10kV 母线电压通过升压变压器升压到 110kV，再与大电网相连，同时用 10kV 电路向附近用户和配电变压器（变电所 F）供电，配电变压器将电压降低到 380/220V，供给低压电网。火力发电厂Ⅱ直接将发电机出口电压升高到 110kV，再与大电网相连。

　　① 发电　发电是将水力、火力、风力、核能和沼气等非电能转换成电能的过程。我国以水利和火力发电为主，近几年也在发展核能发电。

　　发电机组发出的电压一般为 6～10kV。

　　② 输电　由于发电厂与用电负荷中心一般相距很远，将发电厂发出的电能通过升压变压器升压（变电）至 35～500kV 后，在高压架空输电线路上进行远距离的输送，直至用电负荷中心的全过程，称为输电。输电是电力系统的重要组成部分，它使得电能的开发和利用超越了地域的限制。

　　目前较为广泛应用的是交流输电，随着电力电子技术的发展，超高压远距离输电已开始采用直流输电方式，与交流输电相比，具有更高的输电质量和效率。其方法是将三相交流电整流为直流，远距离输送至终端后，再用电力电子器件将直流电逆变为三相交流电，供用户使用。例如，我国葛洲坝水电站的电力就是通过直流输电方式送到华东地区使用的。

　　按照输电线路的结构来分，输电有架空线路和直埋敷设电缆线路两种形式。

　　③ 配电　电能通过高压输电线路的远距离输送，到达用电负荷中心后，就需要将电能分别配送至各个用户，这一电能的配送过程，称为配电。配电又分为高压配电、中压配电和低压配电。

　　如果用户距离上级变电所较远时，传统上采用 35kV 电压等级作为配电电压。随着我国电力工业的迅速发展，用电容量急剧增加，将逐步取消 35kV 电压等级，在大容量电力系统中已采用 110kV 的配电电压等级。

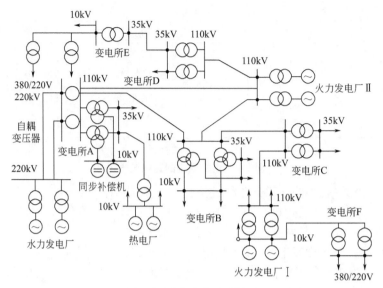

图 6-4　某电力系统单线图

所谓低压配电，通常是指 380/220V 和 660/380V 电压等级的配电。在我国传统上采用了 380/220V 的三相四线制配电方式。但是随着用电容量的不断增大，在煤炭部门低压配电已经升压为 660/380V，冶金、化工部门也正在酝酿低配升压。

配电系统由配电线路和配电（降压）变压器所组成。它的作用是将电能降为 380/220V 低压再分配到各个用户的用电设备。

在工厂，对车间动力用电和照明用电一般是采用分别配电的方式，即把各个动力配电线路与照明配电线路分开配电，这样可避免因局部故障而影响整个车间的正常生产。

④ 用户　电力用户根据突然中断供电所造成的损失程度共分为 3 级用户，见表 6-1。

表 6-1　电力用户分类

序号	种类	说明
1	一级用户	是指突然中断供电将会造成人身伤亡或会引起周围环境严重污染的；将会造成经济上的巨大损失的；将会造成社会秩序严重混乱或在政治上产生严重影响的用户
2	二级用户	是指突然中断供电会造成经济上较大损失的；将会造成社会秩序混乱或政治上产生较大影响的用户
3	三级用户	是指不属于上述一类和二类负荷的其他用户

电力用户的这种分类方法，其主要目的是为确定供电工程设计和建设标准，保证使建成投入运行的供电工程的供电可靠性能满足生产或安全、社会安定的需要。

（2）电力网的电压等级

① 高压　1kV 及以上的电压称为高压。有 1kV、3kV、6kV、10kV、35kV、110kV、330kV、550kV 等。

② 低压　1kV 及以下的电压称为低压。有 220V、380V。

③ 安全电压　36V 以下的电压称为安全电压。我国规定的安全电压等级有：12V、24V、36V 等。

一般企业多采用 10kV 供电、配电。

（3）供电质量

供电质量包括供电可靠性、频率、电压以及电压波形等。

① 不得无故停电。例如对 10kV 用户，每年停电不超过三次。

② 频率为 50Hz±0.2Hz。

③ 用户电压受电端电压变动幅度：10kV 以下为额定电压的 ±7%，低压照明用户为额定电压的 +5% 或 −10%。

④ 输出电压畸变率小于一般应≤ ±5%。

⑤ 波形失真度的要求，见表 6-2。

表 6-2　供电的波形失真度要求

波形失真度	A 级	B 级	C 级
波动范围	≤ 5%	≤ 10%	≤ 20%

（4）配电变压器的选择

常用配电变压器为 10/0.4kV 的电力变压器，主要有三相油浸变压器和三相干式变压器两种类型，其结构如图 6-5 所示。

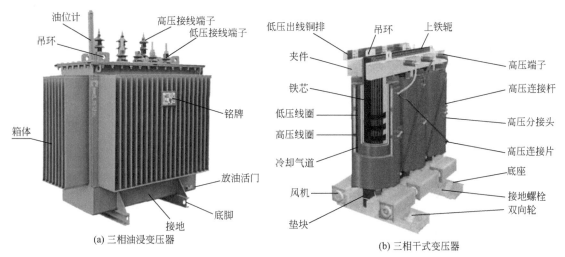

(a) 三相油浸变压器　　(b) 三相干式变压器

图 6-5　常用三相变压器的结构

选择配电变压器一般应从变压器容量、电压、电流及环境条件几方面综合考虑。其中容量选择应根据用户用电设备的容量、性质和使用时间来确定所需的负荷量，以此来选择变压器容量。

在正常运行时，应使变压器承受的用电负荷为变压器额定容量的 75% ～ 90%。如果把容量选择过大，那么就会形成"大马拉小车"的现象，这样不仅仅是增加了设备投资，而且还会使变压器长期处于一个空载的状态，使无功损失增加；如果变压器容量选择过小，将会使变压器长期处与过负荷状态，易烧毁变压器。

记忆口诀

电力生产有特点，产销瞬时来完成。
火电水电和核电，组成一个大电网。
变电输电和配电，连接不断有保证，
想法提高负荷率，做到用电较均衡。

6.1.2 配电系统

电力线路按电压高低分为高压线路（1kV 以上线路）和低压线路（1kV 及以下线路）。在一个电力网中，按照不同的接线方式，一次系统接线有放射式、树干式和环式 3 种基本形式。

（1）放射式配电

放射式是由电源母线直接向各用电点供电的配电方式，如图 6-6 所示。图中，工厂的高压配电所的母线直接引出 4 条高压输电线给车间变电所的 4 台变压器。

高压放射式接线方式的优点是各供电线路互不影响，一条支路出现故障时，只能影响本支路的供电，因此供电可靠性比较高。线路敷设简单，操作维护方便，保护简单，而且便于装设自动装置，便于集中管理和控制。其缺点是总降压变电所的出线较多，需用高压开关柜数量多，投资较大；当任一线路或断路器发生故障时，由该线路供电的负荷就要停电。

为提高供电可靠性可采用双回路放射式接线系统或采用公共备用线路供电，采用公共备用线路供电的方式如图 6-7 所示。

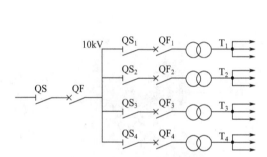

图 6-6　高压放射式配电系统

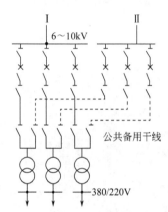

图 6-7　公共备用线路放射式配电系统

放射式低压配电线路主要用于负载点比较分散，而各负载点的用电设备又相对集中的场所。如图 6-8 所示为低压放射式接线，其特点是各引出线发生故障时互不影响，供电可靠性较高，但是一般情况下，其有色金属消耗量较多，采用的开关设备也较多，所以一次性投资大。放射式接线多用于设备容量大或对供电可靠性要求高的设备供电。

（2）树干式配电

树干式接线方式是由一条干线上分支出若干条支线的配电方式，就是由总降压变电所（或总配电所）引出的每路高压配电干线沿厂区道路架空敷设，每个车间变电所或负荷点都从该干线上直接接出分支线供电。如图 6-9 所示。

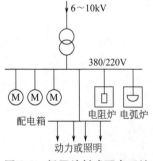

图 6-8　低压放射式配电系统

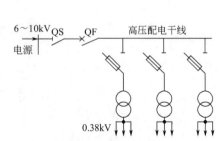

图 6-9　树干式配电系统

树干式接线方式的优点是：总降压变电所 6 ～ 10kV 的高压配电装置数量减少，出线减少，所以在多数情况下能减少线路的有色金属消耗量，降低线路损耗。采用的高压开关设备少，投资较省，主要用于负载点相对集中的居民用电系统，而各负载又距配电箱（配电板）较近，负载位置又相对比较均匀地分布在一条线（如车间的照明线路）上的场所。

树干式接线方式的缺点是：供电可靠性差，只要干线出现故障或检修时，接于该干线上的所有用户都得停电，影响的生产面较大。因此，一般要求每回高压线路直接引接的分支线限制在 6 个回路以内，配电变压器总容量不宜超过 3000kV·A。这种树干式系统只适用于三级负荷。

为了充分发挥树干式线路的优点，尽可能地减轻其缺点所造成的影响，可采用如图 6-10 所示的双树干式配电或两端配电的接线方式，以提高这种接线方式的供电可靠性。

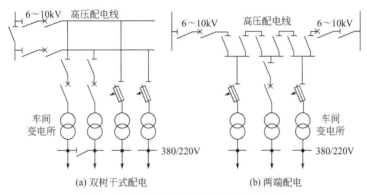

图 6-10　双树干线配电和两端配电系统

> 放射式和树干式这两种配电线路现在都广泛采用。放射式供电可靠，但敷设投资较高。树干式供电可靠性较低，因为一旦干线损坏或需要修理时，就会影响连在同一干线上的负载；但是树干式配线灵活性较大。
>
> 另外，放射式配电与树干式配电比较，前者导线细，但总线路长；而后者则相反。

特别提醒

（3）环式配电

环式接线由两条线路（或两电源）同时向同一负荷点供电的方式，如图 6-11 所示。这种接线在现代化城市电网中应用很广。

环式供电可靠性高，任何一条线路出现故障或检修时均不影响供电中断，但供电线路造价高，而对继电保护装置及其整定比较麻烦，如配合不当容易发生误动作，反而扩大故障时的停电范围。因此，为了避免环形线路上发生故障时影响整个电网，便于实现线路保护的选择性，因此大多数环形线路常常采用开环运行，一旦发生故障，可把故障线路切开，投入闭环。对于重要的用电设备，可设一路进线为正常电源，另一路进线为备用电源，并装设备用电源自动投入装置。

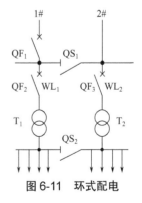

图 6-11　环式配电

例如：在图 6-11 中，当双进线（二回路）电源正常，WL_1、WL_2、T_1、T_2 都正常时，可把 QS_1、QS_2 断开，各自以放射式向相应的负荷点供电。当 1# 进线出现故障时，由 QS_1 "闭环"就可提供 T_1 的电源；当 WL_1 或 T_1 出现故障时，QS_2 合上，T_1 的负荷就可由 T_2 来提供电源。

环式接线的供电通常宜使两路干线所担负的容量尽可能地接近，所用的导线截面相同。低压配电线路三种接线方式的比较见表 6-3。

表 6-3　低压配电线路三种接线方式比较

名称	放射式	树干式	环式
特点	每个负荷由单独线路供电	每个负荷由一条干线供电	后面设备的电源引自前面设备的端子
优点	线路故障时影响范围小，因此可靠性较高，控制灵活，易于实现集中控制	线路少，因此有色金属消耗量少，投资省；易于适应发展	线路上无分支点，适合穿管敷设或电缆线路；节省有色金属消耗量
缺点	线路多，有色金属消耗量大，不适应发展	干线故障时影响范围大，因此供电可靠性较差	线路检修或故障时，相连设备全部停电，因此供电可靠性较差
适用范围	供大容量设备，或供要求集中控制的设备，或供要求可靠性较高的设备	适于明敷线路，也适于供可靠性要求不高的和较小容量的设备	适用于暗敷线路，也适于供可靠性要求不高的和较小容量的设备；链式相连的设备不宜多余 5 台，总容量不宜超过 10kW

（4）低压配电系统的分类

我国低压配电系统的接地方式主要有 TT 方式（三相四线制，电源有一点与地直接连接，负荷侧电气装置外露可导电部分连接的接地极与电源接地极无电气联系）、TN 方式和 IT（三相三线）方式，其中 TN 方式又可分成 TN-S（三相五线制）、TN-C（三相四线制）、TN-C-S（由三相四线制改为三相五线制）三种形式，见表 6-4。这些字母代号的含义如下：

① 第一个字母表示电源端与地的关系：T—电源端有一点直接接地；I—电源端所有带电部分不接地或有一点用高阻抗接地。

② 第二个字母表示电气装置的外露可导电部分与地的关系：T—电气装置的外露可到电

表 6-4　低压配电系统的接地方式

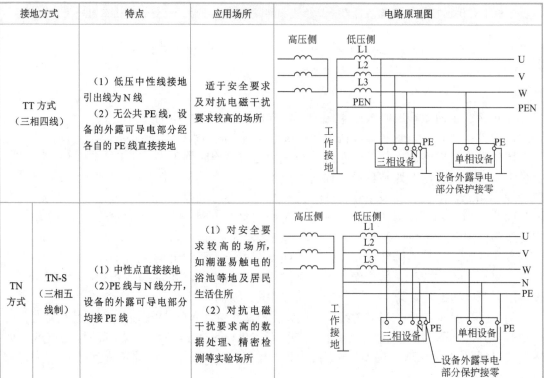

续表

接地方式		特点	应用场所	电路原理图
TN 方式	TN-C （三相四线制）	（1）中性点直接接地 （2）设备的外露可导电部分均接 PEN 线（通常称为"接零"）	在我国低压配电系统中应用最为普遍，但不适于对安全要求和抗电磁干扰要求高的场所	高压侧 低压侧 L1 L2 L3 PEN → U V W PE；工作接地；三相设备 PE，单相设备 PE；设备外露导电部分保护接零
	TN-C-S （由三相四线制改为三相五线制）	（1）中性点直接接地 （2）该系统的前部分全为 TN-C 系统，而后边一部分为 TN-S 系统 （3）设备的外露可导电部分接 PEN 线或 PE 线	应用比较灵活，对安全要求和抗电磁干扰要求较高的场所采用 TN-S 系统供电，而其他情况则采用 TN-C 系统供电重复接地	高压侧 低压侧 L1 L2 L3 PEN → U V W N PE；工作接地；三相设备 N PE，单相设备 PE；设备外露导电部分保护接零
	IT 方式 （三相三线制）	（1）系统中性点不接地，或经高阻抗（约 1000Ω）接地 （2）没有 N 线，因此不适于接额定电压为系统相电压的单相用电设备，只能接额定电压为系统线电压的单相用电设备 （3）设备的外露可导电部分各自经各自 PE 线分别接地	对连续供电要求较高及有易燃易爆危险的场所宜采用 IT 系统，特别是矿山、井下等场所	高压侧 低压侧 L1 L2 L3 → U V W；Z；三相设备 N PE；设备外露导电部分保护接零

部分直接接地，此接地点独立于电源端的接地点；N—电气装置的外露可导电部分与电源端接地点有直接的电气连接。

③ 短横线（-）后的字母用来表示中性导体和保护导体的组合情况：S—中性导体和保护导体是分开的；C—中性导体和保护导体是合一的。

我国厂矿企业通常采用 TT 系统，即"三相四线制"供电，当供电线路与用电设备距离不是很远时，也常采用 TN-S 系统，即"三相五线制"。

特别提醒

TN-S 系统的中性线和保护线是分开的，中性线只流过工作电流，保护线流过保护电流，所以通常把它称为"三相五线制"供电。三相五线制的标准导线颜色为：L_1 线黄色，L_2 线绿色，L_3 线红色，N 线淡蓝色，PE 线黄绿色。

根据国际标准的要求，只要是新建、扩建或者用于企业事业、商业、居民住宅、智能建筑以及基建施工，都必须采用三相五线制的供电方式。

（5）低压配电的几个基本概念

① 额定电压　是指电气设备正常情况下的工作电压。1000V 以下电气设备的额定电压等级分为：

直流：1.5，2，3，6，12，24，36，48，60，72，110，220，400，440，800，1000（V）。

单相：6，12，24，36，42，100，127，220（V）。

三相：36，42，100，127，220/380，380/660，1140（1200）（V）。

② 额定频率　是指额定条件下正弦电路中正弦量每秒钟变化的次数称为频率 f（Hz）。我国电网标准频率是 50Hz，美国、日本采用 60Hz。

③ 额定电流　是指在额定电压、额定频率下，电气设备达到额定功率的电流。正弦交流电路中的电流是有效值（均方根值）。

（6）配电产品的防护等级

防护等级是将电器依其防尘、防湿气之特性加以分级，是电气设备安全防护的重要评判标准。防护等级以 IP 后跟随两个数字来表述，数字用来明确防护的等级，见表 6-5。第 1 个数字表示电器防尘、防止外物侵入的等级（这里所指的外物含工具、人的手指等均不可接触到电器之内带电部分，以免触电），最高级别是 6；第 2 个数字表示电器防湿气、防水浸入的密闭程度，数字越大表示其防护等级越高，最高级别是 8。

表 6-5　配电产品的防护等级

防护等级（第一位数字）	含义（防止固体物体进入内部的等级）	防护等级（第二位数字）	含义（防止水进入内部的等级）
0	无防护	0	无防护
1	防护大于 50mm 的固体进入内部	1	防滴
2	防护大于 12mm 的固体进入内部	2	15 防滴
3	防护大于 2.5mm 的固体进入内部	3	防淋水
4	防护大于 1mm 的固体进入内部	4	防溅
5	防尘进入内部	5	防喷水
6	尘密进入内部	6	防海浪或强力喷水
		7	浸水
		8	潜水

例如：某配电设备的防护等级为 IP65，其中的"6"表示完全防止外物侵入，且可完全防止灰尘进入；"5"表示防止来自各方向由喷嘴喷射出的水进入配电设备。

6.1.3　典型低压配电设备

低压配电设备包括低压配电屏、开关柜、开关板、照明箱、动力箱和电动机控制中心等。下面以开关柜、照明箱为例介绍低压配电设备的有关知识。

（1）低压开关柜

① 低压开关柜的作用　低压开关柜是一种电气设备，其主要作用是在电力系统配电和电能转换的过程中，进行开合、控制和保护用电设备。开关柜内的部件主要有断路器、隔离开关、负荷开关、操作机构、互感器以及各种保护装置等组成。

② 低压开关柜的分类　低压开关柜的分类方法很多，按照通过断路器安装方式可以分为抽插式开关柜和固定式开关柜，如图 6-12 所示；按照柜体结构的不同，可分为敞开式开关柜、金属封闭开关柜和金属封闭铠装式开关柜；根据电压等级不同又可分为高压开关柜、中压开关柜和低压开关柜等。

154

(a) 固定式　　　　　　　　　　(b) 抽插式

图 6-12　低压开关柜

③ 低压开关柜的基本组成部分　包括柜体、母线、功能单元；基本结构包括电缆母线室、出线室、功能单元室和二次室，如图 6-13 所示。

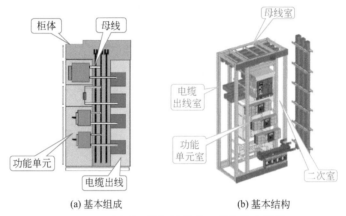

(a) 基本组成　　　　　　　　　(b) 基本结构

图 6-13　低压开关柜的基本组成和基本结构

④ 低压开关柜的安装地点及方式

a. 低压开关柜的安装地点有室内安装和室外安装。

b. 低压开关柜的安装方式有靠墙安装和离墙安装。

c. 低压开关柜的固定方式有螺栓固定和电焊固定。

d. 低压开关柜的出线方式有前接线和后接线，如图 6-14 所示。前接线的开关柜可以靠墙安装，后接线适用于离墙安装。

⑤ 低压开关柜的进线方式　有上进、下进、侧进和后进，如图 6-15 所示。

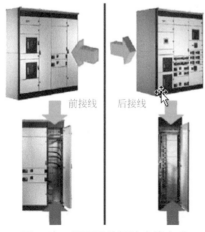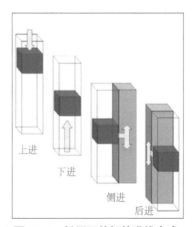

图 6-14　低压开关柜的出线方式　　　**图 6-15　低压开关柜的进线方式**

（2）照明配电箱

照明配电箱是在低压供电系统末端负责完成电能控制、保护、转换和分配的一种电气设备。照明配电箱广泛用于各种楼宇、广场、车站及工矿企业等场所，作为配电系统的终端电气设备。

照明配电箱按安装方式分为封闭悬挂式（明装）和嵌入式（暗装）两种；按照安装地点分为室内式和室外式两种。

照明配电箱主要由电线、元器件（包括隔离开关、断路器等）及箱体等组成，其内部还分别设有保护接地线和中性线（零线）的汇流排，以方便低压配电系统的接线。照明配电箱的基本结构如图6-16所示。

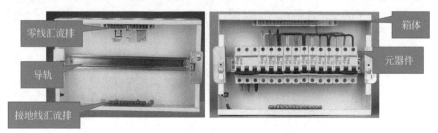

图6-16　照明配电箱的基本结构

6.1.4　典型低压配电电器

（1）低压断路器

① 低压断路器的作用　低压断路器俗称自动空气开关或空气开关，是一种不仅可以接通和分断正常负荷电流和过负荷电流，还可以接通和分断短路电流的开关电器。

低压断路器在电路中除起通断控制作用外，还具有一定的保护功能，如过负荷、短路、欠压和漏电保护等。

6.2　低压配电电器

低压断路器还可用于不频繁地启动电动机或接通、分断电路。

低压断路器容量范围很大，最小为4A，而最大可达5000A。低压断路器广泛应用于低压配电系统的各级馈出线，各种机械设备的电源控制和用电终端的控制和保护。

② 低压断路器的种类　根据不同的分类方式，低压断路器的种类见表6-6。

表6-6　低压断路器的种类

分类方法	种类	说明
按使用类别分	选择型	保护装置参数可调
	非选择型	保护装置参数不可调
按灭弧介质分	有空气式和真空式	目前国产多为空气式断路器
按结构分	框架式	大容量断路器多采用框架式结构
	塑料外壳式	小容量断路器多采用塑料外壳式结构
按用途分	导线保护用断路器	主要用于照明线路和保护家用电器，额定电流在6～125A范围内
	配电用断路器	在低压配电系统中作过载、短路、欠电压保护之用，也可用作电路的不频繁操作，额定电流一般为200～4000A
	电动机保护用断路器	在不频繁操作场合，用于操作和保护电动机，额定电流一般为6～63A
	漏电保护断路器	主要用于防止漏电，保护人身安全，额定电流多在63A以下

续表

分类方法	种类	说明
按性能分	普通式	—
	限流式	一般具有特殊结构的触点系统

③ 低压断路器的型号 塑料外壳式断路器品牌种类繁多，国产典型型号为 DZ20 系列塑料外壳断路器，其型号命名及意义如下：

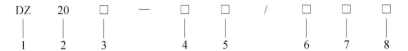

其中：1—塑料外壳式断路器；

2—设计代号；

3—额定极限短路分断能力级别：Y 一般型；J 较高型；G 最高型；C 经济型；

4—壳架额定电流的等级（A）；

5—操作方式：手柄直接操作无代号，电动操作用 P 表示，转动手柄操作用 Z 表示；

6—极数分别用 2、3、4 极表示；

7—脱扣器方式及附件代号；

8—用途代号：配电用断路器无代号；保护电动机用断路器用 2 表示。

举例，DZ20-250/330，为 DZ 系列塑料外壳低压断路器，额定电流 250A，3 极，复式脱扣器，不带附件。

> **特别提醒** DZ20 系列塑料壳断路器有四种性能型式，以 Y 型为基本型（又称一般型）、C 型（经济型）、J 型（较高型）和 G 型（高通断能力型）。

④ 低压断路器的结构 低压断路器一般由绝缘外壳、操作机构、灭弧系统、触点系统和脱扣器 5 个部分组成。DZ 系列低压断路器的基本结构如图 6-17 所示。

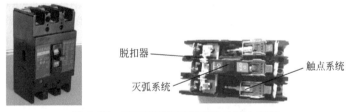

图 6-17　DZ 系列低压断路器的基本结构

a. 绝缘外壳由绝缘底座、绝缘盖、进出线端的绝缘封板所组成。绝缘底座和盖是断路器提高通断能力、缩小体积、增加额定容量的重要部件。

b. 操作机构采用四连杆结构方式，具有弹簧储能，快速"合""分"的功能，其"合""分""再扣"和"自由脱扣"位置以手柄位置来区分。

c. 灭弧系统由灭弧室和其周围的绝缘封板、绝缘夹板所组成。灭弧装置一般为栅片式灭弧罩，灭弧室的绝缘壁一般用钢板纸压制或用陶土烧制。

d. 触点系统由动触点、静触点组成。630A 及以下的断路器，其触点为单点式。1250A 断路器的动触点由主触点及弧触点组成。

主触点在正常情况下可以接通分断负荷电流，在故障情况下还必须可靠分断故障电流。

主触点有单断口指式触点、双断口桥式触点、插入式触点等几种形式。主触点的动、静触点的接触处焊有银基合金触点，其接触电阻小，可以长时间通过较大的负荷电流。在容量较大的低压断路器中，还常将指式触点做成两挡或三挡，形成主触点、副触点和弧触点并联的形式。低压断路器的触点分为弧触点和主触点。弧触点用耐弧金属材料制成，主触点和弧触点在断路器分、合闸时有不同的作用和操作次序。开关合闸时，弧触点承担合闸的电磨损；开关分闸时，弧触点承担电路分断时的强电弧，起保护主触点的作用；主触点承担长期通过负荷电流的任务。所以在合闸时弧触点先闭合、主触点后闭合；分闸时，主触点先断开、弧触点后断开。大容量的断路器中为了更好地保护主触点又增设了副触点，即为三接触点，合闸时的动作顺序为弧触点先闭合，然后副触点闭合，最后弧触点闭合；分闸时的操作顺序为弧触点先分断，然后副触点分断，最后主触点分断。

e. 脱扣器是低压断路器中用来接收信号的元件。若线路中出现不正常情况或由操作人员或继电保护装置发出信号时，脱扣器会根据信号的情况通过传递元件使触点动作掉闸切断电路。

低压断路器的脱扣器一般有电磁脱扣器、热脱扣器、失压脱扣器、分励脱扣器等几种，见表6-7。在一台低压断路器上同时装有两种或两种以上脱扣器时，则称这台低压断路器装有复式脱扣器。

表 6-7　低压断路器的脱扣器

类型	原理及说明
电磁脱扣器	电磁脱扣器与被保护电路串联。线路中通过正常电流时，电磁铁产生的电磁力小于反作用力弹簧的拉力，衔铁不能被电磁铁吸动，断路器正常运行。当线路中出现短路故障时，电流超过正常电流的若干倍，电磁铁产生的电磁力大于反作用力弹簧的作用力，衔铁被电磁铁吸动，通过传动机构推动自由脱扣机构释放主触点。主触点在分闸弹簧的作用下分开，切断电路起到短路保护作用
热脱扣器	热脱扣器与被保护电路串联。线路中通过正常电流时，发热元件发热使双金属片弯曲至一定程度（刚好接触到传动机构）并达到动态平衡状态，双金属片不再继续弯曲。若出现过载现象时，线路中电流增大，双金属片将继续弯曲，通过传动机构推动自由脱扣机构释放主触点，主触点在分闸弹簧的作用下分开，切断电路起到过载保护的作用
失压脱扣器	失压脱扣器并联在断路器的电源侧，可起到欠压及零压保护的作用。电源电压正常时扳动操作手柄，断路器的动合辅助触点闭合，电磁铁得电，衔铁被电磁铁吸住，自由脱扣机构才能将主触点锁定在合闸位置，断路器投入运行。当电源侧停电或电源电压过低时，电磁铁所产生的电磁力不足以克服反作用力弹簧的拉力，衔铁被向上拉，通过传动机构推动自由脱扣机构使断路器掉闸，起到欠压及零压保护作用。 电源电压为额定电压的75%～105%时，失压脱扣器保证吸合，使断路器顺利合闸。当电源电压低于额定电压的40%时，失压脱扣器保证脱开使断路器掉闸分断。一般还可用串联在失压脱扣器电磁线圈回路中的动断按钮做分闸操作
分励脱扣器	分励脱扣器用于远距离操作低压断路器分闸控制。它的电磁线圈并联在低压断路器的电源侧。需要进行分闸操作时，按下动合按钮使分励脱扣器的电磁铁得电吸动衔铁，通过传动机构推动自由脱扣机构，使低压断路器掉闸

⑤ 低压断路器的主要技术参数

a. 额定电压　断路器的额定工作电压是指与通断能力及使用类别相关的电压值。对多相电路是指相间的电压值。

常用交流电压：220V、380V、660V、1140V。

常用直流电压：110V、240V、440V、750V、850V、1000V。

断路器的额定绝缘电压是指设计断路器的电压值，电气间隙和爬电距离应参照这些值而定。除非型号产品技术文件另有规定，额定绝缘电压是断路器的最大额定工作电压。在任何情况下，最大额定工作电压不超过绝缘电压。

b. 额定电流　框架式断路器的壳架额定电流为 630 ～ 6300A，主要用于低压配电系统的进线、母联及其他大电流回路的关、合。塑壳断路器的壳架电流为80～1250A，主要用于低压配电系统的进出线、电动机的保护。小型断路器的壳架电流为1～125A，主要用于建筑物和用电设备的终端配电箱内。

断路器额定电流就是额定持续电流，也就是脱扣器能长期通过的电流。对带可调式脱扣器的断路器是可长期通过的最大电流。

常用额定电流：30A、40A、63A、100A、160A、200A、400A、630A、1000A、1250A、1600A、3200A、4000A、5000A、6300A。

c.额定短路分断能力 断路器在规定条件下所能分断的最大短路电流值，称为额定短路分断能力。

【知识窗】

漏电保护断路器

漏电保护断路器又称为漏电保护开关，具有漏电、触电、过载、短路等保护功能，主要用来对低压电网直接触电和间接触电进行有效保护，也可以作为三相电动机的缺相保护。它有单相的，也有三相的。

漏电保护断路器主要由试验按钮、操作手柄、漏电指示和接线端几部分组成，如图6-18所示。

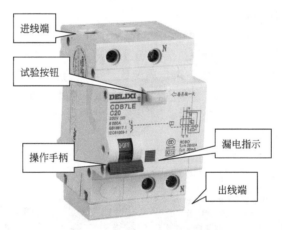

图6-18 单相漏电保护断路器

漏电保护断路器与其他断路器一样可将主电路接通或断开，而且具有对漏电流检测和判断的功能。当主回路中发生漏电或绝缘破坏时，漏电保护开关可根据判断结果将主电路接通或断开。它与熔断器、热继电器配合可构成功能完善的低压开关元件。

目前，市场上的漏电保护断路器，根据功能常用的有以下几种类别。

① 只具有漏电保护断电功能，使用时必须与熔断器、热继电器、过流继电器等保护元件配合。

② 同时具有过载保护功能。

③ 同时具有过载、短路保护功能。

④ 同时具有短路保护功能。

⑤ 同时具有短路、过负荷、漏电、过压、欠压功能。

⑥ 低压断路器的保护特性 低压断路器具有过电流保护特性、欠电压保护特性和漏电保护特性。

a. 在输出短路或过载时对电源或负载进行的保护，即为过电流保护，简称过流保护。

b. 对所有的电气设备而言，都有一个额定电压，但在实际中，不能完全保证在额定电压下工作，是在额定电压附近的一个范围，一般要求在 ±15%。为了保护电气设备和工艺质量，如果低于 −15% 这个电压，就是"欠压"，当工作电压下降到这个电压以下，保护动作，切断电源。相反，如果高于 +15% 这个电压，就是"过压"，保护也动作切断电源。在不同场合使用的电器，这个电压要求略有不同，但保护原理是一致的。

⑦ 低压断路器的选用 选用低压断路器，一般应遵循以下 4 个原则。

a. 额定电压和额定电流应不小于电路正常的工作电压和工作电流。用于控制照明电路时，电磁脱扣器的瞬时脱扣整定电流通常应为负载电流的 6 倍；用于电动机保护时，塑壳式断路器电磁脱扣器的瞬时脱扣整定电流应为电动机启动电流的 1.7 倍；框架式断路器的整定电流应为电动机启动电流的 1.35 倍；用于分断或接通电路时，其额定电流和热脱扣器整定电流均应等于或大于电路中负载的额定电流之和；选用断路器作多台电动机短路保护时，电磁脱扣器整定电流为容量最大的一台电动机启动电流的 1.3 倍加上其余电动机额定电流之和。

b. 热脱扣器的整定电流要与所控制负载的额定电流一致，否则，应进行人工调节，如图 6-19 所示。

图 6-19 调节整定电流

c. 选用低压断路器时，在类型、等级、规格等方面要配合上、下级开关的保护特性，不允许因本级保护失灵导致越级跳闸，扩大停电范围。

d. 断路器的主要参数有额定电压、额定电流、通断能力、操作寿命、保护特性等，与使用直接有关的是额定电压、额定电流、通断能力及保护特性。使用中，要求断路器在正常工作中，温升不超过规定值，在事故状态下，能可靠的起到保护作用。

6.3 断路器的检测

⑧ 低压断路器的检测 检测低压断路器时，可以用万用表 $R \times 10$ 挡测量其各组开关的电阻值来判断其是否正常，如图 6-20 所示。

(a) 断开状态　　　　　　　　　　　(b) 闭合状态

图 6-20 万用表检测低压断路器

若测得低压断路器的各组开关在断开状态下，其阻值均为无穷大，在闭合状态下，均为零，则表明该低压断路器正常；若测得低压断路器的开关在断开状态下，其阻值为零，则表明低压断路器内部触点粘连损坏。若测得低压断路器的开关在闭合状态下，其阻值为无穷大，则表明低压断路器内部触点断路损坏。若测得低压断路器内部的各组开关，有任一组损坏，均说明该低压断路器损坏。

⑨ 低压断路器常见故障的处理 见表 6-8。

表 6-8　低压断路器常见故障的处理

故障现象	原因	处理办法
手动操作断路器不能闭合	(1) 失压脱扣器无电压或线圈损坏 (2) 储能弹簧变形，导致闭合力减小 (3) 反作用弹簧力过大 (4) 机构不能复位再扣	(1) 检查线路，施加电压或更换线圈 (2) 更换储能弹簧 (3) 重新调整弹簧力 (4) 调整再扣使其达到规定值
电动操作断路器不能闭合	(1) 操作电源电压不符 (2) 电源容量不够 (3) 电磁拉杆行程不够 (4) 电动机操作定位开关变位 (5) 控制器中整流管或电容器损坏	(1) 调换电源 (2) 增大操作电源容量 (3) 重新调整或更换拉杆 (4) 重新调整 (5) 更换损坏元件
有一相触点不能闭合	(1) 一般型断路器的一相连杆断裂 (2) 限流断路器的斥开机构的可折连杆之间的角度变大	(1) 更换连杆 (2) 调整至原技术条件规定值
分励脱扣器不能使断路器分断	(1) 线圈短路 (2) 电源电压太低 (3) 再扣接触面积太大 (4) 螺钉松动	(1) 更换线圈 (2) 调换电源电压 (3) 重新调整 (4) 拧紧
欠电压脱扣器不能使断路器分断	(1) 反力弹簧变小 (2) 储能弹簧弹力变小或断裂 (3) 机构卡死	(1) 调整弹簧 (2) 调整或更换储能弹簧 (3) 消除卡死原因，如生锈
启动电动机时断路器立即分断	过电流脱扣器瞬动整定值太小或选用不对	(1) 调整瞬动整定值 (2) 如有空气式脱扣器，则可能是阀门失灵或橡皮膜破裂，查明后更换
断路器闭合后经一定时间自行分断	(1) 过电流脱扣器长延时整定值不对 (2) 热元件或半导体延时电路元件变质	(1) 重新调整 (2) 更换
欠电压脱扣器噪声	(1) 反力弹簧弹力太大 (2) 铁芯工作面有油污 (3) 短路环断裂	(1) 重新调整 (2) 消除油污 (3) 更换衔铁或铁芯
断路器温升过高	(1) 触点压力过分低 (2) 触点表面过分磨损或接触不良 (3) 两个导电零件连接螺栓松动 (4) 触点表面污染	(1) 调整触点压力或更换弹簧 (2) 更换触点或清理接触面，不能更换者，更换整台断路器 (3) 拧紧螺栓 (4) 清除油污或氧化层
辅助开关不通	(1) 辅助开关的动触桥卡死或脱落 (2) 辅助开关传动杆断裂或滚轮脱落 (3) 触点不接触或氧化	(1) 拨正或重新装好触桥 (2) 更换传动杆或辅助开关 (3) 调整触点，清理氧化膜
带半导体脱扣器的断路器误动作	(1) 半导体脱扣器元件损坏 (2) 外界电磁干扰	(1) 更换损坏元件 (2) 消除外界干扰，例如临近的大型磁铁的操作、接触器的分断、电焊等，应予以隔离或更换电路
漏电断路器经常自行分断	(1) 漏电动作电流变化 (2) 线路有漏电	(1) 重新校验 (2) 寻找原因，如因导线绝缘损坏，应更换导线

（2）低压熔断器

① 熔断器的作用　低压熔断器俗称保险丝，是当电流超过限定时借熔体熔化来分断电路的一种用于过载和短路保护的电器。

当系统正常工作时，低压熔断器相当于一根导线，起接通电路的作用；当通过低压熔断

器的电流大于其标称电流一定比例时，熔断器内的熔断材料（或熔丝）发热，经过一定时间后自动熔断，以保护线路，避免发生较大范围的损害。

熔断器可以用作仪器仪表及线路装置的过载保护和短路保护。多数熔断器为不可恢复性产品（可恢复熔断器除外），一旦损坏后应用同规格的熔断器更换。

② 熔断器的结构　熔断器主要由熔体、安装熔体的熔管和熔座3部分组成，见表6-9。

表6-9　熔断器的结构

组成部分	说明
熔体	熔体是熔断器的核心，常做成丝状、片状或栅状，制作熔体的材料一般有铅锡合金、锌、铜、银等
熔管	熔管是熔体的保护外壳，用耐热绝缘材料制成，在熔体熔断时兼有灭弧作用
熔座	熔座是熔断器的底座，用于固定熔管和外接引线

③ 常用低压熔断器

a.瓷插式熔断器　瓷插式熔断器应用于低压线路中，作为线路及电气设备的短路保护及过载保护器件。RC1A系列瓷插式熔断器的结构如图6-21所示。

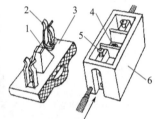

图6-21　RC1A系列瓷插式熔断器的结构

1—熔丝；2—动触点；3—瓷盖；4—空腔；5—静触点；6—瓷座

瓷插式熔断器的特点及应用见表6-10。

表6-10　瓷插式熔断器的特点及应用

特点	结构简单，价格低廉，更换方便，使用时将瓷盖插入瓷座，拔下瓷盖便可更换熔丝
应用	额定电压380V及以下、额定电流为5～200A的低压线路末端或分支电路中，作线路和用电设备的短路保护，在照明线路中还可起过载保护作用

b.螺旋式熔断器　螺旋式熔断器又称为塞式熔断器，主要应用于对配电设备、线路的过载和短路保护。RL1系列螺旋式熔断器的结构如图6-22所示。

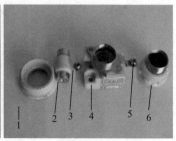

图6-22　RL1系列螺旋式熔断器的结构

1—瓷套；2—熔断管；3—下接线座；4—瓷座；5—上接线座；6—瓷帽

螺旋式熔断器的特点及应用见表6-11。

表 6-11 螺旋式熔断器的特点及应用

特点	熔断管内装有石英砂、熔丝和带小红点的熔断指示器，石英砂用来增强灭弧性能。熔丝熔断后有明显指示
应用	在交流额定电压 500V、额定电流 200A 及以下的电路中，作为短路保护器件

c. 封闭管式熔断器 RM10 系列封闭管式熔断器的结构如图 6-23 所示。

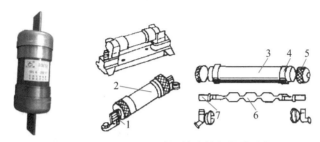

图 6-23 RM10 系列封闭管式熔断器的结构
1—夹座；2—熔断管；3—钢纸管；4—黄铜套管；5—黄铜帽；6—熔体；7—刀形夹头

封闭管式熔断器的特点及应用见表 6-12。

表 6-12 封闭管式熔断器的特点及应用

特点	熔断管为钢纸制成，两端为黄铜制成的可拆式管帽，管内熔体为变截面的熔片，更换熔体较方便
应用	用于交流额定电压 380V 及以下、直流 440V 及以下、电流在 600A 以下的电力线路中

d. 有填料封闭管式熔断器 RT0 系列有填料封闭管式熔断器的结构如图 6-24 所示。

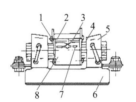

图 6-24 RT0 系列有填料封闭管式熔断器的结构
1—熔断指示器；2—石英砂填料；3—指示器熔丝；4—夹头；5—夹座；6—底座；7—熔体；8—熔管；9—锡桥

有填料封闭管式熔断器的特点及应用见表 6-13。

表 6-13 有填料封闭管式熔断器的特点及应用

特点	熔体是两片网状紫铜片，中间用锡桥连接。熔体周围填满石英砂起灭弧作用
应用	用于交流 380V 及以下、短路电流较大的电力输配电系统中，作为线路及电气设备的短路保护及过载保护

e. 有填料封闭管式圆筒帽形熔断器 NG30 系列有填料封闭管式圆筒帽形熔断器如图 6-25 所示。

有填料封闭管式圆筒帽形熔断器的特点及应用见表 6-14。

表 6-14 有填料封闭管式圆筒帽形熔断器的特点及应用

特点	熔断体由熔管、熔体、填料组成，由纯铜片制成的变截面熔体封装于高强度熔管内，熔管内充满高纯度石英砂作为灭弧介质，熔体两端采用点焊与端帽牢固连接
应用	用于交流 50Hz、额定电压 380V、额定电流 63A 及以下工业电气装置的配电线路中

图 6-25 NG30 系列有填料封闭管式圆筒帽形熔断器

f. 有填料快速熔断器　RS0、RS3 系列有填料快速熔断器如图 6-26 所示。顾名思义，这种熔断器是一种快速动作型的熔断器，熔体为银质窄截面或网状形式，熔体为一次性使用，不能自行更换。

图 6-26　RS0、RS3 系列有填料快速熔断器

有填料快速熔断器的特点及应用见表 6-15。

表 6-15　有填料快速熔断器的特点及应用

特点	在 6 倍额定电流时，熔断时间不大于 20ms，熔断时间短，动作迅速
应用	主要用于半导体硅整流元件的过电流保护

g. 自复式熔断器　自复式熔断器如图 6-27 所示。

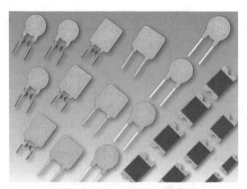

图 6-27　自复式熔断器

自复式熔断器的特点及应用见表 6-16。

表 6-16　自复式熔断器的特点及应用

特点	在故障短路电流产生的高温下，其中的局部液态金属钠迅速汽化而蒸发，阻值剧增，即瞬间呈现高阻状态，从而限制了短路电流。当故障消失后，温度下降，金属钠蒸气冷却并凝结，自动恢复至原来的导电状态
应用	用于交流 380V 的电路中与断路器配合使用。熔断器的电流有 100A、200A、400A、600A 四个等级

④ 熔断器的主要技术参数

a. 额定电压　熔断器长期工作所能承受的电压。

b. 额定电流　保证熔断器能长期正常工作的电流。

c. 分断能力　在规定的使用和性能条件下，在规定电压下熔断器能分断的预期分断电流值。

d. 时间－电流特性　在规定的条件下，表征流过熔体的电流与熔体熔断时间的关系曲线，如图 6-28 所示。熔断器的熔断电流与熔断时间的关系见表 6-17。

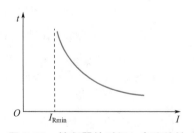

图 6-28　熔断器的时间－电流特性

表 6-17　熔断器的熔断电流与熔断时间的关系

熔断电流 I_s/A	$1.25I_N$	$1.6I_N$	$2.0I_N$	$2.5I_N$	$3.0I_N$	$4.0I_N$	$8.0I_N$	$10.0I_N$
熔断时间 t/s	∞	3600	40	8	4.5	2.5	1	0.4

⑤ 熔断器的型号　通常情况下，在低压熔断器的外表面的适当位置标注有其型号，根据其型号可正确识别、选用熔断器。熔断器的型号及含义如图 6-29 所示。

⑥ 熔断器的选用　根据使用环境、负载性质和短路电流的大小选用适当类型的熔断器。

a. 瓷插式熔断器　主要用于 500V 以下小容量线路。

b. 螺旋式熔断器　用于 500V 以下中小容量线路，多用于机床配电电路。

c. 无填料封闭管式熔断器　主要用于交流 500V、直流 400V 以下的配电设备中，作为短路保护和防止连续过载用。

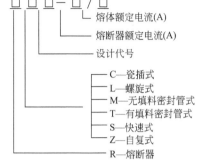

图 6-29　熔断器的型号及含义

d. 有填料管式熔断器　它比无填料封闭管式熔断器断流能力大，可达 50kA，主要用于具有较大短路电流的低压配电网。

e. 熔断器的额定电压　必须等于或大于线路的额定电压。

f. 熔断器的额定电流　必须等于或大于所装熔体的额定电流。

例如：某机床电动机的型号为 Y112M-4，额定功率为 4kW，额定电压为 380V，额定电流为 8.8A，该电动机正常工作时不需要频繁启动。若用熔断器为该电动机提供短路保护，试确定熔断器的型号规格。

选择熔断器的类型：选用 RL1 系列螺旋式熔断器。

选择熔体额定电流：$I_{RN} = (1.5 \sim 2.5) \times 8.8 \approx 13.2 \sim 22A$

查表 6-18 得熔体额定电流为：$I_{RN} = 20A$

选择熔断器的额定电流和电压：查表 6-18，可选取 RL1-60/20 型熔断器，其额定电流为 60A，额定电压为 500V。

表 6-18　常用熔断器的主要技术参数

类别	型号	额定电压 /V	额定电流 /A	熔体额定电流等级 /A	极限分断能力 /kA	功率因数
瓷插式熔断器	RC1A	380	5	2、5	0.25	0.8
			10	2、4、6、10	0.5	
			15	6、10、15		
			30	20、25、30	1.5	0.7
			60	40、50、60	3	0.6
			100	80、100		
			200	120、150、200		
螺旋式熔断器	RL1	500	15	2、4、6、10、15	2	≥ 0.3
			60	20、25、30、35、40、50、60	3.5	
			100	60、80、100	20	
			200	100、125、150、200	50	
	RL2	500	25	2、4、6、10、15、20、25	1	
			60	25、35、50、60	2	
			100	80、100	3.5	

类别	型号	额定电压 /V	额定电流 /A	熔体额定电流等级 /A	极限分断能力 /kA	功率因数
无填料封闭管式熔断器	RM10	380	15	6、10、15	1.2	0.8
			60	15、20、25、35、45、60	3.5	0.7
			100	60、80、100	10	0.35
			200	100、125、160、200		
			350	200、225、260、300、350		
			600	350、430、500、600	12	0.35
有填料封闭管式熔断器	RT0	交流 380 直流 440	100	30、40、50、60、100	交流 50 直流 25	> 0.3
			200	120、150、200、250		
			400	300、350、400、450		
			600	500、550、600		

⑦ 熔断器的检测　低压熔断器可用万用表检测其电阻值来判断熔体（丝）的好坏。

指针式万用表选择 $R×10$ 挡（数字万用表选用蜂鸣挡），黑、红表笔分别与熔断器的两端接触，与若测得低压熔断器的阻值很小或趋于零，则表明该低压熔断器正常；若测得低压熔断器的阻值为无穷大，则表明该低压熔断器已熔断，如图 6-30 所示。

6.4　熔断器的检测

此时万用表有一定的接触误差属于正常

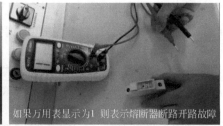
如果万用表显示为1 则表示熔断器断路开路故障

图 6-30　万用表测量熔断器

⑧ 熔断器常见故障的处理　熔断器常见故障及修理方法见表 6-19。

表 6-19　熔断器常见故障及修理方法

故障现象	产生原因	修理方法
电动机启动瞬间熔体即熔断	（1）熔体规格选择太小 （2）负载侧短路或接地 （3）熔体安装时损伤	（1）调换适当的熔体 （2）检查短路或接地故障 （3）调换熔体
熔丝未熔断但电路不通	（1）熔体两端或接线端接触不良 （2）熔断器的螺母未拧紧	（1）清扫并旋紧接线端 （2）拧紧螺母

　想一想

1. 判断正误：一般中型工厂电源进线电压是 6 ～ 10kV。（　　）

2. 判断正误：工厂的低压配电电压一般采用 220/380V。（　　）

3. 判断正误：环形供电系统在结构上一般采用双电源手拉手的环形结构。（　　）

4. 判断正误：高压配电网和低压配电网的接线方式有放射式、树干式、环形和混合式。（　　）

5. 判断正误：对于环网供电单元来说利用（负荷开关＋限流熔断器）保护效果更好。（　　）

6. 判断正误：变电所与配电所的区别是变电所有变换电压的功能。（　　）

7. 判断正误：熔断器的文字符号是 FU，低压断路器的文字符号是 QK。（　　）

8. 判断正误：放射式结线的特点是多个用户由一条干线供电。（　　）

9. 我们通常以（　　）为界线来划分高压和低压。

　A. 1000V　　　　　B. 800V　　　　　C. 220V　　　　　D. 380V

10. PEN 线是指（　　）。

　A. 中性线　　　　B. 保护线　　　　C. 保护中性线　　　D. 零线

11. 低压配电系统中的中性线（N 线）、保护线（PE 线）和保护中性线（PEN 线）各有哪些功能？

12. 电源中性点有哪几种运行方式？

6.2　用电安全

6.2.1　接地保护技术

　　电气设备的金属外壳都是与内部的带电部分绝缘的。在正常情况下不带电，一旦金属外壳与内部带电体之间的绝缘损坏，就会导致金属外壳带电，人接触它便会触电。实践证明，接地保护是用电行之有效的安全保护手段，是防止人身触电事故、保障电气设备正常运行所采取的一项重要技术措施。

6.5　接地保护

（1）接地保护的类型

　　所谓接地，一般是指电气装置为达到安全和功能的目的，采用包括接地极、接地母线、接地线的接地系统与大地做成电气连接，即接大地；或是电气装置与某一基准电位点做电气连接，即接基准地。

　　接地保护的类型见表 6-20。

表 6-20　接地保护的类型

接地方式	说明	原理图
工作接地	在三相交流电力系统中，为供电的电源变压器低压中性点接地称为工作接地。采取工作接地，可减轻高压窜入低压的危险，减低低压某一相接地时的触电危险 工作接地是低压电网运行的主要安全设施，工作接地电阻必须小于 4Ω	零点 L1 L2 L3 工作接地 接地体

接地方式		说明	原理图
安全接地	保护接地	为了防止电气设备外露的不带电导体意外带电造成危险，将该电气设备经保护接地线与深埋在地下的接地体紧密连接起来的做法叫保护接地 保护接地是中性点不接地低压系统的主要安全措施。在一般低压系统中，保护接电电阻应小于4Ω	
	防雷接地	为了防止电气设备和建筑物因遭受雷击而受损，将避雷针、避雷线、避雷器等防雷设备进行接地，叫做防雷接地	
	防静电接地	为消除生产过程中产生的静电而设置的接地，叫做防静电接地	
	屏蔽接地	为防止电磁感应而对电力设备的金属外壳、屏蔽罩、屏蔽线的外皮或建筑物金属屏蔽体等进行接地，叫做屏蔽接地	
	重复接地	三相四线制的零线（或中性点）一处或多处经接地装置与大地再次可靠连接，称为重复接地	
	共同接地	在接地保护系统中，将接地干线或分支线多点与接地装置连接，叫做共同接地	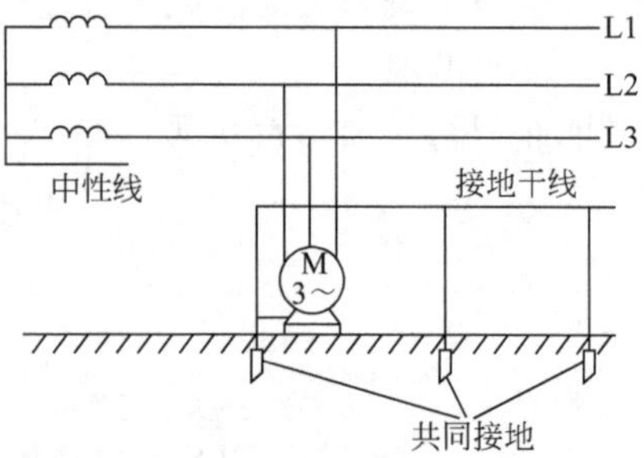

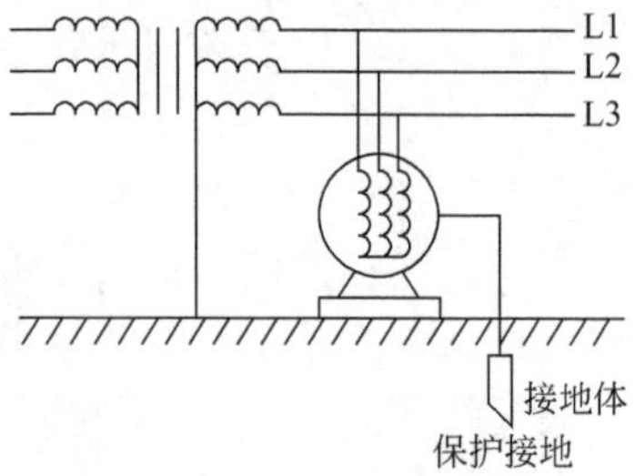

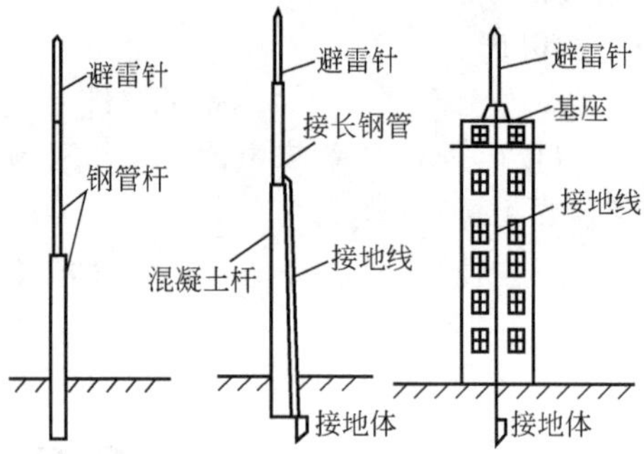

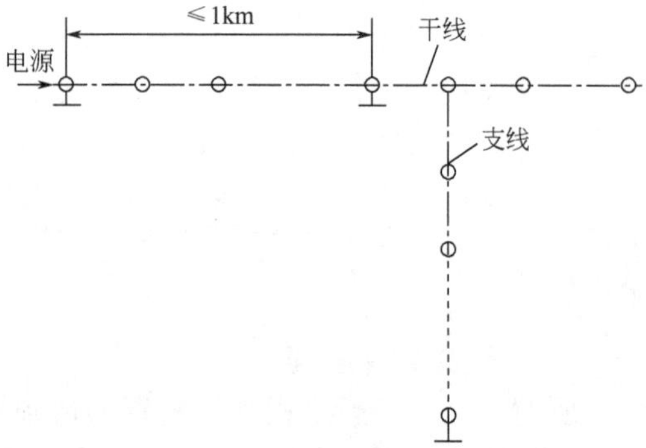

（2）保护接地的原理

保护接地是怎样实现保护人身安全的呢？如果是一台没有保护接地装置的电动机，当它的内部绝缘损坏致使外壳带电时，人体一旦接触，就通过人体连通了由带电金属外壳与大地之间的电流通路，金属外壳上的电流经人体流入大地而使人触电，如图6-31（a）所示。

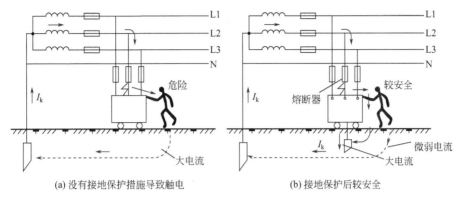

(a) 没有接地保护措施导致触电　　　　(b) 接地保护后较安全

图 6-31　保护接地原理

将电动机的金属外壳用导线与大地作可靠的电气连接后，如图 6-31（b）所示，如果这台电动机绝缘损坏使金属外壳带电，当人体接触它时，金属外壳与大地之间将形成两条并联电流通路：一条是通过保护接地线将电流泄放到大地，另一条是通过人体将电流泄放到大地。在这两条并联电路中，保护接地线电阻很小，通常只有 4Ω 左右，而人体电阻最小也在 500Ω 以上。根据并联电路中电流与电阻成反比的原理，人体所通过的电流就大大小于通过保护接地线的电流，这时人体就没有触电的感觉。再则，由于保护接地线电阻太小，对电动机与大地之间接近于短路，所以将有大电流通过保护接地线，这种大电流会使电路中的保护设备动作，自动切断电路，从另一层面上保护了人身与设备的安全。

（3）对接地装置的技术要求

为了保证接地装置起到安全保护作用，一般接地装置应满足以下要求：

① 低压电气设备接地装置的接地电阻不宜超过 4Ω。

② 低压线路零线每一重复接地装置的接地电阻不应大于 10Ω。

③ 在接地电阻允许达到 10Ω 的电力网中，每一重复接地装置的接地电阻不应超过 30Ω，但重复接地不应少于 3 处。

④ 接地线与接地体连接处一般应焊接。如采用搭接焊，其搭接长度必须为扁钢宽度的 2 倍或圆钢直径的 6 倍。如焊接困难，可用螺栓连接，但应采取可靠的防锈措施。

6.2.2　保护接零技术

把电气设备在正常情况下不带电的金属部分与电网的零线（或中性线）紧密地连接起来，称为保护接零。保护接零的方法适合于三相四线制供电系统（TN-C）和三相五线制供电系统（TN-S）。

6.6　保护接零

（1）三相四线制供电系统的保护接零

在中性点接地的三相四线制供电系统（TN-C）中，保护零线（PE）与工作零线（N）合二为一，即工作零线也充当保护零线，如图 6-32 所示。

当电气设备绝缘损坏，金属外壳带电时，由于保护接零的导线电阻很小，相当于对中性线短路，这种很大的短路电流将使线路的保护装置迅速动作，切断电路，既保护了人身安全又保护了设备安全。

（2）三相五线制供电系统的保护接零

在三相五线制供电系统（TN-S）中，专用保护零线（PE）和工作零线（N）除在变压器中性点共同接地外，两根线不再有任何联系，严格分开，如图 6-33 所示。

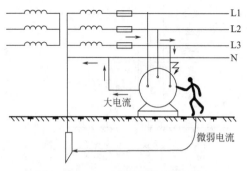

图 6-32　TN-C 系统的保护接零原理 　　　图 6-33　TN-S 系统的保护接零原理

TN-S 系统单相回路接线如图 6-34 所示。

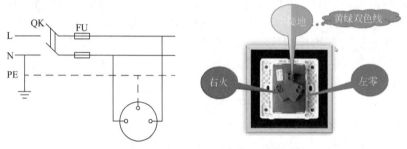

图 6-34　TN-S 系统单相回路接线

采用三相五线制供电方式，用电设备上所连接的工作零线 N 和保护零线 PE 是分别敷设的，工作零线上的电位不能传递到用电设备的外壳上，这样就能有效隔离了三相四线制供电方式所造成的危险电压，使用电设备外壳上电位始终处在"地"电位，从而消除了设备产生危险电压的隐患。因此，其安全性极高。

保护接地与保护接零的比较见表 6-21。

表 6-21　保护接地与保护接零的比较

比较		保护接地	保护接零
相同点		都属于用来保护电气设备金属外壳带电而采取的保护措施	
		适用的电气设备基本相同	
		都要求有一个良好的接地或接零装置	
区别	适用系统不同	适用于中性点不接地的高、低压供电系统	适用于中性点接地的低压供用电系统
	线路连接不同	接地线直接与接地系统相连接	保护接零线则直接与电网的中性线连接，再通过中性线接地
	要求不同	要求每个电器都要接地	只要求三相四线制系统的中性点接地

特别提醒

6.2.3　用电安全措施

绝缘、屏护和间距措施是各种电气设备都必须考虑的用电安全措施，其主要作用是防止人体触及或过分接近带电体造成触电事故以及防止短路、故障接地等电气事故。

（1）绝缘措施

绝缘是指利用绝缘材料对带电体进行封闭和隔离。长久以来，绝缘一直是作为防止电事故的重要措施，良好的绝缘也是保证电气系统正常运行的基本条件。

绝缘材料的主要作用是用于对带电的或不同电位的导体进行隔离，使电流按照确定线路流动。

① 绝缘破坏　在电气设备的运行过程中，绝缘材料会由于电场、热、化学、机械、生物等因素的作用，使绝缘性能发生劣化，称为绝缘破坏。

绝缘破坏可分为绝缘击穿、绝缘老化和绝缘损坏 3 种情况。

② 绝缘电阻的指标　绝缘电阻随线路和设备的不同，其指标要求也不一样。就一般而言，高压较低压要求高；新设备较老设备要求高；室外设备较室内设备要求高；移动设备较固定设备要求高等。几种主要线路和设备应达到的绝缘电阻值见表 6-22。

表 6-22　几种主要线路和设备的绝缘电阻值指标

线路或设备	绝缘电阻值指标
新装和大修后的低压线路和设备	不低于 0.5MΩ
运行中的线路和设备	每伏工作电压不小于 1000Ω
安全电压下工作的设备	同 220V 一样，不得低于 0.22MΩ（在潮湿环境，要求可降低为每伏工作电压 500Ω）
携带式电气设备	不应低于 2MΩ
配电盘二次线路	不应低于 1MΩ（在潮湿环境，允许降低为 0.5MΩ）
10kV 高压架空线路	每个绝缘子的绝缘电阻不应低于 300MΩ
35kV 及以上高压架空线路	每个绝缘子的绝缘电阻不应低于 500MΩ
运行中 6～10kV 电力电缆	不应低于 400～1000MΩ（干燥季节取较大的数值，潮湿季节取较小的数值）
运行中 35kV 电力电缆	不应低于 600～1500MΩ（干燥季节取较大的数值，潮湿季节取较小的数值）
电力变压器投入运行前	应不低于出厂时的 70%（运行中的绝缘电阻可适当降低）

③ 绝缘电阻的测量　绝缘材料的电阻可以用比较法（属于伏安法）测量，也可以用泄漏法来进行测量，但通常用兆欧表进行测量。

在兆欧表上有三个接线端钮，分别标为接地 E、电路 L 和屏蔽 G。一般测量仅用 E、L 两端，E 通常接地或接设备外壳，L 接被测线路，电机、电器的导线或电机绕组。

测量电缆芯线对外皮的绝缘电阻时，为消除芯线绝缘层表面漏电引起的误差，还应在绝缘上包以锡箔，并使之与 G 端连接，如图 6-35 所示。这样就使得流经绝缘表面的电流不再经过流比计的测量线圈，而是直接流经 G 端构成回路，所以，测得的绝缘电阻只是电缆绝缘的体积电阻。

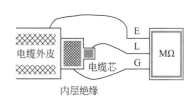

图 6-35　兆欧表测量电力电缆的绝缘电阻

（2）屏护措施

屏护是一种对电击危险因素进行隔离的手段，即采用遮栏、护罩、护盖、箱匣等把危险的带电体同外界隔离开来，以防止人体触及或接近带电体所引起的触电事故。屏护还起到防止电弧伤人，防止弧光短路或便利检修工作的作用。

① 屏护的种类　见表 6-23。

② 屏护的应用

a. 屏护装置主要用于电气设备不便于绝缘或绝缘不足以保证安全的场合。如开关电器、仪表等均需要设置屏护，一般采用成品的箱体，如图 6-36 所示。

表 6-23　屏护的种类

种类	说明
屏蔽	属于一种完全的防护
障碍（或称阻挡物）	一种不完全的防护，只能防止人体无意识触及或接近带电体，而不能防止有意识移开、绕过或翻越该障碍触及或接近带电体
永久性屏护装置	配电装置的遮栏、开关的罩盖等
临时性屏护装置	检修工作中使用的临时屏护装置和临时设备的屏护装置等
固定屏护装置	母线的护网
移动屏护装置	天车的滑线屏护装置

b. 对于高压设备，由于全部绝缘往往有困难，因此，不论高压设备是否有绝缘，均要求加装屏护装置，如图 6-37 所示。

图 6-36　用闸箱作为屏护

图 6-37　高压配电装置的屏护装置

c. 室内、外安装的变压器和变配电装置应装有完善的屏护装置，如图 6-38 所示。

d. 当作业场所邻近带电体时，在作业人员与带电体之间、过道、入口等处均应装设可移动的临时性屏护装置，如图 6-39 所示。

图 6-38　设置变压器护栏作为屏护

图 6-39　设置临时性围栏板作为屏护

③ 设置屏护的注意事项

a. 屏护装置所用材料应有足够的机械强度和良好的耐火性能。为防止因意外带电而造成触电事故，对金属材料制成的屏护装置必须实行可靠的接地或接零。

b. 屏护装置应有足够的尺寸，与带电体之间应保持必要的距离。遮栏高度不应低于 1.7m，下部边缘离地不应超过 0.1m，网眼遮栏与带电体之间的距离不应小于表 6-24 所示的距离。栅遮栏的高度户内不应小于 1.2m，户外不应小于 1.5m，栏条间距离不应大于 0.2m。对于低压设备，遮栏与裸导体之间的距离不应小于 0.8m。户外变配电装置围墙的高度一般不应小于 2.5m。

表 6-24 网眼遮栏与带电体之间的距离

额定电压 /kV	<1	10	20～35
最小距离 /m	0.15	0.35	0.6

c.遮栏、栅栏等屏护装置上应有"止步，高压危险！"等标志，如图 6-40 所示。

图 6-40 屏护装置设置警告标志

d. 在屏护装置上，必要时应配合采用声光报警信号和联锁装置。

> **特别提醒** 电器开关的可动部分一般不能使用绝缘，而需要屏护。高压设备不论是否有绝缘，均应采取屏护。

（3）间距措施

间距是指带电体与地面之间，带电体与其他设备和设施之间，带电体与带电体之间必要的安全距离。如图 6-41 所示为架空线路各个部件的名称及安全间距。

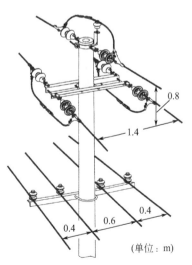

图 6-41 架空线路部件的名称及安全间距

① 间距的作用 不同电压等级、不同设备类型、不同安装方式、不同的周围环境所要求的间距不同，主要有以下三个作用。

a. 防止人体触及或接近带电体造成触电事故；

b. 避免车辆或其他器具碰撞或过分接近带电体造成事故；

c. 防止火灾、过电压放电及各种短路事故，以及方便操作。

② 检修作业的安全间距

a. 低压操作时，人体及其所携带工具与带电体之间的距离不得小于 0.1m。

b. 高压作业时，各种作业类别所要求的最小距离见表 6-25。

表 6-25　高压作业的最小距离

类别	电压等级	
	10kV	35kV
无遮栏作业，人体及其所携带工具与带电体之间[1]	0.7	1.0
无遮栏作业，人体及其所携带工具与带电体之间，用绝缘杆操作	0.4	0.6
线路作业，人体及其所携带工具与带电体之间[2]	1.0	2.5
带电水冲洗，小型喷嘴与带电体之间	0.4	0.6
喷灯或气焊火焰与带电体之间[3]	1.5	3.0

[1] 距离不足时，应装设临时遮栏。

[2] 距离不足时，邻近线路应当停电。

[3] 火焰不应喷向带电体。

特别提醒　在低压工作中，检修距离不应小于 0.1m。

6.2.4　漏电保护

6.7　漏电保护器问答

（1）漏电保护器的作用

漏电保护器俗称漏电开关，是防止低压配电系统中相线和电气装置的外露可导电部分（包括冷冻机组、生活泵房设备、消防泵房设备、敷设管槽等）、装置外可导电部分（包括水、暖管和建筑物构架等）以及大地之间因绝缘损坏引起的电气火灾和电击事故的有效措施。

常用漏电保护器的外形如图 6-42 所示。

当电路或用电设备漏电电流大于装置的整定值，或人、动物发生触电危险时，它能迅速动作，切断事故电源，避免事故的扩大，从而保障人身、设备的安全。

（2）漏电保护装置的分类

漏电保护装置的分类见表 6-26。

（3）开关型漏电保护装置的种类

图 6-42　漏电保护器

目前，开关型漏电保护装置应用最为广泛，市场上的漏电保护开关根据功能常用的有以下几种类别：

① 只具有漏电保护断电功能，使用时必须与熔断器、热继电器、过流继电器等保护元件配合。

② 同时具有过载保护功能。

③ 同时具有过载、短路保护功能。

④ 同时具有短路保护功能。

⑤ 同时具有短路、过负荷、漏电、过压、欠压功能。

表6-26　漏电保护装置的分类

分类标准	种类	说明
按中间环节结构特点分	电磁式漏电保护装置	中间环节为电磁元件，有电磁脱扣器和灵敏继电器两种类型。 耐过电流和过电压冲击的能力较强，但灵敏度不高，且制造工艺复杂，价格较高
	电子式漏电保护装置	中间环节使用了由电子元件构成的电子电路。 灵敏度高、动作电流和动作时间调整方便、使用耐久。但对使用条件要求严格，抗电磁干扰性能差；当主电路缺相时，可能会失去辅助电源而丧失保护功能
按结构特征分类	开关型漏电保护装置	当检测到触电、漏电后，保护器本身即可直接切断被保护主电路的供电电源。这种保护器有的还兼有短路保护及过载保护功能
	组合型漏电保护装置	当发生触电、漏电故障时，由漏电继电器进行信号检测、处理和比较，通过其脱扣器或继电器动作，发出报警信号；也可通过控制触点去操作主开关切断供电电源
按安装方式分	固定位置安装的漏电保护装置	
	带有电缆的可移动使用的漏电保护装置	
按极数和线数分	单极二线漏电保护装置、二极漏电保护装置、二极三线漏电保护装置、三极漏电保护装置、三极四线漏电保护装置和四极漏电保护装置	
按动作时间分	快速动作型漏电保护装置	
	延时型漏电保护装置	
	反时限型漏电保护装置	
按动作灵敏度分	高灵敏度型漏电保护装置	
	中灵敏度型漏电保护装置	
	低灵敏度型漏电保护装置	

（4）漏电保护器的选用

选用漏电保护装置应根据保护对象的不同要求进行选型，既要保证在技术上有效，还应考虑经济上的合理性。不合理的选型不仅达不到保护目的，还会造成漏电保护装置的拒动作或误动作。正确合理地选用漏电保护装置，是实施漏电保护措施的关键。

① 在浴室内、广场水池、强电井等触电危险性很大的场所，工程中选用高灵敏度、快速型漏电保护装置（动作电流不宜超过10mA）。

② 在安装的场所发生人触电事故时，能得到其他人的帮助及时脱离电源，则漏电保护装置的动作电流可以大于摆脱电流，如地下一层、首层、二层商业区；在安装的场所得不到其他人的帮助及时脱离电源，则漏电保护装置动作电流不应超过摆脱电流，如地下室、库房等人员稀少区域。

③ 在施工现场的电气机械设备、暂时临时线路的用电设备、金属构架上等触电危险性大的场合、Ⅰ类携带式设备或移动式设备，可配用高灵敏度漏电保护装置。

④ 工程正式电源采用漏电保护器做分级保护，应满足上、下级开关动作的选择性。上一级漏电保护器的额定漏电电流，应不小于下一级漏电保护器的额定漏电电流。安装在电源端的漏电保护器可采用是低灵敏度延时型漏电保护器。例如：对工程中照明线路，根据泄漏电流的大小和分布，采用分级保护的方式。支线上选用高灵敏度的保护器，干线上选用中灵敏度保护器。

⑤ 酒店客房内家用电器的插座，优先选用额定漏电动作电流不大于30mA快速动作的

漏电保护器。

⑥ 漏电保护器作为直接接触防护的补充保护时（不能作为唯一的直接接触保护），选用高灵敏度、快速动作型漏电保护器。一般环境选择动作电流不超过 30mA，动作时间不超过 0.1s；在触电后可能导致二次事故的场合，可选用额定动作电流为 6mA 的漏电保护器。

⑦ 公共场所的通道照明、应急照明，消防设备的电源，用于防盗报警的电源等，应选用报警式漏电保护器接通声、光报警信号，通知管理人员及时处理故障。

（5）漏电保护装置的安装

漏电保护装置应严格符合有关标准和生产厂产品说明书的要求。

漏电保护装置在 TN-C 供电系统的接线方法如图 6-43 所示。

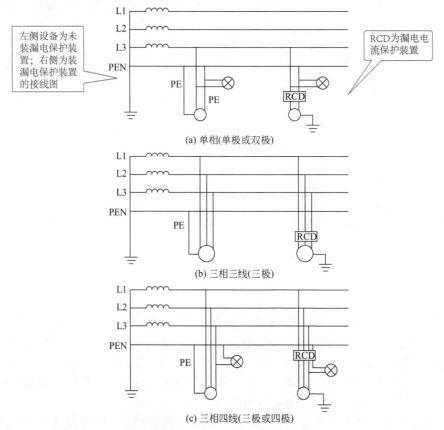

（a）单相（单极或双极）

（b）三相三线（三极）

（c）三相四线（三极或四极）

图 6-43　TN-C 系统漏电保护装置接线方法

安装漏电保护装置的注意事项如下：

① 标有电源侧和负荷侧的漏电保护器确保不接反。如果接反，会导致漏电保护器的脱扣线圈无法随电源切断而断电，以致长时间通电而烧毁。

② 安装漏电保护器后应严格执行不拆除或放弃原有的安全防护措施，可将漏电保护器作为电气安全防护系统中的附加保护措施。

③ 安装时严格区分中性线和保护线（设备外壳接地线）。漏电保护器的中性线接入漏电保护回路，接零保护线接入漏电保护器的中性线电源侧，确保不接至负荷侧，经过漏电保护器后的中性线不接设备外露部分，保护线（设备外壳接地线）单独接地。

④ 采用漏电保护器的支路，其工作零线只能作为本回路的零线，禁止与其他回路工作零线相连，其他线路或设备也不能借用已采用漏电保护器后的线路或设备的工作零线。

⑤ 安装完成后，要求对完工的漏电保护器进行试验，以保证其灵敏度和可靠性。试验时可操作试验按钮三次，带负荷分合三次，确认动作正确无误，方才正式投入使用。

⑥ 不需要安装漏电保护装置的设备或场所

a. 使用安全电压供电的电气设备，一般情况下使用的具有双重绝缘或加强绝缘的电气设备。

b. 使用了隔离变压器供电的电气设备。

c. 采用了不接地的局部等电位连接安全措施的场所中使用的电气设备。

d. 其他没有间接接触电击危险场所的电气设备。

6.2.5　雷电防护

雷云电位可达 1 万～10 万千伏，雷电流可达 500kA，若以 0.00001s 的时间放电，其放电能量约为 107J（107W·s）。雷击房屋、电力线路、电力设备等设施时，会产生极高的过电压和极大的过电流，在所波及的范围内，可能造成设施或设备的毁坏，可能造成大规模停电，可能造成火灾或爆炸，还可能直接伤及人畜。

（1）雷电的产生和种类

雷电是雷云层接近大地时，地面感应出相反电荷，当电荷积聚到一定程度，产生云和云间以及云和大地间放电，迸发出光和声的现象。

雷电的种类见表 6-27。

表 6-27　雷电的种类

分类标准	种类
根据雷电的不同形状分	片状、线状和球状
从危害角度分	直击雷、感应雷（包括静电感应和电磁感应）和球形雷
从雷云发生的机理分	热雷、界雷和低气压性雷

（2）电气装置的防雷措施

① 常用防雷装置　雷电危害大，雷电防护一般采用避雷针、避雷器、避雷网和避雷带、避雷线等装置将雷电直接导入大地，见表 6-28。

表 6-28　常用防雷装置的用途

防雷装置	主要用途
避雷针	主要用来保护露天变配电设备、建筑物和构筑物
避雷线	主要用来保护电力线路
避雷网和避雷带	主要用来保护建筑物
避雷器	主要用来保护电力设备

② 架空线路防雷措施　架空线路的防雷一般有 5 种措施，见表 6-29，可根据实际情况选择其中的一种或几种措施。

表 6-29　架空线路防雷措施

防雷措施	说明
架设避雷线	在架空线路的上方架设避雷线（又称为架空地线），这是防雷的有效措施，但造价高，一般在 35kV 及以上的线路采用（可在进入变电所的 1～2km 线路上架设）
提高线路绝缘水平	在 10kV 及以下的架空线路上，可采用瓷横担或高一电压级的绝缘子来提高线路本身的绝缘水平

续表

防雷措施	说明
利用三角形排列的三相线路顶线兼作避雷线	对于 3 ～ 10kV 架空线路，可在其三角形排列的三相线路顶线绝缘子上装设保护间隙，如图 6-44 所示。在线路上出现雷电过电压时，顶线绝缘子上的保护间隙被击穿，通过其接地引下线对地泄放雷电流，从而保护下面两根导线不受雷击，一般也不会引起线路断路器跳闸
装设自动重合闸装置	在线路上装设自动重合闸装置，使线路断路器经约 0.5s 时间后自动重合闸，线路即可恢复供电，这对一般用户不会有太大影响，可而大大提高供电可靠性
个别绝缘薄弱地点加装避雷器	在跨越杆、转角杆、分支杆及带拉线杆等处线路中，可装设排气式避雷器或保护间隙

③ 变配电所防雷措施　变配电所防雷措施见表 6-30。

表 6-30　变配电所防雷措施

防雷措施	说明
装设避雷针或避雷带（网）	变配电所及其室外配电装置，应装设独立避雷针以防直击雷。如果没有室外配电装置，则可在变配电所屋顶装设避雷针或避雷带（网）
装设避雷线	对处于峡谷地区的变配电所，可装设避雷线来防止直击雷
装设避雷器	装设避雷器，是用来防止雷电波侵入对变配电所电气装置特别是对主变压器的危害。一般有 3 个方法：在高压架空线路的终端杆装设阀式或排气式避雷器；每组高压母线上应装设阀式避雷器或金属氧化物避雷器；在 3 ～ 10kV 配电变压器低压侧中性点不接地的 IT 系统中，可在中性点装设击穿保险器

④ 电子信息系统的防雷　建筑物电子信息系统的防雷主要是对雷电电磁脉冲的防护，必须将外部防雷措施与内部防雷措施协调统一，按工程整体要求进行全面规划，做到安全可靠、技术先进、经济合理。

建筑物电子信息系统的综合防雷系统，如图 6-45 所示。

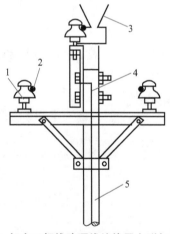

图 6-44　架空三相线路顶线绝缘子上附加保护间隙
1—绝缘子；2—架空导线；3—保护间隙；4—接地引下线；5—高压电杆

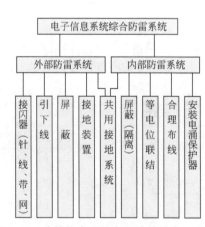

图 6-45　建筑物电子信息系统的综合防雷系统

想一想

1. 保护零线每处重复接地电阻值不得大于（　　　）Ω。

A. 3.0　　　　　　　B. 4.0　　　　　　　C. 5.0　　　　　　　D. 10.0

2. 开关箱应设置在用电设备邻近的地方，与用电设备（固定式）水平间距不宜超过（　　）m。

A. 3.0　　　　　B. 10.0　　　　　C. 20.0　　　　　D. 30.0

3. 开关箱应设置在用电设备邻近的地方，与分配电箱间距不宜超过（　　）m。

A. 3.0　　　　　B. 10.0　　　　　C. 20.0　　　　　D. 30.0

4. 特别潮湿场所、导电良好的地面、锅炉或金属容器内的照明，电源电压不得大于（　　）V。

A. 12.0　　　　　B. 24.0　　　　　C. 36.0　　　　　D. 48.0

5. 判断正误：电力变压器低压侧中性点直接接地（称为工作接地），接地电阻值不大于5Ω。（　　）

6. 判断正误：总配电箱中漏电保护器的额定漏电动作电流应大于30mA，额定漏电动作时间应大于0.1s，但其额定漏电动作电流与额定漏电动作时间的乘积不应大于30mA·s。（　　）

7. 判断正误：保护零线应由工作接地线、配电室（总配电箱）电源侧零线或总漏电保护器电源侧零线处引出。（　　）

8. 判断正误：保护零线应采用具有绿/黄双色标志的绝缘线，工作零线应采用具有淡蓝色标志的绝缘线。（　　）

9. 判断正误：配电装置进行定期检查、维修时，必须将其前一级相应的隔离开关分闸断电。并悬挂"禁止合闸、有人工作"标志牌，严禁带电作业。（　　）

10. 判断正误：为防止电气设备的金属外壳因绝缘损坏带电危及人畜安全和设备安全，以及设置相应保护系统需要，而将电气设备正常不带电的金属外壳或其他金属结构接地称为保护性接地。（　　）

11. 判断正误：对停电操作前已经停电的设备或电缆线路上检修作业，仍必须坚持执行规程规定的安全技术措施。（　　）

12. 判断正误：漏电保护跳闸后，为不影响生产，可以先甩掉漏电保护，然后检查原因。（　　）

13. 判断正误：停电后、工作前，必须用与电压等级相符的验电笔验电、放电、打短路接地线。（　　）

14. 判断正误：电气设备检修人员在检修过程中，应采取相应的"防误送电安全措施"。（　　）

6.3　人体触电与急救

6.3.1　触电的原因及规律

（1）触电的原因

① 缺乏电气安全知识　例如：带负荷拉高压隔离开关；低压架空线折断后不停电，用手误碰火线；在光线较弱的情况下带电接线，误触带电体；

6.8　电气行业常见的安全隐患

手触摸破损的胶盖刀闸。

② 违反安全操作规程　例如：带负荷拉高压隔离开关；在高低压同杆架设的线路电杆上检修低压线或广播线时碰触有电导线；在高压线路下修造房屋接触高压线；剪修高压线附近树木接触高压线等。带电换电杆架线；带电拉临时照明线；带电修

图6-46　配电箱接线不规范示例

理电动工具、换行灯变压器、搬动用电设备；火线误接在电动工具外壳上；用湿手拧灯泡；安装接线不规范等，如图6-46所示。

③ 设备不合格　例如：高压架空线架设高度离房屋等建筑的距离不符合安全距离，高压线和附近树木距离太小；高低压交叉线路，低压线误设在高压线上面。用电设备进出线未包扎好裸露在外；人触及不合格的临时线等。

④ 设备管理不善　例如：大风刮断低压线路和刮倒电杆后，没有及时处理；胶盖刀闸胶木盖破损长期不修理；瓷瓶破裂后火线与拉线长期相碰；水泵电动机接线破损使外壳长期带电；绝缘损坏，发生漏电等，如图6-47所示。

⑤ 其他偶然因素　例如大风刮断电力线路触到人体、人体受雷击等，如图6-48所示。

图6-47　电源线绝缘损坏　　　　图6-48　雷电引起人体触电

（2）触电事故的一般规律

触电事故往往发生得很突然，且经常在极短的时间内造成严重的后果，死亡率较高。触电事故有一些规律，掌握这些规律对于安全检查和实施安全技术措施以及安排其他的电气安全工作有很大意义。触电事故的一般规律见表6-31。

表6-31　触电事故的一般规律

一般规律	原因分析
有明显季节性	据统计资料，一年之中第二、三季度事故较多，6～9月的事故最集中。主要原因是，夏秋天气潮湿、多雨，降低了电气设备的绝缘性能；人体多汗，人体电阻降低，易导电；天气炎热，工作人员多不穿工作服和带绝缘护具，触电危险性增大
低压触电多于高压触电	主要原因是低压设备多，低压电网广，与人接触机会多；设备简陋，管理不严，思想麻痹；群众缺乏电气安全知识。但是，这与专业电工的触电事故比例相反，即专业电工的高压触电事故比低压触电事故多
地域差异	据统计，农村触电事故多于城市，主要原因是农村用电设备因陋就简，技术水平低，管理不严，电气安全知识缺乏
事故多发生在电气连接部位	统计资料表明，电气事故点多数发生在接线端、压接头、焊接头、电线接头、电缆头、灯头、插头、插座、控制器、接触器、熔断器等分支处、接户线处。主要原因是，这些连接部位机械牢固性较差、接触电阻较大、绝缘强度较低以及可能发生化学反应的缘故
便携式和移动式设备触电事故多	主要原因是这些设备需要经常移动，工作条件差，在设备和电源处容易发生故障或损坏，而且经常在人的紧握之下工作，一旦触电就难以摆脱电源

续表

一般规律	原因分析
违章作业和误操作引起的触电事故多	主要原因是由于安全教育不够、安全规章制度不严和安全措施不完备、操作者素质不高造成的

记忆口诀

触电事故有规律，季节变化很明显。
低压触电事故多，农村触电非常高。
便携设备易触电，连接部位事故多。
违章作业误操作，安全措施不完善。

6.3.2 电流对人体的伤害

（1）电流对人体伤害的类型

电流通过人体时会产生热量，热量较小时，人体局部组织温度略有升高，但不会影响人体健康。当热量较大时，可使人体温度急剧升高，严重时可损伤人体组织，甚至引起死亡。电流通过人体时，体内还会发生电解、电泳和电渗等化学效应，明显影响人体的功能和反应性。严重时，还能损伤人体组织，危及生命。

另外，电流通过人体时，还会刺激人体的组织和器官，反射地引起体内不同区域及不同器官的反应，如使内脏及组织发生功能改变，甚至引起内分泌系统功能的改变，进而影响到血液循环、机体代谢、组织营养状态等。其中，电流的刺激作用对心脏影响最大，常会引起心室纤维性颤动，导致心跳停止而死亡。大多数触电死亡是由于心室纤维性颤动而造成的。

归纳起来，电流对人体的伤害，一般分为电击伤和电灼伤两种类型，见表6-32。

表6-32 电流对人体伤害的类型

伤害类型	说明
电击伤	电击伤指电流流过人体时造成的人体内部的伤害，主要破坏人的心脏、肺及神经系统的正常工作。电击的危险性最大，一般死亡事故都是电击造成的
电灼伤	电灼伤指电弧对人体外表造成的伤害。主要是局部的热、光效应，轻者造成皮肤灼伤，严重者可深达肌肉、骨骼。常见的有灼伤、烙伤和皮肤金属化等，严重时可危及人的性命

记忆口诀

人体为何会触电，是因人体如导线。
加之大地零电位，没有绝缘祸跟随。
电流要向地下跑，如同水往地下流。
近离裸线有危险，接近带电会触电。
电流产生热效应，轻则受伤重要命。
电流伤害有两种，电击伤和电灼伤。

（2）电流对人体危害的因素

① 电流大小　通过人体的电流越大，人体的生理反应就越明显，感应就越强烈，引起心室颤动所需的时间就越短，致命的危害就越大。

② 电流频率　一般认为，40～60Hz 的交流电对人最危险。随着频率的增加，危险性将降低。当电源频率大于 20000Hz 时，所产生的损害明显减小，但高压高频电流对人体仍然是十分危险的。

③ 通电时间长短　通电时间越长，人体电阻因出汗等原因而降低，导致通过人体的电流增加，触电的危险性也随之增加，通电时间对人体的影响见表 6-33。引起触电危险的 50Hz 交流电流和通过电流的时间关系可用下式表示

$$I = \frac{165}{\sqrt{t}}$$

式中，I 表示引起触电危险的电流，mA；t 表示通电时间，s。

表 6-33　通电时间对人体的影响

电流 /mA	通电时间	交流电（50Hz）	直流电
		人体反应	人体反应
0～0.5	连续	无感觉	无感觉
0.5～5	连续	有麻刺、疼痛感、无痉挛	无感觉
5～10	数分钟内	痉挛、剧痛，但可摆脱电源	有针刺、压迫及灼热感
10～30	数分钟内	迅速麻痹，呼吸困难，不能自由活动	压痛、刺痛，灼热强烈，有痉挛
30～50	数秒至数分钟	心跳不规则，昏迷、强烈痉挛	感觉强烈，有剧痛、痉挛
5～100	超过 3min	心室颤动，呼吸麻痹，心脏麻痹而停跳	剧痛，强烈痉挛，呼吸困难或死亡

④ 电流路径　电流通过头部可使人昏迷；通过脊髓可能导致瘫痪；通过心脏会造成心跳停止，血液循环中断；通过呼吸系统会造成窒息。因此，从左手到胸部是最危险的电流路径；从手到手、从手到脚也是很危险的电流路径；从脚到脚是危险性较小的电流路径。电流路径与通过人体心脏电流的比例关系见表 6-34。

表 6-34　电流路径与通过人体心脏电流的比例关系

电流路径	左手到脚	右手到脚	左手到右手	左脚到右脚
流经心脏的电流与通过人体总电流的比例 /%	6.4	3.7	3.3	0.4

6.3.3　触电类型

根据电流通过人体的路径和触及带电体的方式，一般可将触电分为单相触电、两相触电、跨步电压触电、静电触电和感应电触电等。

6.9　触电类型
及方式

（1）单相触电

当人体某一部位与大地接触，另一部位与一相带电体接触所致的触电事故称单相触电。单相触电的几种情形如图 6-49 所示，图（a）是人体同时接触相线和零线，图（b）是人的一手接触相线，脚与大地接触，图（c）是人体接触已漏电的电气设备的金属外壳。

对于高压带电体，人体虽未直接接触，但由于超过了安全距离，高电压对人体放电，造成单相接地而引起的触电，也属于单相触电。

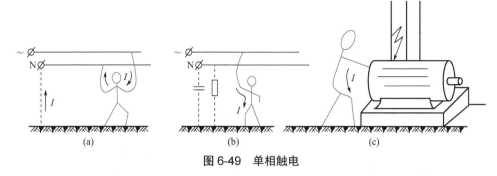

图6-49　单相触电

在低压中性点直接接地的配电系统中，单相触电事故在地面潮湿时易于发生。单相触电是危险的。如高压架线断线，人体碰及断导线往往会致触电事故。此外，在高压线路周围施工，未采用安全措施，碰及高压导线触电事故也时有发生。

（2）两相触电

发生触电时，人体的不同部位同时触及两相带电体，称两相触电。两相触电时，相与相之间以人体作为负载形成回路电流，如图6-50（a）所示。在高压系统中，人体同时接近不同相的两相带电导体，而发生电弧放电，电流从一相导体通过人体流入另一相导体，构成一个闭合回路，这种触电方式也属于两相触电，如图6-50（b）所示。

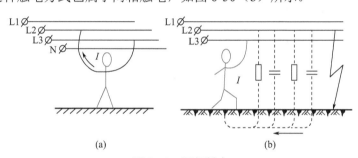

图6-50　两相触电

（3）跨步电压触电

当输电线出现断线故障，输电线掉落在地时，导致以此电线落地点为圆心，周围地面产生一个相当大的电场，离圆心越近电压越高，离圆心越远则电压越低。在距电线1m以内的范围内，约有68%的电压降；在2～10m的范围内，约有24%的电压降；在11～20m的范围内，约有8%的电压降；因此，离电线20m外，对地电压基本为零。

当人走进距圆心10m以内，双脚迈开时（约0.8m），势必出现电位差，这就称为跨步电压。电流从电位高的一脚进入，由电压低的一脚流出，流过人体而使人触电。人体触及跨步电压而造成的触电，称跨步电压触电，如图6-51所示。

图6-51　跨步电压触电

当发觉有跨步电压威胁时，人应赶快把双脚并在一起，或尽快用一条腿或两条腿跳着离开危险区20m以外。下列情况或部位容易发生跨步电压触电：

① 带电导体，特别是高压导体故障接地处，流散电流在地面各点产生的电位差造成跨步电压电击。

② 接地装置流过故障电流时，流散电流在附近地面各点产生的电位差生成跨步电压电击。

③ 正常时有较大工作电流流过的接地装置附近，流散电流在地面各点产生的电位差造

成跨步电压电击。

④ 防雷装置接受雷击时,极大的流散电流在其接装置附近地面各点产生的电位差造成跨步电压电击。

⑤ 高大设施或高大树木遭受雷击时,极大的流散电流在附近地面点产生的电位差造成跨步电压电击。

（4）静电触电和感应电触电

① 所谓静电,就是一种处于静止状态的电荷或者说不流动的电荷（流动的电荷就形成了电流）。当电荷聚集在某个物体上或表面时就形成了静电。当接触金属带电体时就会出现放电现象。静电并不是静止的电,是宏观上暂时停留在某处的电。人体触及带有静电的设备会受到电击,导致伤害,称为静电触电,如图 6-52（a）所示。

② 停电后的电气设备或线路,受到附近有电设备或线路的感应而带电,称为感应电,人体触及带有感应电的设备也会受到电击,称为感应电触电,如图 6-52（b）所示。

总之,遵章是安全的保障,违章是事故的预兆。无论哪种类型触电,都有危险,都有可能对人体造成不同程度的伤害,甚至危及人的性命。

(a) 静电触电　　(b) 感应电触电

图 6-52　静电触电和感应电触电

记忆口诀

安全用电很重要,触电类型要记牢。
单相两相和跨步,安全距离保平安。
静电以及感应电,及时消除有必要。
不懂千万别乱摸,练就技能事故防。

6.3.4　触电急救原则及方式

（1）触电急救的原则

进行触电急救,应坚持"迅速、就地、准确、坚持"的原则。触电急救必须分秒必争,立即就地迅速采取相应措施进行抢救,并坚持不断地进行,同时及早与医疗部门联系,争取医务人员接替救治。在医务人员未接替救治前,不应放弃现场抢救,更不能只根据没有呼吸或脉搏擅自判定伤员死亡,放弃抢救。

 只有医生才有权做出伤员已经死亡的诊断。

（2）触电急救的三种方式

触电急救的形式有自救、互救和医务抢救 3 种,见表 6-35。

表 6-35　触电急救的方式

急救形式	急救方法
自救	当触电者清醒时,要努力让自己脱离电源,并防止操作撞伤等二次事故
互救	对于他人触电,首先要让触电者脱离电源,具体方法如下。 （1）迅速拉闸或拔掉电源插头或切断电源线,如图 6-53（a）所示 （2）迅速用绝缘工具,如干燥的竹、木棍等挑开触电者身上的导线或电气用具,如图 6-53（b）所示

续表

急救形式	急救方法
互救	（3）站立在干燥的木板、衣物等绝缘物上，戴绝缘手套或裹着干燥衣物拉开导线、电气用具或触电者，如图6-53（c）所示 （4）根据情况，及时拨打120，如图6-53（d）所示
医务抢救	触电者脱离电源后，必须根据情况，立即就地实施抢救，即使是在送医院的途中也不能停止抢救，如图6-54所示。根据统计，抢救及时、方法正确的，均有良好的效果；时间拖长了才开始抢救的，救活比例很少

(a) 及时切断电源

(b) 让触电者迅速脱离电源

(c) 站在绝缘物上救助触电者　　(d) 迅速拨打120

图 6-53　触电互救

图 6-54　送医院途中的抢救

（3）让触电者脱离电源的方法

发现有人触电时，最重要的抢救措施是先迅速切断电源，再抢救伤者。帮助触电者脱离低压电源的方法可用"拉""切""挑""拽""垫"五字来概括，见表6-36。

表 6-36　触电者脱离低压电源的方法

方法	操作方法及注意事项
拉	就近拉开电源开关。但应注意，普通的电灯开关只能开一根电线，有时由于安装不符合标准，可能只断开零线，而不能断开电源，人身触及的电线仍然带电，不能认为已切断电源
切	当电源开关距触电现场较远，或断开电源有困难，可用带有绝缘柄的工具切断电源线。切断时应防止带电线断落触及其他人
挑	当电线搭落在触电者身上或压在身下时，可用干燥的木棒、竹竿等挑开电线，或用干燥的绝缘绳套拉电线或触电者，使触电者脱离电源
拽	救护人员可戴上手套或在手上包缠干燥的衣物等绝缘物品拖拽触电者，使之脱离电源。如果触电者的衣物是干燥的，又没有紧缠在身上，不至于使救护人直接触及触电者的身体时，救护人才可用一只手抓住触电者的衣物，将其拉脱离电源
垫	如果触电者由于痉挛，手指紧握电线，或电线缠在身上，可先用干燥的木板塞进触电者的身下，使其与地绝缘，然后再采取其他办法切断电源

6.3.5　触电急救方法

（1）触电急救常用方法

触电急救常用方法有口对口人工呼吸法和胸外心脏按压法，见表6-37。

6.10　人工呼吸法操作要领

6.11　胸外心脏按压法操作要领

表 6-37　触电急救方法

触电者症状	实施方法	急救方法
呼吸微弱甚至停止，但心跳尚存	口对口人工呼吸法	(1) 使触电者伸直，仰卧，头部尽量后仰，鼻孔朝天 (2) 捏紧鼻子，贴嘴吹气，使其胸扩张 (3) 吹 2s，停 3s，5s 为一个周期最恰当（如果口掰不开，可向鼻孔吹气），如图 6-55 所示
心跳微弱、不规则或停止，但呼吸尚存	胸外心脏按压法	(1) 使触电者仰卧在硬地上 (2) 抢救者跨腰跪在被救者腰部两侧，两手相叠，中指对凹膛，当胸一掌，掌根用力压胸膛，压下 3～4cm，慢慢突放，手掌不离胸膛，60～100 次/min 效果最好，如图 6-56 所示 (3) 抢救儿童，用单手，100 次/min 左右
呼吸和心跳均停止	口对口人工呼吸和胸外心脏按压法	(1) 一人抢救，采取两种方法交替进行，即吹气 2～3 次，再按压心脏 10～15 次，而且吹气和按压的速度可提高一些 (2) 两人抢救，每 5s 吹气一次，每 1s 按压一次，两人同时交替进行，如图 6-57 所示

口对口人工呼吸动作要领口诀

伤员仰卧平地上，解开领扣松衣裳。
张口捏鼻手抬颌，贴嘴吹气看胸张。
张口困难吹鼻孔，五秒一次吹正常。
吹气多少看对象，大人小孩要适量。

胸外心脏按压动作要领口诀

掌根下压不冲击，突然放松手不离。
手腕略弯压一寸，一秒一次较适宜。

清除口腔阻塞　　　头部尽量后仰　　　含嘴吹气　　　放开换气

图 6-55　口对口人工呼吸法操作步骤

找准按压位置　　　手形和姿势　　　压胸　　　放松

图 6-56　胸外心脏按压法操作步骤

含口吹气，压胸者松手

松开换气，缓缓压胸

图 6-57　两种方法同时进行

（2）触电急救注意事项

对触电者急救越及时，救治效果就越好，见表 6-38。

表 6-38　急救时间与救治效果

开始急救时刻	救治效果	开始急救时刻	救治效果
1min	90% 有良好效果	12min	救活的可能性极小
6min	10% 有良好效果	超过 15min	基本上是触电者死亡

无论用哪种方法救治，都要不断观察触电者面部动作。如果发现他的眼皮、嘴唇会动，喉头有一定的吞咽动作，说明他有一定呼吸能力，应暂停几秒钟，观察自动呼吸情况，如果不行，必须继续。在触电者呼吸未恢复正常前，无论什么情况，包括送医院途中、雷雨天气或抢救时间长而效果不太明显者，都不能终止这种抢救。在这种抢救实例中，有长达 7～10h 救活的。

还需注意，在触电现场的抢救中，无论怎样严重，都禁止使用强心针。

帮助触电者脱离电源应注意以下问题。

① 救护人不可直接用手或其他金属及潮湿的物件作为救护工具，而必须使用适当的绝缘工具。

② 一般情况下，救护人应用单手操作。

③ 要防止触电者脱离电源后可能的摔伤等。

④ 夜间发生触电事故，应迅速解决临时照明问题。

⑤ 尽快让触电者脱离电源固然很重要，更重要的是保护好自己不触电。

记忆口诀

有人触电莫手牵，伤员脱电最关键。

切断电源是首先，干燥竹木挑电线。

如果身边无工具，干燥衣服也可用。

脱电伤员要平放，检查呼吸和心跳。

人工急救不间断，联系医生要尽快。

特别
提醒

① 触电急救八字方针：迅速、就地、准确、坚持。

② 触电急救原则：动作迅速、救护得法。

③ 急救场地要求：平坦、坚实、干燥、阴凉、通风。

 想一想

1. 被电击的人能否获救，关键在于（　　）。

A. 能否尽快脱离电源和施行紧急救护　　B. 人体电阻的大小

C. 触电的方式　　　　　　　　　　　D. 及时呼叫 120

2. 当人体触电时，从外部来看（　　）的途径是最危险的。

A. 左手到右手　　　　　　　　　B. 右手到左手

C. 右手到脚　　　　　　　　　　D. 左手到脚

3. 触电人已失去知觉，还有呼吸，但心脏停止跳动，应使用以下哪种急救方法（　　）。

A. 仰卧牵臂法　　B. 口对口呼吸法　　C. 俯卧压背法　　D. 胸外心脏按压法

4. 国际规定，电压（　　）以下不必考虑防止电击的危险。

A. 36V　　　　　　B. 65V　　　　　　C. 25V　　　　　　D. 48V

5. 电击是指电流对人体（　　）的伤害。

A. 内部组织　　　　B. 表皮　　　　　C. 局部　　　　　D. 神经系统

6. 判断正误：两相触电是指人体两处同时触及两相带电体而发生的触电事故。（　　）

7. 判断正误：触电人已失去知觉，还有呼吸，但心脏停止跳动，应使用口对口呼吸法急救。（　　）

8. 判断正误：救护人可以用双手缠上围巾拉住触电的衣服，把触电人拉开带电体。（　　）

9. 使触电者迅速脱离低压电源的方法有哪些？

第7章

电气照明线路安装

7.1 照明线路识图基础

7.1.1 配电线路表示法

（1）配线方式表示法

导线敷设的方式也叫配线方式。不同敷设方式其差异主要是由于导线在建筑物上的固定方法不同，所使用的材料、器件及导线种类也随之有所不同。

照明线路配线方式及代号（斜线后为英文字母代码），见表7-1。

7.1 电气照明识图基础

表7-1 照明线路配线方式及代号

配线方式		代号
夹板配线	塑料夹配线	VJ/PCL
	瓷夹配线	CJ/PL
槽板配线	金属线槽配线	GC/MR
	塑料线槽配线	VC/PR
线管配线	钢管配线	DG/SC（G）
	硬塑料管配线	VG/PC
	软管配线	RG

（2）线路敷设表示法

内线敷设所使用的导线主要有 BV 型和 BLV 型塑料绝缘导线；BX 型和 BLX 型是橡胶绝缘导线；BVV 型是塑料护套硬导线，型号中第二个 V 表示在塑料线外面又加一层塑料护套；RVV 型是塑料护套软线，护套线大多是多芯的，有二芯、三芯、四芯等多种；RVB 型和 RVS 型是塑料软导线，型号中 R 表示软线，B 表示两根线粘在一起的并行线，S 表示双绞线。

工程图中导线的敷设方式及敷设部位一般用文字符号标注见表7-2。表中代号 E 表示明敷设，C 表示暗敷设。

表 7-2　导线敷设方式及敷设部位文字符号

序号	导线敷设方式及敷设部位	文字符号	序号	导线敷设方式及敷设部位	文字符号
1	用瓷瓶或瓷柱敷设	K	14	沿钢索敷设	SR
2	用塑料线槽敷设	PR	15	沿屋架或跨屋架敷设	BE
3	用钢线槽敷设	SR	16	沿柱或跨柱敷设	CLE
4	穿水煤气管敷设	RC	17	沿墙面敷设	WE
5	穿焊接钢管敷设	SC	18	沿顶棚面或顶板面敷设	CE
6	穿电线管敷设	TC	19	在能进入的吊顶内敷设	ACE
7	穿聚氯乙烯硬质管敷设	PC	20	暗敷设在梁内	BC
8	穿聚氯乙烯半硬质管敷设	FPC	21	暗敷设在柱内	CLC
9	穿聚氯乙烯波纹管敷设	KPC	22	暗敷设在墙内	WC
10	用电缆桥架敷设	CT	23	暗敷设在地面内	FC
11	用瓷夹敷设	PL	24	暗敷设在顶板内	CC
12	用塑料夹敷设	PCL	25	暗敷设在不能进入的吊顶内	ACC
13	穿金属软管敷设	CP			

（3）导线的类型及代号表示法

导线的类型及代号表示法见表 7-3。

表 7-3　导线的类型及代号表示法

导线类型	代号	导线类型	代号
铜芯导线	T（一般不标注）	聚氯乙烯绝缘线	V
铝芯导线	L	氯丁橡胶绝缘线	XF
聚氯乙烯套	V	橡胶绝缘线	X
聚乙烯套	Y	橡胶绝缘套	Y
软线	R	双绞线	S

（4）常用导线及代号表示法

常用导线及代号表示法见表 7-4。

表 7-4　常用导线及代号表示法

导线	代号	导线	代号
氯丁橡胶绝缘铜（铝）芯线	BXF（BLXF）	橡胶绝缘铜（铝）芯线	BX（BLX）
铜芯橡胶软线	BXR	聚氯乙烯绝缘铜（铝）芯线	BV（BLV）
聚氯乙烯绝缘铜（铝）芯软线	BVR	铜（铝）芯聚氯乙烯绝缘和护套线	BVV（BLVV）
铜芯聚氯乙烯绝缘平行软线	RVB	铜芯聚氯乙烯绝缘绞型软线	RVS
铜芯、橡胶棉纱编织软线	RX、RXS	铜芯聚氯乙烯绝缘软线	RV

　　在电气图中，一根导线、电缆用一条直线表示，根据具体情况，直线可予以适当加粗、延长或者缩短，如图 7-1（a）所示。

　　4 根以下导线用短斜线数目代表根数，如图 7-1（b）所示。

　　数量较多时，可用一小斜线标注数字来表示，如图 7-1（c）所示。

　　需要表示导线的特征（如导线的材料、截面、电压、频率等）时，可在导线上方、下方或中断处采用符号标注，如图7-1（d）、（e）所示。

如果需要表示电路相序的变更、极性的反向、导线的交换等，可采用图7-1（f）所示的方法标注，表示图中 L1 和 L3 两相需要换位。

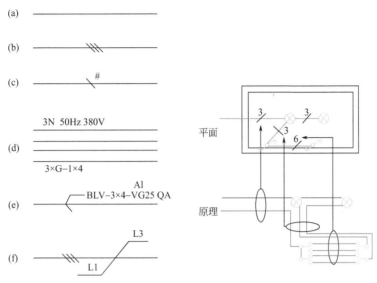

图7-1　导线根数的表示方法

> **特别提醒**
>
> 在照明线路平面图中，只要走向相同，无论导线的根数多少，均可用一根线条表示，其根数用短斜线表示。一般分支干线均有导线根数表示和线径标志，而分支线则没有，这就需要施工人员根据电气设备要求和线路安装标准确定导线的根数和线径。

（5）线路的标注格式

配电线路的标注用于表示线路的敷设方式、敷设部位、导线的根数及截面积等，采用英文字母表示。配电线路标注的一般格式为

$$a\text{-}d(e\times f)\text{-}g\text{-}h$$

式中　a——线路编号或功能符号；

　　　d——导线型号；

　　　e——导线根数；

　　　f——导线截面积，mm^2；

　　　g——导线敷设方式的符号；

　　　h——导线敷设部位的符号。

如图7-2所示为线路标注格式的示例。

图7-2（a）中，线路标注"1MFG-BLV-3×6+1×2.5-K-WE"的含义是：第一号照明分干线（1MFG）；铝芯塑料绝缘导线（BLV）；共有4根线，其中3根截面积为6mm²，1根截面积为2.5mm²（3×6+1×2.5）；配线方式为瓷瓶配线（K）；敷设部位为沿墙明敷（WE）。

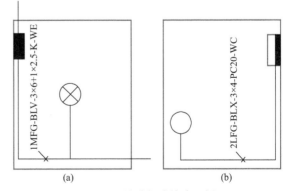

图7-2　线路标注格式示例

图7-2（b）中，线路标注"2LFG-BLX-3×4-PC20-WC"的含义是：2号动力分干线（2LFG）；

铝芯橡胶绝缘线（BLX）；3根导线截面积均为4mm²（3×4）；穿直径为20mm的硬塑料管（PC20）；沿墙暗敷（WC）。

7.1.2 照明电器的表示法

照明电器主要包括光源和灯具。

7.2 照明电路元器件认识

（1）灯具的图形符号

表7-5列出了各种照明电器的图形符号。照明电器的各种标注符号主要用在平面图上，有时也用在系统图上。在电气平面图上，还要标出配电箱。

表7-5 常用照明灯具在电气平面图上的图形符号

序号	名称	图形符号	备注
1	灯具一般符号	⊗	
2	深照型灯		
3	广照型灯（配照型灯）		
4	防水防尘灯	⊗	
5	安全灯	⊖	
6	隔爆灯	○	
7	顶棚灯		
8	球形灯	●	
9	花灯	⊗	
10	弯灯		
11	壁灯	◑	
12	投光灯一般符号		
13	聚光灯		
14	泛光灯		
15	荧光灯具一般符号		
16	三管荧光灯		
17	五管荧光灯	5	
18	防爆荧光灯		
19	在专用电路上的应急照明灯	×	
20	自带电源的应急照明装置（应急灯）	⊠	
21	气体放电灯的辅助设备		用于辅助设备与光源不在一起时
22	疏散灯		箭头表示疏散方向
23	安全出口标志灯		
24	导轨灯导轨		
25	在墙上的照明引出线，示出来自左边的配线		
26	照明引出线位置，示出配线		

（2）电光源的类型及代号

电光源的类型及代号表示法见表7-6。

192

表 7-6　电光源的类型及代号表示法

光源类型	拼音代号	英文代号	光源类型	拼音代号	英文代号
白炽灯	B	IN	氖灯		Ne
荧光灯	Y	FL	电弧灯		ARC
卤（碘）钨灯	L	IN	红外线灯		IR
汞灯	G	Hg	紫外线灯		UV
钠灯	N	Na	LED 灯		LED

（3）灯具的类型及文字符号

灯具的类型及文字符号的表示法见表 7-7。

表 7-7　灯具的类型及文字符号表示法

灯具类型	文字符号	灯具类型	文字符号
普通吊灯	P	壁灯	B
花灯	H	吸顶灯	D
柱灯	Z	卤钨探照灯	L
投光灯	T	防水、防尘灯	F
工厂灯	G	陶瓷伞罩灯	S

（4）灯具的标注法

在电气工程图中，照明灯具标注的一般方法如下。

$$a\text{-}b\,\frac{c\times d\times L}{e}\,f$$

式中　a——灯具数；

　　　b——型号或编号；

　　　c——每盏灯的灯泡数或灯管数；

　　　d——灯泡容量，W；

　　　L——光源种类；

　　　e——安装高度，m；

　　　f——安装方式。

（5）照明电器安装方式及代号

照明电器安装方式及代号表示法见表 7-8。

表 7-8　照明电器安装方式及代号表示法

安装方式	拼音代号	英文代号	安装方式	拼音代号	英文代号
线吊式	X	CP	吸顶式	D	C
管吊式	G	P	吸顶嵌入式	DR	CR
链吊式	L	CH	嵌入式	BR	WR
壁吊式	B	W			

7.1.3　开关、插座的表示法

（1）照明开关的图形符号

照明开关在电气平面图上的图形符号见表 7-9。

193

表7-9 照明开关在电气平面图上的图形符号

序号	名称		图形符号	备注
1	开关，一般符号			
2	带指示灯的开关			
3	单极开关	明装		除图上注明外，选用250V 10A，面板底距地面1.3m
		暗装		
		密闭（防水）		
		防爆		
4	双极开关	明装		
		暗装		
		密闭（防水）		
		防爆		
5	三极开关	明装		
		暗装		
		密闭（防水）		
		防爆		
6	单极拉线开关			（1）暗装时，圆内涂黑 （2）除图上注明外，选用250V 10A；室内净高低于3m时，面板底距顶0.3m；高于3m时，距地面3m
7	双极拉线开关（单极三线）			
8	单极限时开关			
9	双控开关（单极三线）			（1）暗装时，圆内涂黑 （2）除图上注明外，选用250V 10A，面板底距地面1.3m
10	多拉开关（如用于不同照度）			
11	中间开关			中间开关等效电路图
12	调光器			（1）暗装时，圆下半部分涂黑 （2）除图上注明外，面板底距地面1.3m
13	钥匙开关			
14	"请勿打扰"门铃开关			
15	风扇调速开关			
16	风机盘管控制开关			
17	按钮			
18	带有指示灯的按钮			
19	防止无意操作的按钮（例如防止打碎玻璃罩等）			
20	限时设备定时器			
21	定时开关			

（2）插座的图形符号

插座在电气平面图上的图形符号见表 7-10。

表 7-10 插座在电气平面图上的图形符号

序号	名称		图形符号	备注
1	单相插座	明装		（1）除图上注明外，选用 250V 10A （2）明装时，面板底距地面 1.8m；暗装时，面板底距地面 0.3m （3）除具有保护板的插座外，儿童活动场所的明暗装插座距地面均为 1.8m （4）插座在平面图上的画法为 隔墙
		暗装		
		密闭（防水）		
		防爆		
2	带接地插孔的单相插座	明装		
		暗装		
		密闭（防水）		
		防爆		
3	带接地插孔的三相插座	明装		（1）除图上注明外，选用 380V 15A （2）明装时，面板底距地面 1.8m；暗装时，面板底距地面 0.3m
		暗装		
		密闭（防水）		
		防爆		
4	带中性线和接地插孔的三相插座	明装		
		暗装		
		密闭（防水）		
		防爆		
5	多个插座（示出三个）			（1）除图上注明外，选用 250V 10A （2）明装时，面板底距地面 1.8m；暗装时，面板底距地面 0.3m （3）除具有保护板的插座外，儿童活动场所的明暗装插座距地面均为 1.8m
6	具有保护板的插座			
7	具有单极开关的插座			
8	具有联锁开关的插座			
9	具有隔离变压器的插座（如电动剃须刀插座）			除图上注明外，选用 220/110V 20A，面板底距地面 1.8m 或距台面 0.3m
10	带熔断器的单相插座			（1）除图上注明外，选用 250V 10A （2）明装时，面板底距地面 1.8m；暗装时，面板底距地面 0.3m

> **特别提醒** 不同用途及规格的开关、插座的图形符号，有的差异比较小，识图时要注意仔细分辨清楚，否则在施工时容易张冠李戴，影响工程进度。

7.1.4 照明灯具控制方式的标注法

7.3 如何识读
照明平面图

（1）用一个开关控制灯具

① 一个开关控制一盏灯的表示法　如图7-3所示。

② 一个开关控制多盏灯的表示法　如图7-4所示。

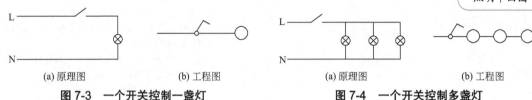

图7-3　一个开关控制一盏灯　　　　图7-4　一个开关控制多盏灯

（2）多个开关控制灯具

① 多个开关控制多盏灯　多个开关控制多盏灯方式如图7-5所示，从原理图中可以看出从开关发出的导线数为灯数加1，以后逐级减少最末端的灯剩2根导线。

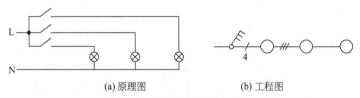

图7-5　多个开关控制多盏灯

多个开关控制多盏灯方式，一般零线可以公用，但开关则需要分开控制，进线用一根火线分开后，则有几个开关再加几根线，因此开关回路是开关数加1。如图7-6所示为多个开关控制多盏灯的工程实例，图中虚线为描述的导线根数。

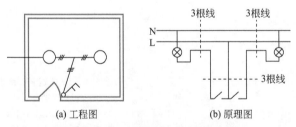

图7-6　多个开关控制多盏灯工程实例

② 两个双控开关控制一盏灯　电路中要使用双控开关，开关应接在相线上，当开关同时接在上或下即接通电路，只要开关位置不同即使电路断开。两个双控开关控制一盏灯如图7-7所示。

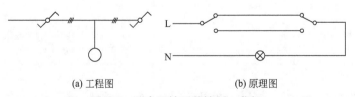

图7-7　两个双控开关控制一盏灯

③ 三个双控开关控制一盏灯　三地控制线路与两地控制的区别是比两地控制又增加了一个双控开关，通过位置0和1的转换（相当于使两线交换）实现三地控制，如图7-8所示。

196

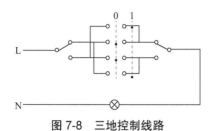

图 7-8　三地控制线路

灯具接线时，相线（火线）应经开关控制，零线进灯头，如图 7-9 所示。为了安全和使用方便，任何场所的窗、镜箱、吊柜上方及管道背后，单扇门后均不应装有控制灯具的开关。潮湿场所和户外应选用防水瓷质拉线开关或加装保护箱；在特别潮湿的场所，开关应分别采用密闭型或安装在其他场所控制。

图 7-9　相线进开关

7.1.5　照明电路接线的表示法

在一个建筑物内，灯具、开关、插座等很多，它们通常采用直接接线法或共头接线法两种方法连接。

（1）直接接线法

直接接线法就是各设备从线路上直接引接，导线中间允许有接头的接线方法，如图 7-10（a）所示。

（2）共头接线法

共头接线法就是导线的连接只能通过设备接线端子引接，导线中间不允许有接头的接线方法。采用不同的方法，在平面图上，导线的根数是不同的，如图 7-10（b）所示。

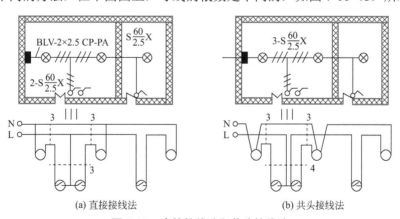

(a) 直接接线法　　　　　　　　　　　(b) 共头接线法

图 7-10　直接接线法和共头接线法

为了保证安全和使用功能，在实际施工时，配电回路中的各种导线连接，均不得在开关、插座的端子处以套接压线方式连接其他支路。

7.1.6　家庭配电电气图识读

如图 7-11（a）所示为某家庭照明及部分插座电气平面图。

从图中看出，照明光源除卫生间外都采用直管型荧光灯，卫生间采用防水防尘灯具。此外还设置了应急照明灯，应急照明电源在停电时提供应急电源使应急灯照明。左面房间电气照明控制线路说明如下：上下两个四极开关分别控制上面和下面四列直管型荧光灯。电源由配电箱 AL2-9 引出，配电箱 AL2-9、AL2-10 中有一路主开关和六路分开关构成，系统图如图 7-11（b）所示。

7.4　识读照明系统图

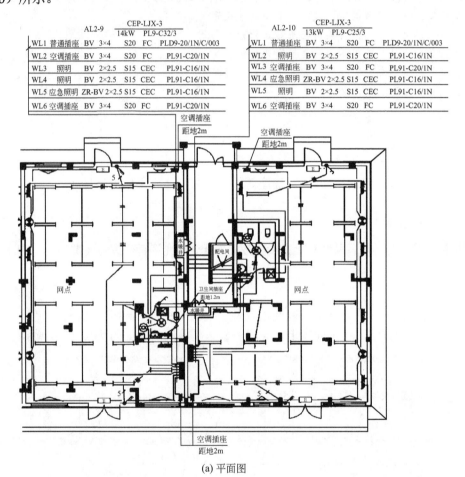

(a) 平面图

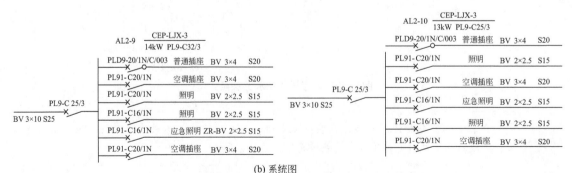

(b) 系统图

图 7-11　某家庭照明及部分插座电气平面图和系统图

　　左面房间上下的照明控制开关均为四极，因此开关的线路为5根线（火线进1出4），其他各路控制导线根数与前面基本知识中所述判断方法一致。卫生间有一盏照明灯和一个排风扇，因此采用一个两极开关，其电源仍是与前面照明公用一路电源。各路开关所采用的开关分别有PL97-C16、PL97-C20具有短路过载保护的普通断路器还有PLD9-20/1N/C/003带有漏电保护的断路器，保护漏电电流为30mA。各线路的敷设方式为AL7-9照明配电箱线路，分别为3根4mm² 聚氯乙烯绝缘铜线穿直径20mm钢管敷设（BV 3×4 S20）、2根2.5mm² 聚氯乙烯绝缘铜线穿直径15mm钢管敷设（BV 2×2.5 S15），以及2根2.5mm² 阻燃型聚氯乙烯绝缘铜线穿直径15mm钢管敷设（ZR-BV 2×2.5 S15）。

　　右侧房间的控制线路与左侧相似，只是上面的开关只控制两路照明光源，为两极开关，卫生间的照明控制仍是采用两极开关控制照明灯和排风扇。一般照明和空调回路不加漏电保护开关，但如果是浴室或十分潮湿易发生漏电的场所，照明回路也应加漏电保护开关。

7.1.7　二室二厅配电图识读

　　配电箱ALC2位于楼层配电小间内，楼层配电小间在楼梯对面墙上。从配电箱ALC2向右出的一条线进入户内墙上的配电箱AH3。

　　户内配电箱共有八条输出回路，如图7-12所示。

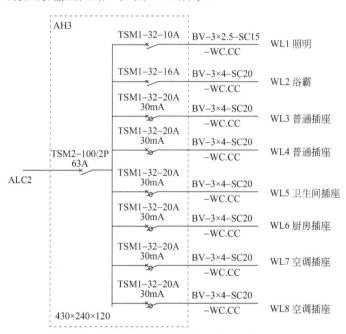

图 7-12　户内配电箱电气系统图

　　① WL1回路为室内照明回路，导线的敷设方式标注为：BV-3×2.5-SCl5-WC.CC，采用三根规格是2.5mm²的铜芯线，穿直径15mm的钢管，暗敷设在墙内和楼板内（WC.CC）。为了用电安全，照明线路中加上了保护线PE。如果安装铁外壳的灯具时，应对铁外壳做接零保护。

　　如图7-13所示中WL1回路在配电箱右上角向下数第二根线，线末端是门厅的灯［室内的灯全部采用13W吸顶安装（S）］。门厅灯的开关在配电箱上方门旁，是单控单联开关。配电箱到灯的线上有一条小斜线，标着"3"，表示这段线路里有三根导线。灯到开关的线上没有标记，表示是两根导线，一根是相线，另一根是通过开关返回灯的线，俗称开关回相线。图中所有灯与灯之间的线路都标着三根导线，灯到单控单联开关的线路都是两根导线。

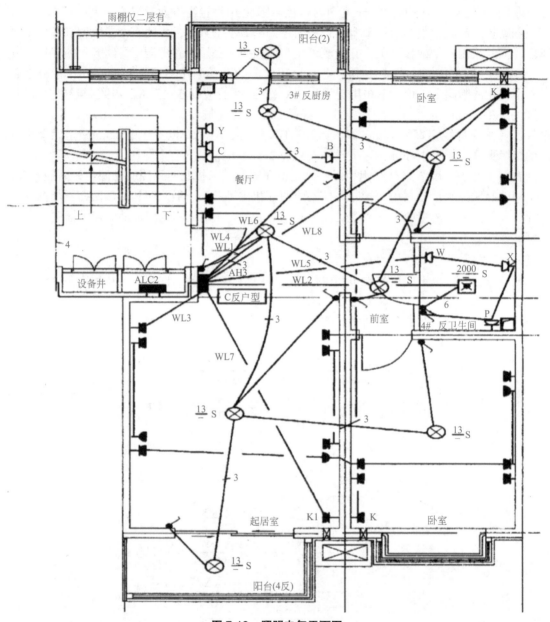

图 7-13　照明电气平面图

从门厅灯出两根线,一根到起居室灯,另一根到前室灯。第一根线到起居室灯的开关在灯右上方前室门外侧,是单控单联开关。从起居室灯向下在阳台上有一盏灯,开关在灯左上方起居室门内侧,是单控单联开关。起居室到阳台的门为推拉门。这段线路到达终点,回到起居室灯,从起居室灯向右为卧室灯,开关在灯上方卧室门右内侧,是单控单联开关。

门厅灯向右是第二根线到前室灯,开关在灯左面前室门内侧,是单控单联开关。从前室灯向上为卧室灯,开关在灯下方卧室门右内侧,是单控单联开关。从卧室灯向左为厨房灯,开关在灯右下方,是单控双联开关。灯到单控双联开关的线路是三根导线,一根是相线,另两根是通过开关返回的开关回相线。双联开关中一个开关是厨房灯开关,另一个开关是厨房外阳台灯的开关。厨房灯的符号表示是防潮灯。

② WL2 回路为浴霸电源回路,导线的敷设方式标注为:BV-3×4-SC20-WC.CC,采用三

200

根规格为 4mm² 的铜芯线，穿直径 20mm 的钢管，暗敷设在墙内和楼板内（WC.CC）。

WL2 回路在配电箱中间向右到卫生间，接卫生间内的浴霸，2000W 吸顶安装（S）。浴霸的开关是单控五联开关，灯到开关是六根导线，浴霸上有四个取暖灯泡和一个照明灯泡，各用一个开关控制。

③ WL3 回路为普通插座回路，导线的敷设方式标注为：BV-3×4-SC20-WC.CC，采用三根规格为 4mm² 的铜芯线，穿直径 20mm 的钢管，暗敷设在墙内和楼板内（WC.CC）。

WL3 回路从配电箱左下角向下，接起居室和卧室的七个插座，均为单相双联插座。起居室有 8 个插座，穿过墙到卧室，卧室内有 6 个插座。

④ WL4 回路为另一条普通插座回路，线路敷设情况与 WL3 回路相同。

WL4 回路从配电箱向上，接门厅插座后向右进卧室，卧室内有三个插座。

⑤ WL5 回路为卫生间插座回路，线路敷设情况与 WL3 回路相同。

WL5 回路在 WL3 回路上边，接卫生间内的三个插座，均为单相单联三孔插座，此处插座符号没有涂黑，表示防水插座。其中第二个插座为带开关插座，第三个插座也由开关控制，开关装在浴霸开关的下面，是一个单控单联开关。

⑥ WL6 回路为厨房插座回路，线路敷设情况与 WL3 回路相同。

WL6 回路从配电箱右上角向上，厨房内有三个插座，其中第一个和第三个插座为单相单联三孔插座，第二个插座为单相双联插座，均使用防水插座。

⑦ WL7 回路为空调插座回路，线路敷设情况与 WL3 回路相同。

WL7 回路从配电箱右下角向下，接起居室右下角的单相单联三孔插座。

⑧ WL8 回路为另一条空调插座回路，线路敷设情况与 WL3 回路相同。

WL8 回路从配电箱右侧中间向右上，接上面卧室右上角的单相单联三孔插座，然后返回卧室左面墙，沿墙向下到下面卧室左下角的单相单联三孔插座。

 想一想

1. 电灯 L1 在 5 号大楼的 432 房间，用项目代号表示为（　　　）。

A. =L1+432−5　　　B. +5−432=L1　　　C. +432−5=L1　　　D. =5+432−L1

2. 图纸比例 1：10 表示实物为图纸尺寸的（　　　）。

A. 10 倍　　　　　B. 1 倍　　　　　C. 0.1 倍　　　　　D. 0.5 倍

3. 绘制电气图时，对元件的表示法有（　　　）。

A. 集中法和分开法　　　　　　　B. 多线法和单线法

C. 功能法和位置法　　　　　　　D. 中断法和连续法

4. 照明配电箱基本型号是（　　　）。

A. XM　　　　　　B. XN　　　　　C. XL　　　　　D. XR

5. 写出下列图形符号所示的对象。

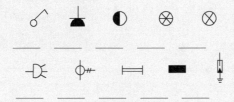

6.作图题：图 7-14 为某楼层电气照明平面布置图，试绘出配电线路和导线根数并标明灯具安装代号。线路为吊顶内电管暗敷，P1 为照明回路，P2 为插座回路。花灯为吸顶式，每套花灯中装有 5 只 25W 白炽灯；壁灯离地 2.0m，灯泡为 60W；荧光灯为链吊式安装，每套荧光灯内装两根 45W 的灯管。

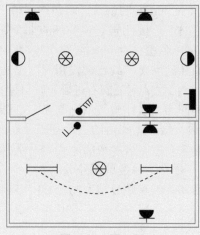

图 7-14　题 6 图

7.2　住宅照明线路设计与安装

7.2.1　住宅照明线路设计

（1）住宅电气配置要求

照明线路及设备的设计与安装，必须执行国家的有关技术规范，做到安全可靠、经济合理、技术先进、整体美观、维护管理方便。根据《住宅设计规范》（GB 50096—2011），住宅电气配置应满足以下要求。

7.5　住宅照明设计

① 每套住宅进户处必须设嵌墙式室内配电箱，如图 7-15 所示。住户配电箱设置电源总开关，该开关能同时切断相线和中性线，且有断开标志。每套住宅应设电能表，电能表箱应分层集中嵌入墙内暗装设在公共部位。

住户配电箱内的电源总开关应采用两极开关，总开关容量选择不能太大，也不能太小；要避免出现与分开关同时跳闸的现象。

电能表箱通常分层集中安装在公共通道

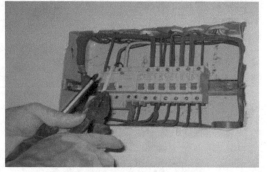

图 7-15　室内配电箱安装示例

上，这是为了便于抄表和管理，嵌墙安装是为了不占据公共通道。《住宅建筑电气设计规范》（JGJ 242—2011）对每套住宅用电负荷和电能表的选择规定见表 7-11。

表 7-11 每套住宅用电负荷和电能表的选择

套型	建筑面积 S/m^2	用电负荷 /kW	电能表（单相）/A
A	$S \leqslant 60$	3	5（20）
B	$60 < S \leqslant 90$	4	10（40）
C	$90 < S \leqslant 150$	6	10（40）

② 家居电气开关、插座的配置应能够满足需要，并对未来家庭电气设备的增加预留有足够的插座，如图 7-16 所示为某两室两厅开关插座平面图，红色数字为开关，蓝色数字为插座。

图 7-16 某两室两厅开关插座平面图

《住宅建筑电气设计规范》（JGJ 242—2011）对住宅室内电源插座的设置要求及数量见表 7-12。

表 7-12 室内电源插座的设置要求及数量

序号	名称	设置要求	数量
1	起居室（厅）、兼起居的卧室	单相两孔、三孔电源插座	≥3
2	卧室、书房	单相两孔、三孔电源插座	≥2
3	厨房	IP54 型单相两孔、三孔电源插座	≥2
4	卫生间	IP54 型单相两孔、三孔电源插座	≥1
5	洗衣机、冰箱、排油烟机、排风机、空调器、电热水器	单相三孔电源插座	≥1

注：表中序号 1～4 设置的电源插座数量，不包括序号 5 专用设备所需设置的电源插座数量。

③ 插座回路必须加漏电保护装置。室内电气插座所接的负荷，基本上都是人手可触及的移动电器（吸尘器、打蜡机、落地或台式风扇）或固定电器（电冰箱、微波炉、电加热淋浴器和洗衣机等）。当这些电气设备的导线受损（尤其是移动电器的导线）或人手可触及电气设备的带电外壳时，就有电击危险。为此，除挂壁式空调电源插座外，其他电源插座均应设置漏电断路器，如图 7-17 所示。

| (a) 单极 | (b) 双极 | (c) 三极 |

图 7-17　漏电断路器

④ 阳台应设人工照明。阳台装置照明，可改善环境、方便使用。尤其是封闭式阳台设置照明十分必要。阳台照明线宜穿管暗敷。若造房时未预埋，则应用护套线明敷。

⑤ 住宅应设有线电视系统，其设备和线路应满足有线电视网的要求。

⑥ 每户电话进线不应少于二对，其中一对应通到电脑桌旁，以满足上网需要。

⑦ 电源、电话、电视线路应采用阻燃型塑料管暗敷。电话和电视等弱电线路也可采用钢管保护，电源线采用阻燃型塑料管保护。

⑧ 电气线路应采用符合安全和防火要求的敷设方式配线。导线应采用铜芯线。

⑨ 供电线路铜芯线的截面应满足要求。由电能表箱引至住户配电箱的铜导线截面不应小于 $10mm^2$，住户配电箱的照明分支回路的铜导线截面不应小于 $2.5mm^2$，空调回路的铜导线截面不应小于 $4mm^2$。

⑩ 防雷接地和电气系统的保护接地是分开设置的。

> 住宅的信息网络系统可以单独设置，也可利用有线电视系统或电话系统来实现。三网融合是今后的发展方向，IPTV、ADSL 等技术可利用有线电视系统和电话系统来实现信息通信，住宅建筑电话通信系统的设置需与当地电信业务经营者提供的运营方式相结合。住宅建筑信息网络系统的设计要与当地信息网络的现有水平及发展规划相互协调一致，根据当地公用通信网络资源的条件决定是否与有线电视或电话通信系统合一。

特别提醒

住宅电气配置要求口诀

> 住宅内设配电箱，开关插座数量足。
> 集中安装电能表，便于抄表和管理。
> 导线采用铜芯线，控制回路应独立。
> 导线截面有规定，导线敷设有距离。
> 防止漏电保安全，保护装置要配齐。

（2）家居电气设计思路

家居电路的设计一定要详细考虑可能性、可行性、实用性之后再确定，同时还应该注意其灵活性，下面介绍一些基本设计思路。

① 卧室顶灯可以考虑三控（两个床边和进门处），本着两个人互不干扰休息的原则。

② 客厅顶灯根据生活需要可以考虑装双控开关（进门厅和回主卧室门处）。

7.6　家庭电气线路设计

③ 环绕的音响线应该在电路改造时就埋好。

④ 注意强弱电线不能在同一管道内，会有干扰。

⑤ 客厅、厨房、卫生间如果铺砖，一些位置可以适当考虑不用开槽布线。

⑥ 插座离地面一般为 30cm，不应低于 20cm，开关一般距地 140cm，如图 7-18 所示。

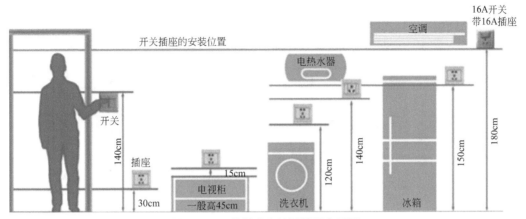

图 7-18　开关插座离地面的距离示例

⑦ 排风扇开关、电话插座应装在马桶附近，而不是进卫生间门的墙边。

⑧ 浴霸应考虑装在靠近淋浴房或浴缸的正上方位置。

⑨ 阳台、走廊、衣帽间可以考虑预留插座。

⑩ 带有镜子和衣帽钩的空间，要考虑镜面附近的照明。

⑪ 客厅、主卧、卫生间应根据个人生活习惯和方便性考虑预设电话线。

⑫ 插座的安装位置很重要，插座不能正好位于床头柜后边，以免造成柜子不能靠墙的情况发生。

⑬ 电视机、电脑背景墙的插座应适当多一些，但也没必要设置太多插座，如图 7-19 所示为目前比较常用的两种设计思路。

⑭ 安装漏电保护器和断路器的分线盒不要放在室外，要放在室内，防止他人断电搞破坏。

⑮ 在设计安装灯带时，应与业主沟通并说明，灯带的使用价值不高，属于装饰性的灯具。

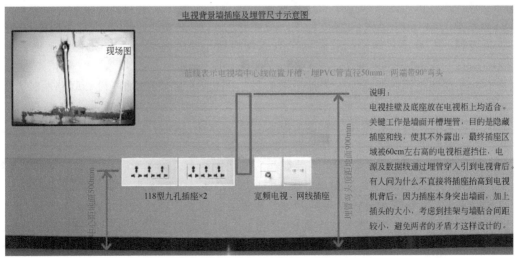

(a) 方案一

图 7-19

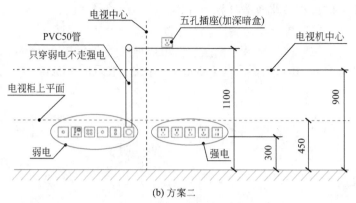

(b) 方案二

图7-19 电视机背景墙插座设计示例

家居电气设计思路口诀

电气设计应先行，把握"四性"为原则，
可能性和可行性，实用性和灵活性。
华而不实不可取，尽量不花冤枉钱。
强电弱电分路走，避免使用受干扰。
双控开关便使用，漏电开关不可少。
高低插座数量足，分布位置很重要。

（3）配电箱及控制开关设计

家庭配电主要以简洁、方便、安全、经济为目标，其他一切冗余的设计都是不必要的。

① 家庭配电箱的设计　由于各家各户用电情况及布线上的差异，配电箱不可能有个定式，只能根据实际需要而定。一般照明、插座、容量较大的空调或用电器，各为一个回路；而一般容量的空调，二个合一个回路。当然，厨房、空调（无论容量大小）可以各占一个回路的，并且在一些回路中应安排漏电保护。家用配电箱一般有6、7、10个回路（箱体，还有更多的，）在此范围内安排开关，究竟选用何种箱体，应考虑住宅、用电器功率大小、布线等，并且还必须控制总容量在电能表的最大容量之内（目前家用电能表一般为10～40A）。

目前，家庭配电箱回路设计的方法主要有按房间设计回路和按功能设计回路两种方案，各有利弊。

a. 按房间设计回路。也就是每一个房间设计一个回路，按最大用电量确定主线的线径，然后从主线分出空调、插座、照明等支路。如图7-20所示。

这种设计简单实用，出了故障只需要在相应的房间查找，施工过程比较容易也能节省很多材料。但缺点也很明显，因为漏电开关装在总开关上，一旦跳闸，整个房间都无电。同时，这种做法不符合国家设计规范，因为规范要求卫生间必须单独设计回路。

b. 按功能设计回路。就是按用电器的用电大小来设计供电回路，一般按空调（2个回路）、插座（2个回路）、照明（1～2个回路）、卫生间（1个回路）。其中只在插座和卫生间两种回路上安装漏电保护断路器，如图7-21所示。

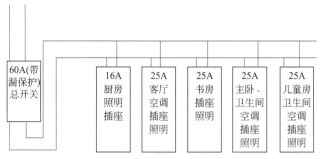

图 7-20 按房间设计回路

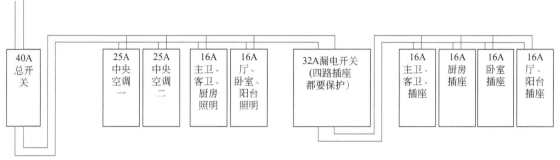

图 7-21 按功能设计回路

按功能设计回路比较合理,虽然用的材料比较多,但在检修线路故障时比较方便。因为照明和插座的供电回路是独立的,检修照明灯具时可以利用插座通过临时照明用电。

② 家庭总开关容量的设计 家庭的总开关应根据家庭用电器的总功率来选择,而总功率是各分路功率之和的 0.8 倍,即总功率为

$$P_{总}=(P_1+P_2+P_3+\cdots+P_n)\times 0.8 (kW)$$

总开关承受的电流应为

$$I_{总}=P_{总}\times 4.5 (A)$$

式中　　　　　　$P_{总}$——总功率(容量);

P_1,P_2,P_3,…,P_n——分路功率;

$I_{总}$——总电流。

③ 分路开关的设计 分路开关的承受电流为

$$I_{分}=0.8P_{分}\times 4.5 (A)$$

空调回路要考虑到起动电流,其开关容量为

$$I_{空调}=(0.8P_{分}\times 4.5)\times 3 (A)$$

分回路要按家庭区域划分。一般来说,分路的容量选择在 1.5kW 以下,单个用电器的功能在 1kW 以上的建议单列为一分回路(如空调、电热水器、取暖器灯大功率家用电器)。

④ 导线截面积的选择 导线载流量导线的安全载流量是根据所允许的线芯最高温度、冷却条件、敷设条件来确定的。一般铜导线的安全载流量为 5～8A/mm²,如:2.5mm² BVV 铜导线安全载流量的推荐值为 $2.5mm^2\times 8A/mm^2=20A$,4mm² BVV 铜导线安全载流量的推荐值 $4mm^2\times 8A/mm^2=32A$。

考虑到导线在长期使用过程中要经受各种不确定因素的影响,一般看按照以下经验公式估算导线截面积。

$$导线截面积(mm^2)\approx I/4 (A)$$

例如，某家用单相电能表的额定电流最大值为40A，则选择导线为

$$I/4 \approx 40/4=10$$

即选择10mm²的铜芯导线。

按照国家的有关规定，家装电路应使用铜芯线，而且应尽量使用较大截面的铜芯线。如果导线截面过小，其后果是导线发热加剧，外层绝缘老化加速，易导致短路和接地故障。一般来说，在电能表前的铜线截面积应选择10mm²以上，家庭内的一般照明及插座铜线截面使用2.5mm²，而空调等大功率家用电器的铜导线截面至少应选择4mm²。

（4）插座回路的设计

① 住宅内空调器电源插座、普通电源插座、电热水器电源插座、厨房电源插座和卫生间电源插座与照明应分开回路设置。

② 电源插座回路应具有过载、短路保护和过电压、欠电压或采用带多种功能的低压断路器和漏电综合保护器。宜同时断开相线和中性线，不应采用熔断器作为保护元件。除分体式空调器电源插座回路外，其他电源插座回路应设置漏电保护装置。有条件时，宜按分回路分别设置漏电保护装置。

③ 每个空调器电源插座回路中电源插座数不应超过2只。柜式空调器应采用单独回路供电。

④ 卫生间应作局部辅助等电位连接。

⑤ 厨房与卫生间靠近时，在其附近可设分配电箱，给厨房和卫生间的电源插座回路供电。这样可以减少住户配电箱的出线回路，减少回路交叉，提高供电可靠性。

⑥ 从配电箱引出的电源插座分支回路导线截面应采用不小于2.5mm²的铜芯塑料线。

配电箱及控制开关设计口诀

选择总开关依据，家庭用电总功率。
室内配电分回路，一般不超一千瓦；
照明插座不同路，单设回路大功率。
回路用电不超限，断路器入配电箱。
二点五上铜芯线，设计不应留后患。

7.2.2 家居线路布线

（1）家居线路选电线

住宅线路敷设有明装和暗装（穿管）两种，按照国家规范应选用单股或者多股铜芯线，如图7-22所示。

室内布线应按导线载流量选择，其计算方法很多。一般根据可能同时使用的用电器的电流之和来选择导线线径选择。

BV单股硬线示意图　　BVR多股软线示意图

图7-22　铜芯线

室内布线首先要确定负荷，即要知道该回路上要接多少用电器，用电器相加的功率总和是多少。其次根据计算公式算出电流，最后加上20%的余量。常用铜芯线安全载流量及允许负荷见表7-13。

表 7-13　常用铜芯线安全载流量及允许负荷

铜芯线截面积 /mm²	安全载流量 /A	允许负荷 /W	铜芯线截面积 /mm²	安全载流量 /A	允许负荷 /W
1.0	6	1300	4.0	25	5500
1.5	10	2200	6.0	54	10000
2.5	15	3300			

　　一般家庭进户线选 6mm² 以上的铜芯线；普通插座选用 2.5mm² 铜芯线；照明灯及开关回路用 2.5mm² 铜芯线（即：照明开关二点五），空调需布专线，选用 4mm² 铜芯线。

> **特别提醒**
>
> 　　正常情况下每一平方毫米铜芯线的载流量为 6A 左右，穿电线管后为 4A 左右，而每千瓦的工作电流为 4.8 ~ 5A，按这个标准结合家庭用电器来算线径即可。

家居线路选电线口诀

室内选用铜芯线，线芯载流量足够。
进户至少 6 平方，照明开关二点五。
干线插座 4 平方，临时线路铝芯线，
暗装就选铜芯线，空调厨房布专线。

（2）家居布线的工序

　　室内强电布线的敷设方法有明敷设和暗敷设两种。现代家庭装修绝大多数是采用线管暗敷设布线方式，只有少数场合采用线管明敷设方式。

　　家居布线的一般工序如下。

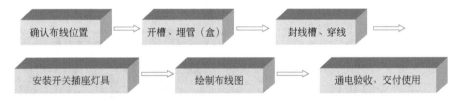

　　① 按照施工图样，确定灯具、插座、开关、配电箱和照明设备等的位置。

　　② 确定导线敷设的路径及穿过墙壁或楼板的位置，并用粉笔或记号笔标示出来。

　　③ 沿着导线敷设路径，在墙上开槽。

　　④ 预埋并固定电线管。

　　⑤ 敷设导线。

　　⑥ 安装灯具、插座、开关及其他电器。

　　⑦ 通电验收，将实际布线情况绘制成图或留下影像资料，交用户保存，以备今后检修使用。

> **特别提醒**
>
> 　　现在家居装修布线除了要布设照明电路电线、电视有线电缆和电话线、音响线、视频线等，越来越多的家庭的网络布线也是少不了的。
>
> 　　强电线路和弱电线路的布线是同时进行施工的，强弱电要分离布线。

家居布线工序口诀

家居布线两方式，明敷设和暗敷设。
根据图纸定位置，确定敷设线路径。
开槽预埋电线管，打孔预埋膨胀钉。
敷设导线装设备，通电验收留书据。

（3）PVC 电线管加工与敷设

适合于线管布线的有白铁管、PVC 电线管和硬塑料管。目前，室内装修主要采用的是 PVC 电线管和硬塑料管。下面主要介绍 PVC 电线管的加工与敷设方法。

PVC 电线管敷设的主要步骤及具体操作方法见表 7-14。

① PVC 电线管的切断　管径 32mm 及以下的小管径管材使用专用截管器（或特制剪刀）截管材。使用钢锯锯管，适用于所有管径的线管，线管锯断后，应将管口修理平齐、光滑。

7.7　PVC电线管暗敷设布线

表 7-14　PVC 电线管敷设的主要步骤及操作方法

步骤	工序	主要方法
1	断管	根据实际需要的长度，用钢锯（或者特制剪刀）将线管锯（剪）断
2	弯管	根据实际需要，弯曲线管。弯管方法有热弯法和冷弯法
3	线管连接	将两节线管连接起来，连接方法有插接法和套接法
4	线管敷设	固定线管。敷设方法有明敷设和暗敷设
5	穿线	主要步骤有清管，穿引线，放线，穿线，剪余料线，做标记

② 电线管的弯曲　电线管的弯曲处，不应有折皱、凹陷和裂缝，其弯扁程度不应大于管外径的 10%。一般情况下，弯曲半径不宜小于管外径的 6 倍。当管路埋入地下或混凝土内时，其弯曲半径不应小于管外径的 10 倍。管径 32mm 以下采用冷弯，冷弯方式有弹簧弯管和弯管器弯管，弹簧弯管的方法如图 7-23 所示；管径 32mm 以上一般采用热弯的方法。

弯管时先往里放根弹簧

弹簧要放在套管弯折的这个地方

图 7-23　弹簧弯管

③ PVC 电线管的连接方法　见表 7-15。

表 7-15　PVC 电线管的连接方法

连接方式	连接方法
管接头（或套管）连接	将管接头或套管（可用比连接管管径大一级的同类管料做套管）及管子清理干净，在管子接头表面均匀刷一层 PVC 胶水后，立即将刷好胶水的管头插入接头内，不要扭转，保持约 15s 不动，即可贴牢，如图 7-24 所示
插入法连接	将两根管子的管口，一根内倒角，一根外倒角，加热内倒角塑料管至 145℃左右，将外倒角管涂一层 PVC 胶水后，迅速插入内倒角管，并立即用湿布冷却，使管子恢复硬度

常用的 PVC 电线管配件如图 7-25 所示。

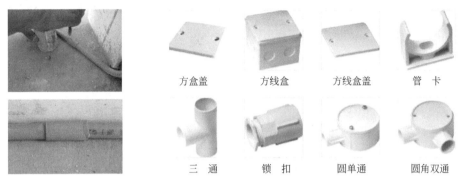

图 7-24　PVC 电线管接头连接　　　图 7-25　常用 PVC 电线管配件

锁扣用在线盒里面，规范使用很美观，同时也保护穿线不划伤电线，连接后的效果如图 7-26 所示。

④ PVC 电线管敷设

a. 在地面敷设 PVC 电线管　新房装修电线管在地面上敷设时，如果地面比较平整，垫层厚度足够，PVC 电线管可直接放在地面上。为了防止地面上的线管在其他工种施工过程中被损坏，在垫层内的 PVC 电线管可用水泥砂浆进行保护，如图 7-27 所示。

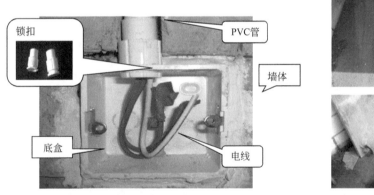

图 7-26　锁扣与接线底盒的连接　　　图 7-27　地面线管保护措施示例

b. 在墙面敷设 PVC 电线管　在墙面上暗敷设 PVC 电线管时，需要先在墙面上开槽。开槽工具一般采用切割机。开槽时不能过宽过大，开槽深度必须保证管子的保护层厚度，开槽的宽度和深度均大于管外径的 1 倍以上。在梁、柱上严禁开槽。值得注意的是，配管要尽量减少转弯，沿最短路径，经综合考虑确定合理管路敷设部位和走向，确定盒箱的安装位置，如图 7-28 所示。

图 7-28　在墙面敷设 PVC 电线管

c.在吊顶内敷设PVC电线管 吊顶内的线管要用明管敷设的方式,不得将线管固定在平顶的吊架或龙骨上,接线盒的位置正好和龙骨错开,这样便于日后检修,如图7-29所示。如果要用螺纹管接到下面灯的位置,螺纹管的长度不能超过1m。

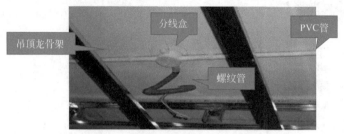

图7-29 在吊顶内敷设PVC电线管

PVC电线管加工与敷设口诀

PVC电线管来布线,干燥场所最适宜。
线管敷设五步骤,断管弯管管连接;
敷设线管后穿线,做好标记剪余端。

（4）电线穿管

管路敷设完毕,下一步工序就是穿线,穿线前先穿入一根钢丝,然后通过钢丝把导线穿入电线管内。管内穿线的技术要求如下。

① 穿入管内绝缘导线的额定电压不应低于500V;管内导线不得有接头和扭结,不得有因导线绝缘性不好而增加的绝缘层。

② 用于不同回路、不同电压、交流与直流的导线,不得穿入同一根管子内。对于照明花灯的所有回路,同类照明的几个回路,则可穿入同一根管内,但管内导线总数不应多于8根。

③ 管内导线的总面积（包括外护层）不应超过管子内截面积的40%。

④ 穿于垂直管路中的导线每超过一定长度时,应在管口处或接线盒中将导线固定,以防下坠。

图7-30 电线穿管

穿线时,在管子两端口各有一人,一人负责将导线束慢慢送入管内,另一人负责慢慢抽出引线钢丝,要求步调一致。PVC电线管线线路一般使用单股硬导线,单股硬导线有一定的硬度,距离较短时可直接穿入管内,如图7-30所示。在线路穿线中,如遇月弯导线不能穿过时,可卸下月弯,待导线穿过后再将塑料管连接好。

注意,多根导线在穿入过程中不能有绞合,不能有死弯。

穿线完成后,将绑扎的端头拆开,两端按接线长度加上预留长度,将多余部分的线剪掉（穿线时一般情况下是先穿线,后剪断,这样可节约导线）,如图7-31所示。穿

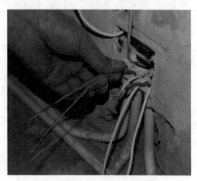

图7-31 预留线头示例

线后留在接线盒内的线头要用绝缘带包缠。

最后，用兆欧表测量线与线之间和线与管（地）之间绝缘电阻，应大于 1MΩ；若低于 0.5MΩ 时应查出原因，重新穿线。

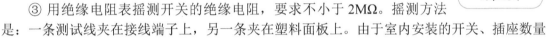

电线管穿线口诀

> 线管穿线有规定，同一回路一管穿。
> 截面不应超 40%，管内导线不接头。
> 减少转角或拐弯，需要增加接线盒。

7.2.3　照明开关的安装

（1）开关安装技术要求

① 安装前应检查开关规格型号是否符合设计要求，并有产品合格证，同时检查开关操作是否灵活。

② 用万用表 $R \times 100$ 挡或 $R \times 10$ 挡测量开关的通断情况。

③ 用绝缘电阻表摇测开关的绝缘电阻，要求不小于 2MΩ。摇测方法是：一条测试线夹在接线端子上，另一条夹在塑料面板上。由于室内安装的开关、插座数量较多，电工可采用抽查的方式对产品绝缘性能进行检查。

7.8　开关插座安装设计

④ 开关用于切断相线，即开关一定要串接在电源相线（俗称火线）上。如果将照明开关串接在零线上，虽然断开时电灯也不亮，但灯头的相线仍然是接通的，而人们以为灯不亮就会错误地认为灯是处于断电状态。而实际上灯具上各点的对地电压仍是 220V 的电压。如果灯灭时人们触及这些实际上带电的部位，就会造成触电事故。所以各种照明开关或者单相小容量用电设备的开关，只有串接在相线上，才能确保安全，如图 7-32 所示。

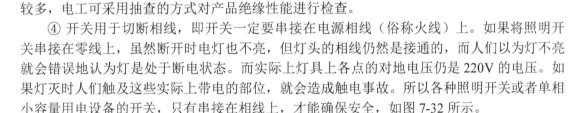

图 7-32　开关必须串接在相线上

⑤ 同一室内的开关的安装高度误差不能超过 5mm。并排安装的开关高度误差不能超过 2mm。开关面板的垂直允许偏差不能超过 0.5mm，如图 7-33 所示。

图 7-33　并排开关安装高度应一致

⑥ 开关必须安装牢固。面板应平整，暗装开关的面板应紧贴墙壁，且不得倾斜，相邻开关的间距及高度应保持一致。

⑦ 安装在同一建筑物、构筑物内的开关，宜采用同一系列的产品（例如：86 型、118 型），开关的通断位置应一致，且操作灵活、接触可靠。

开关安装技术要求口诀

灯具开关要串联，相线必须进开关。
安装位置选择好，高度误差小 5mm。
固定牢固接触好，面板贴墙不歪斜。

（2）开关安装位置的选择

① 如无特殊要求，在同一套房内，开关离地 1200 ～ 1500mm 之间，距门边 150 ～ 200mm 处，与插座同排相邻安装应在同一水平线上，并且不被推拉门、家具等物遮挡。如图 7-34 所示为开关安装位置示意图。

② 进门开关位置的选择。一般人都习惯于用与开门方向相反的一只手操作开启关闭，而且用右手多于左手。所以，一般家里的开关多数是装在进门的左侧，这样方便进门后用右手开启。符合行为逻辑。采用这种设计时，与开关相邻的进房门的开启方向是右边。

③ 厨房、卫生间的开关宜安装在门外开门侧的墙上。镜前灯、浴霸宜选用防水开关设在卫生间内。

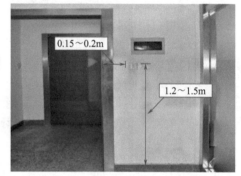

图 7-34　开关安装位置示意图

0.15～0.2m

1.2～1.5m

④ 为生活舒适方便，客厅、卧室应采用双控开关。卧室的一个双控开关安装在进门的墙上，另一个双控开关安装在床头柜上侧或床边较易操作部位，如图 7-35 所示。比较大的客厅两侧，可各安装一个双控开关。

双控开关

床头柜插座　　床头柜插座

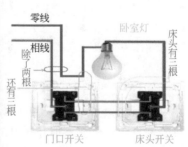

零线

相线

卧室灯

除了两根

还有三根

床头有三根

门口开关　　床头开关

图 7-35　卧室安装双控开关

⑤ 厨房安装带开关的电源插座，以便及时控制电源通断。

⑥ 梳妆台应加装一个开关。

⑦ 阳台开关应设在室内侧，不应安装在阳台内。

⑧ 餐厅的开关一般应选在门内侧。

⑨ 客厅的单头或吸顶灯，可采用单联开关；多头吊灯，可在吊灯上安装灯光分控器，

根据需要调节亮度。

　　⑩ 书房照明灯光若为多头灯应增加分控器，开关可安装在书房门内侧。

　　⑪ 开关安装的位置应便于操作，不要放在门背后等距离狭小的地方。

开关安装位置选择口诀

开关放置有规定，门扇开向或右边，
离地大约一米四，门边距离零点二。
厨房卫生间开关，装在门外侧墙上。
浴霸镜前灯控制，开关设在卫生间。
卧室开关可双控，门侧床头各一个。

（3）照明开关的安装

　　单控照明开关原理图和接线图如图 7-36 所示，开关是线路的末端，到开关的是从灯头盒引来的电源相线和经过开关返回灯头盒的回相线，即：灯具开关要串联，相线必须进开关。

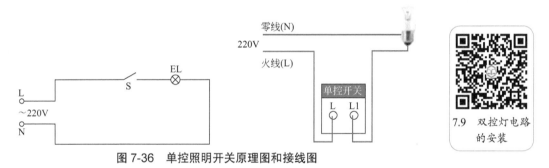

图 7-36　单控照明开关原理图和接线图

　　① 接线操作

　　a. 开关在安装接线前，应清理接线盒内的污物，检查盒体无变形、破裂、水渍等易引起安装困难及事故的遗留物。

　　b. 先把接线盒中留好的导线理好，留出足够操作的长度，长出盒沿 10～15cm。注意不要留得过短，否则很难接线；也不要留得过长，否则很难将开关装进接线盒。

　　c. 用剥线钳把导线的绝缘层剥去 10mm。

　　d. 把线头插入接线孔，用小螺丝刀把压线螺钉旋紧。注意线头不得裸露。开关安装操作如图 7-37 所示。

　　② 面板安装　开关面板分为两种类型，一种单层面板，面板两边有螺钉孔；另一种是双层面板，把下层面板固定好后，再盖上第二层面板。

　　a. 单层开关面板安装的方法：先将开关面板后面固定好的导线理顺盘好，把开关面板压入接线盒。压入前要先检查开关跷板的操作方向，一般按跷板的下部，跷板上部凸出时，为开关接通灯亮的状态。按跷板上部，跷板下部凸出时，为开关断开灯灭的状态。再把螺钉插入螺钉孔，对准接线盒上的螺母旋入。在螺钉旋紧前注意检查面板是否平齐，旋紧后面板上边要水平，不能倾斜。

　　b. 双层开关面板安装方法：双层开关面板的外边框是可以拆掉的，安装前先用小螺钉旋具把外边框撬下来，把底层面板先安装好，再把外边框卡上去，如图 7-38 所示。

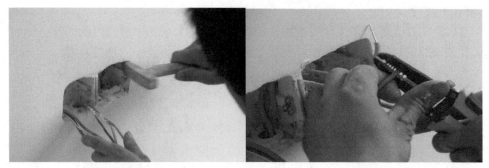

(a) 清洁底盒　　　　　　　　　　　　　　　(b) 电源线处理

(c) 接线

图 7-37　开关安装操作

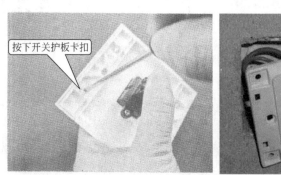

图 7-38　双层开关面板安装

单联双控开关有 3 个接线端，两个双控开关控制一盏灯如图 7-39 所示。

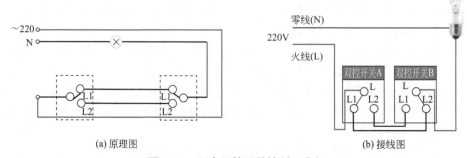

(a) 原理图　　　　　　　　　　　　　　　(b) 接线图

图 7-39　两个双控开关控制一盏灯

照明开关安装口诀

开关串联相线中，零线不能进开关。
安装位置选择好，既守规范又方便。
盒内余线应适当，接线不能裸线头。
固定螺钉要拧紧，保证线头接触好。
底盒必须固定稳，面板平正才美观。

（4）照明开关安装注意事项

① 相线进开关，零线不能进开关，这是最基本的操作常识，也是安全用电的规定。在实际施工过程中，常常有人出现错误，应引起注意。

② 普通照明开关一般只能用于照明灯具的控制，不能作为大功率电器的控制开关。

③ 应该在墙面刷涂料或贴墙纸的工作完成后，再进行开关面板的安装工作。该规定同样适用于插座、灯具的安装。

7.2.4 电源插座的安装

（1）插座安装位置的确定

电源插座的安装位置必须符合安全用电的规定，同时要考虑将来用电器的安放位置和家具的摆放位置。为了插头插拔方便，室内插座的安装高度为 0.3 ～ 1.8m。安装高度为 0.3m 的称为低位插座，安装高度为 1.8m 的称为高位插座。按使用需要，插座可以安装在设计要求的任何高度，如图 7-40 所示。

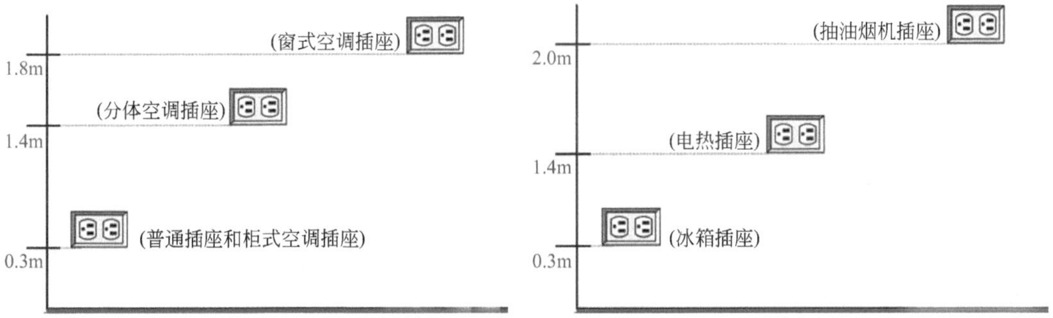

7.10 双控单控
插座电路安装

图 7-40 插座的安装高度

① 厨房插座可装在橱柜以上吊柜以下，为 0.85 ～ 1.4m，一般可以安装高度为 1.2 ～ 1.4m。抽油烟机插座当根据厨柜设计，安装在距地 1.8 ～ 2.0m 高度，最好能被排烟管道所遮蔽。近灶台上方处不得安装插座。

② 洗衣机插座距地面 1.2 ～ 1.5m 之间，最好选择带开关三孔插座。

③ 电冰箱插座距地面 0.3m 或 1.5m（根据冰箱位置而定），且宜选择单三孔插座。

④ 分体式挂壁空调插座宜根据出线管预留洞位置距地面 1.8m 处设置；窗式空调插座可在窗口旁距地面 1.4m 处设置；柜式空调器电源插座宜在相应位置距地面 0.3m 处设置。

⑤ 电热水器插座应在热水器右侧距地面 1.4 ～ 1.5m，注意不要将插座设在电热器上方。

⑥ 卫生间的插座安装当尽可能远离用水区域。有外窗时，应在外窗旁预留排气扇接线盒或插座，由于排气风道一般在淋浴区或澡盆附近，所以接线盒或插座应距地面2.25m以上安装。距淋浴区或澡盆外沿0.6m外预留电热水器插座和洁身器用电源插座。在盥洗台镜旁设置美容用和剃须用电源插座，距地面1.5～1.6m安装。台盆镜旁可设置电吹风和剃须用电源插座，离地1.5～1.6m为宜，如图7-41所示。

⑦ 露台插座距地应当在1.4m以上，且尽可能避开阳光、雨水所及范围。

⑧ 客厅、卧室的插座应根据家具（例如：沙发、电视柜、床）的尺寸来确定。一般来说，每个墙面的两个插座间距离应当不大于2.5m，在墙角0.6m范围内，至少安装一个备用插座。

⑨ 电视机背景墙插座。如果有电视柜，一般是距离地面350～400mm，被电视柜遮挡为宜；也可以安装在电视柜上方的450～500mm，或者在挂电视中的1100mm处，如图7-42所示。

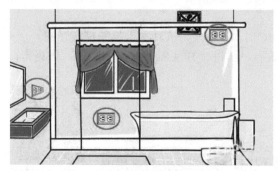

图7-41　卫生间的插座安装高度

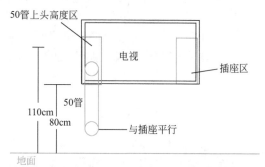

图7-42　电视机背景墙插座的安装高度

插座安装高度的口诀

安装位置有规定，高位低位看用途。

多数插座为低位，0.3m或1.5m。

空调插座为高位，要求距地1.8m。

（2）插座接线规定

① 单相两孔插座有横装和竖装两种。横装时，面对插座的右孔接相线（L），左孔接零线（中性线N），即"左零右相"；竖装时，面对插座的上孔接相线，下孔接中性线，即"上相下零"，如图7-43（a）所示。

② 单相三孔插座接线时，保护接地线（PE）应接在上方，下方的右孔接相线，左孔接中性线，即"左零右相中PE"，如图7-43（b）所示。

③ 一开三孔插座的接线。一开三孔插座（开关控制灯）的接线，适合于室内既需要控制灯具，又需要使用插座的场所配电，如图7-44所示。

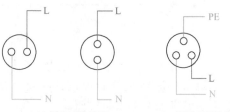

(a) 单相两孔插座　　(b) 单相三孔插座

图7-43　单相插座接线的规定

L—相线；N—零线；PE—保护接地线

一开三孔插座（开关控制插座）的接线，适用于室内小功率需要经常使用的电器配电，如图7-45所示。

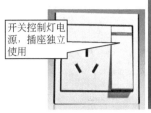
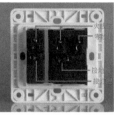

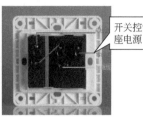

图 7-44　一开三孔插座（开关控制灯）的接线　　　图 7-45　一开三孔插座（开关控制插座）的接线

④ 一开五孔插座的接线。一开五孔插座的结构如图 7-46（a）所示，左侧标注 L1 和 L2 是开关的两个接线端，右侧标注的 L 是火线，N 是零线，剩下的一个是接地线。开关控制插座的接线如图 5-46（b）所示，开关控制灯具，插座独立使用的接线如图 7-46（c）所示。

(a) 结构　　　　　(b) 开关控制插座的接地　　(c) 开关控制灯具，插座独立使用的接地

图 7-46　一开五孔插座的接线

插座接线口诀

单相插座有多种，常用两孔和三孔。
两孔并排分左右，三孔组成品字形。
面对插座定方向，各孔接线有规定。
左接零线右接相，保护地线接正中。

（3）插座安装步骤及方法

暗装电源插座安装步骤及方法见表 7-16。

表 7-16　暗装电源插座安装步骤及方法

步骤	操作方法	图示	步骤	操作方法	图示
1	将盒内甩出的导线留足够的维修长度，剥削出线芯，注意不要碰伤线芯		3	将插座面板推入暗盒内，对正盒眼，用机螺钉固定牢固	
2	将导线按顺针方向盘绕在插座对应的接线柱上，然后旋紧压头。如果是单芯导线，可将线头直接插入接线孔内，再用螺钉将其压紧，注意线芯不得外露		4	固定时要使面板端正，并与墙面平齐	

安装时，注意插座的面板应平整、紧贴墙壁的表面，插座面板不得倾斜，相邻插座的间距及高度应保持一致，如图 7-47 所示。

要点
紧贴墙壁，
排列整齐，
不得倾斜，
间距一致，
高度一致，
接线正确。

图 7-47 暗装插座安装

暗装插座四步骤，剥削线尾绝缘层；
线头接压接线柱，注意线芯不外露；
面板推入暗盒内，与墙平齐固牢固。

① 插座（包括开关，下同）不能装在瓷砖的花片和腰线上；插座底盒在瓷砖开孔时，边框不能比底盒大 2mm 以上，也不能开成圆孔。安装开关、插座，底盒边应尽量与瓷砖相平，这样安装时就不需另找比较长的螺钉。

② 装插座的位置不能有两块以上的瓷砖被破坏，并且尽量使其安装在瓷砖正中间。

③ 插座接线是否正确，可以用插座检测仪来检查，如图 7-48 所示。

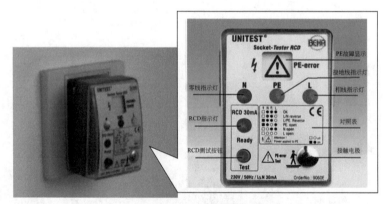

图 7-48 插座检测仪

特别提醒

7.2.5 居室照明灯的安装

（1）灯具安装技术要求

① 安装照明灯具的最基本要求是必须牢固、平整、美观。

② 室内安装壁灯、床头灯、台灯、落地灯、镜前灯等灯具时，灯具的金属外壳均应接地，以保证使用安全。

③ 卫生间及厨房装矮脚灯头时，宜采用瓷螺口矮脚灯头座。螺口灯头接线时，相线（开关线）应接在中心触点端子上，零线接在螺纹端子上。

④ 台灯等带开关的灯头，为了安全，开头手柄不应有裸露的金属部分。

⑤ 在装饰吊顶安装各类灯具时，应按灯具安装说明的要求进行安装。灯具质量大于3kg时，应采用预埋吊钩或从屋顶用膨胀螺栓直接固定支吊架安装（不能用吊平顶或吊龙骨支架安装灯具）。从灯头箱盒引出的导线应用软管保护至灯位，防止导线裸露在平顶内。

⑥ 同一场所安装成排灯具一定要先弹线定位，再进行安装，中心偏差应不大于2mm。要求成排灯具横平竖直，高低一致；若采用吊链安装，吊链要平行，灯脚要同一条线上。

⑦ 灯具安装过程中，不得污染损坏已装修完毕的墙面、顶棚、地板，如图7-49所示。

图7-49 安装灯具要注意保护成品

灯具安装技术要求口诀

安装灯具须牢固，横平竖直最美观。
为保使用的安全，金属外壳应接地。
吊灯重超三千克，预埋吊钩或螺栓。
螺口灯头接线时，中心触点接火线。

（2）灯具安装施工步骤

安装灯具应在屋顶和墙面喷浆、油漆或壁纸等及地面清理工作基本完成后，才能安装灯具。不同类型灯具的安装步骤略有不同，基本安装步骤如下。

① 灯具验收。
② 穿管电线绝缘检测。
③ 螺栓吊杆等预埋件安装。
④ 灯具组装。
⑤ 灯具安装固定。
⑥ 灯具接线。
⑦ 灯具试亮。

灯具安装步骤口诀

油漆壁纸做完毕，安装灯具才可行。
灯具验收应把关，穿管电线测绝缘；
主要器件先组装，然后吊顶固定装；
正确连接灯具线，灯具试亮无故障。

（3）安装吸顶灯

吸顶灯可直接装在天花板上，安装简易，款式简单大方，清洁方便，能赋予空间清朗明快的感觉。常用的吸顶灯有方罩吸顶灯、圆球吸顶灯、尖扁圆吸顶灯、半圆球吸顶灯、半扁球吸顶灯、小长方罩吸顶灯等，其安装方法基本相同。

① 钻孔和固定挂板。对现浇的混凝土实心楼板，可直接用电锤钻孔，打入膨胀螺栓，用来固定挂板，如图7-50所示。固定挂板时，在木螺栓往膨胀螺栓里面上的时候，不要一边完全上进去了才固定另一边，那样容易导致另一边的孔位置对不齐，正确的方法是粗略固定好一边，使其不会偏移，然后固定另一边，两边要同时进行，交替进行。

注意：为了保证使用安全，当在砖石结构中安装吸顶灯时，应采用预埋吊钩、螺栓、螺钉、膨胀螺栓、尼龙塞或塑料塞固定。严禁使用木楔。

② 拆开包装，先把吸顶盘接线柱上自带的一点线头去掉，并把灯管取出来，如图7-51所示。

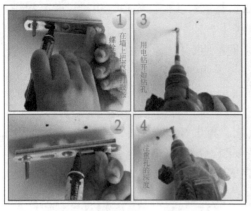

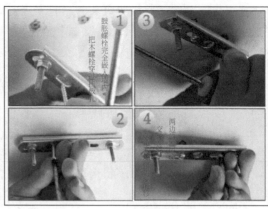

(a) 钻孔　　　　　　　　　(b) 固定挂板

图 7-50　钻孔和固定挂板

③ 将 220V 的相线（从开关引出）和零线连接在接线柱上，与灯具引出线相接，如图 7-52 所示。有的吸顶灯的吸顶盘上没有设计接线柱，可将电源线与灯具引出线连接，并用黄蜡带包紧，外加包黑胶布。将接头放到吸顶盘内。

图 7-51　拆除吸顶盘接线柱上的连线并取出灯管　　　　图 7-52　在接线柱上接线

④ 将吸顶盘的孔对准吊板的螺栓，将吸顶盘及灯座固定在天花板上。如图 7-53 所示。

⑤ 按说明书依次装上灯具的配件和装饰物。

⑥ 插入灯泡或安装灯管（这时可以试一下灯是否会亮）。

⑦ 把灯罩盖好，如图 7-54 所示。

图 7-53　固定吸顶盘和灯座　　　　　　图 7-54　安装灯罩

222

安装吸顶灯口诀

天花板装吸顶灯，挂板贴墙固定牢。
吸盘固定挂板上，接线插灯通电亮。
装齐配件和饰物，最后不忘盖灯罩。

（4）安装嵌入式筒灯

相对于普通明装的灯具，筒灯是一种更具有聚光性的灯具，一般都被安装在天花吊顶内（因为要有一定的顶部空间，一般吊顶需要在 150mm 以上才可以装）。嵌入式筒灯的最大特点就是能保持建筑装饰的整体统一与完美，不会因为灯具的设置而破坏吊顶艺术的完美统一。筒灯通常用于普通照明或辅助照明，在无顶灯或吊灯的区域安装筒灯，光线相对于射灯要柔和。一般来说，筒灯可以装白炽灯泡，也可以装节能灯。

筒灯规格有大（5 寸）、中（4 寸）、小（2.5 寸）三种。其安装方式有横插和竖插两种，横插价格比竖插要贵少许。一般家庭用筒灯最大不超过 2.5 寸，装入 5W 节能灯就行。

安装嵌入式筒灯主要有以下三个步骤。

① 在吊顶板上，并按照筒灯的大小开孔，如图 7-55 所示（该步骤操作由木工完成）。

② 将筒灯的灯线连接牢固，如图 7-56 所示。

 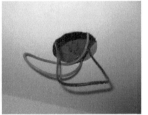

图 7-55 定位

图 7-56 接线

③ 把筒灯两侧的固定弹簧向上扳直，插入顶棚上的圆孔中，把筒灯推入圆孔直至推平，让扳直的弹簧会向下弹回，撑住顶板，筒灯会牢固地卡在顶棚上，如图 7-57 所示。

图 7-57 在吊顶上固定筒灯

嵌入式筒灯安装口诀

安装筒灯三步骤，吊板定位开好孔。
预留电线与灯接，推灯入孔卡平整。

 想一想

1. 各种照明开关距离地面应在（　　）m 以上。
A. 2　　　　　　　B. 1.3　　　　　　　C. 1.8　　　　　　　D. 2.5
2. 灯具距地面高度小于（　　）m 时，灯具必须加保护线（PE）。

A. 22 B. 2.3 C.2.4 D. 2.5

3.照明线路穿管敷设时，导线截面面积的总和不应超过管子内截面面积的（　　）。

A. 30% B. 35% C. 40% D. 45%

4.室内照明线路不能采用的导线是（　　）。

A. 塑料护套线 B. 单芯硬线 C. 裸导线 D. 棉编织物三芯护套线

5.如图 7-58 所示为两极带接地插座的示意图，图中 1、2、3 分别应接的是（　　）（按序号排列）。

A. 零线、火线、地线 B. 地线、火线、零线

C. 地线、零线、火线 D. 火线、地线、零线

6.判断正误：开关装在相线上，接入灯头中心簧片上，零线接入灯头螺纹口接线柱。（　　）

7.判断正误：对于安装高度能符合规程规定，一般情况下灯头距地面不低于 2m，特殊情况下不低于 1.5m。（　　）

图 7-58　题 5 图

8.判断正误：在安装一灯一控照明线路时，零线使用的颜色是黄色。（　　）

7.3　配电箱和电能表的安装

7.3.1　配电箱安装

（1）配电箱的安装方式

配电箱（柜）是用户用电的总的分配装置，它是按电气接线要求将开关设备、测量仪表、保护电器和辅助设备组装在封闭或半封闭金属柜中或屏幅上，构成的低压配电装置。配电箱可以明装，也可以暗装，如图 7-59 所示。

7.11　户内配电箱安装

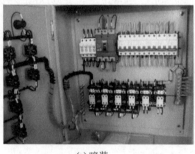

(a)暗装

(b)明装

图 7-59　配电箱

配电箱直接在墙上明装时，可用埋设固定螺栓，或用膨胀螺栓来固定。配电箱暗装（嵌入式安装）时，通常是配合土建砌墙时将箱体预埋在墙内。

（2）配电箱配线要求

配电箱（柜）的母线相色要求：L1 相（A 相）为黄色、L2 相（B 相）为绿色、L3 相（C相）为红色、中性线（N 线）为淡蓝色、保护接地线（PE 线）为黄绿双色；直流电源的正极为棕色、负极为蓝色，接地中线为淡蓝色，相线和中性母线须为同等截面。母线的排列方

式按表 7-17 执行，表中的基准方向为面向配电箱柜的正面。

表 7-17　配电箱（柜）母线的排列方式

相别	垂直排列	水平排列	前后排列
L1 相（A 相）	上	左	远
L2 相（B 相）	中	中	中
L3 相（C 相）	下	右	近
N 线（中性线）	最下	最右	最近

母线安装要求：层次分明、美观合理，相色标的位置应整齐一致；母线的搭接部位要求搪锡，使用的紧固螺栓要求镀铬，外露丝扣 3 ～ 5 丝，搭接要平整、自然，连接紧密可靠并有防松措施；后期安装接线用紧固件应配置齐全；母线的支持件应牢固可靠，排列布置合理，能承受设计要求的电力负荷和热应力；母线穿越金属隔板时，应在穿越处加强定位固定；绝缘导线与母线进行固定时必须采取防转动措施，严禁利用接触面的摩擦力作为防转动措施；箱（柜）内必须设置保护接地导体，保护接地导体的截面积应符合要求。对容易直接接触到的母线排，要求用绝缘挡板、隔板进行防护，挡板或隔板的厚度不得小于 5mm，无法用挡板或隔板进行防护的母线应用与相色相同的热缩套管进行护套（安装维护操作时易触摸到的接线端子也要求加护套）。

安装配电箱的注意事项如下：

① 配电箱安装之前必须做检查。如果配电箱不做检查，往往一些问题在安装好之后才会发现，比如：二层板没有专用接地螺栓，保护地线截面小，装有电器的可开启门没有用裸铜软线与金属构架可靠连接，导线与器具连接不牢固、有反圈现象等，这些因素都会影响配电箱的使用 。

② 配电箱的保护线要做到位，否则配电箱的保护线不从端子排列出，而是利用箱体构架串接，容易引发安全事故。

③ 配电箱内可拆卸的金属板，要与保护地线系统连接。如果配电箱内的可拆卸的金属板上装配有各种电器配件不接保护地线，容易引发触电事故。

配电箱安装口诀

分配电能配电箱，可以明装或暗装。
墙面固定为明装，预埋螺栓固电箱。
也可安在支架上，先定支架后装箱。
嵌入墙内为暗装，配合工程装好箱。
四周边缘贴墙面，然后填入水泥浆。
配线颜色有规定：母线颜色黄绿红，
黄绿双色接地线；直流正极棕色线，
直流负极蓝色线；淡蓝色为中性线。
母线排列三方式，垂直水平和前后。

7.3.2 电能表的安装

（1）电能表的选择

专门用来计量某一时间段电能累计值的仪表叫做电能表，俗称电度表。电能表按其工作原理，可分为感应式（机械式）、静止式（电子式）、机电一体式（混合式）电能表；按接入相线，可分为单相、三相三线、三相四线电能表；按安装接线方式，可分为直接接入式、间接接入式电能表。

7.12 带电能表的照明电路搭建

电能表的标注电流有两个，一个是基本电流（是确定电能表有关特性的电流值），另一个是额定最大电流（是仪表能满足其制造标准规定的准确度的最大电流值），如图7-60所示，10（40）A表示电能表的基本电流为10A，额定最大电流为40A。对于三相电能表，在前面乘以相数，如3×5（20）A。

根据规程要求，直接接入式的电能表，其基本电流应根据额定最大电流和过载倍数来确定，其中，额定最大电流应按经核准的用户负荷容量来确定；过载倍数，对正常运行中的电能表实际负荷电流达到最大额定电流的30%以上的，宜取2倍表；实际负荷电流低于30%的，应取4倍表。

选用电能表的原则是：应使用电负荷在电能表额定电流的20%～120%之内，必须根据负荷电流和电压数值来选定合适的电能表。使电能表的额定电压、额定电流等于或大于负荷的电压和电流。

图7-60 电能表

电能表选择口诀

单相交流电能表，计量用电不可无。
显示数值千瓦时，百姓俗称一度电。
计算用电总电流，千瓦总数乘以五。
选择电表电流值，千瓦两倍可满足。
标注电流有两个，括号内外各一数。
外小内大成倍数，两倍四倍都会有。
外部称为标定值，内部称为过流值。
正常使用标定值，过流使用要有度。

（2）电能表安装要求

电能表可安装在室内或室外使用，安装表的位置应固定在坚固耐火的墙上，建议安装高位1.8m左右，如图7-61所示。

电能表的计量点应设在产权分界点，安装点周围不能有腐蚀性的气体和强烈的冲击振动，环境要通风干燥，电能表的运行温度不能超过50℃。

为了便于管理，家庭用电能表通常采用集中式安装

图7-61 电能表的安装位置

的方式，高层楼房住宅一般是将同一楼的电能表统一安装在配电间，低层楼房住宅一般是将同一单元的电能表安装在一楼或二楼的楼梯间。

电能表应安装在专用的计量柜或表箱内，安装应垂直，倾斜度不得大于 10°。当几只表装在一起时，表间距离不应小于 60mm。表若经过电流互感器安装，则二次回路应于继电保护回路分开。电流二次应采用绝缘铜线，截面不小于 $2.5mm^2$。

用于远程遥测采样的电子式电能表，其信号线应采用屏蔽双绞导线，架设信号线时将屏蔽导线的单端接地，以提高通信的可靠性。

电能表安装要求口诀

电能计量电能表，安装高度一米八。
表与地面应垂直，集中安装便管理。
远程遥测电能表，信号线用屏蔽线。

（3）单相电能表接线

单相电能表接线盒里共有 4 个接线桩，从左到右按 1、2、3、4 编号。按编号 1、3 接进线（1 接火线，3 接零线），2、4 接出线（2 接火线，1 接零线），如图 7-62 所示，国产电能表统一采用这种接线方式。

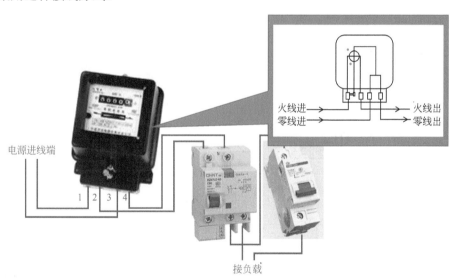

火线进　　　　火线出
零线进　　　　零线出

电源进线端

1 2 3 4

接负载

图 7-62　单相电能表的接线

特别提醒　机械式电能表接线时，应该掌握的关键点是电压线圈是并联的，电流线圈是串联的。

单相电能表接线口诀

接线盒里 4 个桩，从左到右编序号；
一进火线二出火，三进零线四出零。

227

（4）三相电能表接线

三相三线电能表的电压线圈的额定电压为线电压（380V），主要用于三相三线制供电或三相四线制供电系统中的三相平衡负载的电能计量。三相电能表的接线分为直接式和间接式两种，如图 7-63 所示。

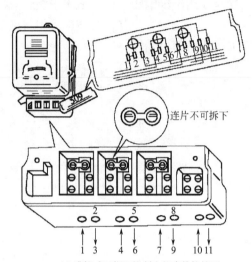

(a) 直接式三相四线制电能表的接线图

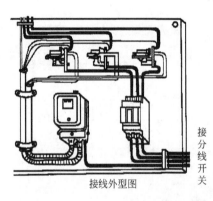

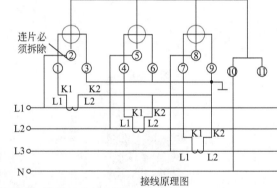

(b) 间接式三相四线制电能表的接线图

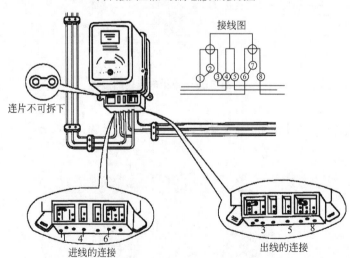

(c) 直接式三相三线制电能表的接线图

228

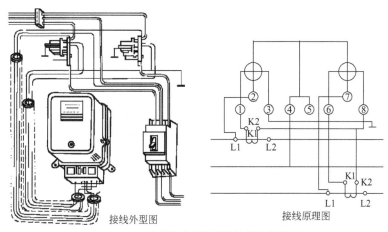

接线外型图　　　　接线原理图

(d) 间接式三相三线制电能表的接线图

图7-63　三相电能表的接线

① 电能表的表身要安装端正，如有明显倾斜，容易造成计度不准、停走或空走等毛病。

② 安装电能表必须按照接线图接线，接线盒内的接线柱螺钉要拧紧。电压连接片（俗称过桥板）螺钉不能有松动。

③ 三相电能表要按照规定的相序（正相序）接线，如图7-64所示。

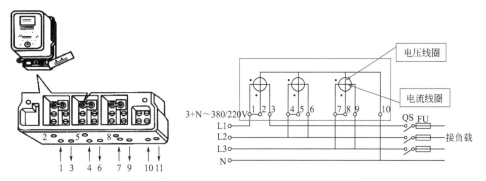

图7-64　直接式三相四线电能表的正相序接线

④ 间接式三相四线电能表接线时，序号1和2、4和5、7和8的连接片必须拆除，如图7-65所示。

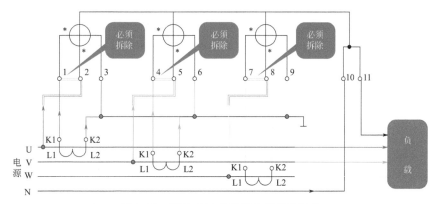

图7-65　间接式三相四线电能表的接线

三相电能表接线口诀

三相动力三相线，三相电表计用电。

接线端口有六个，三个双来三个单。

单号依次接电源，双号连接输出线。

一二、三四、五和六，各为一相不可乱。

一、五两处小连片，保持原状莫拆断。

三相四线计用电，三相电表直接连。

面对电表左到右，总共八个接线眼。

前面三对接火线，7、8用于接零线。

1、2 A相，3、4 B，5、6两端 C 连接。

1、3、5旁小连片，保持原状莫拆断。

 想一想

1. 判断正误：我们所说的一只 5A、220V 单相电能表，这里的 5A 是指这只电能表的额定电流。（   ）

2. 判断正误：单相电能表的电流线圈串接在相线中，电压线圈并接在相线和零线上。（   ）

3. 判断正误：某电能表铭牌上标明常数为 $c=2000r/kW·h$，则该表转一圈为 0.5W·h。（   ）

4. 判断正误：电流互感器二次不允许短路。（   ）

5. 经电流互感器接入的低压三相四线电能表，其电压引入线应（   ）。

A. 单独接入　　　　　　　　　　B. 与电流线共用

C. 接在电流互感器二次侧　　　　D. 在电源侧母线螺丝出

6. 对于单相供电的家庭照明用户，应该安装（   ）。

A. 单相电能表　　　　　　　　　B. 三相三线电能表

C. 三相四线电能表　　　　　　　D. 三相复费率电表

7. 固定式配电箱、开关箱中心点与地面的相对高度应为（   ）。

A. 0.5m　　　　　　B. 1.0m　　　　　　C. 1.5m　　　　　　D. 1.8m

第 **8** 章

交流电动机的维护与接触器控制

8.1 三相异步电动机的维护与接线

8.1.1 认识三相异步电动机

三相异步电动机是靠同时接入 380V 三相交流电源（相位差 120°）供电的一类电动机，由于三相异步电动机的转子与定子旋转磁场以相同的方向、不同的转速而旋转，存在转差率，所以叫三相异步电动机。

8.1 认识三相电动机

（1）三相异步电动机的基本组成

虽然三相异步电动机的种类较多，例如绕线式电动机、笼式电动机等，但是结构是基本相同的，主要由定子、转子和其他部件组成，如图 8-1 所示。

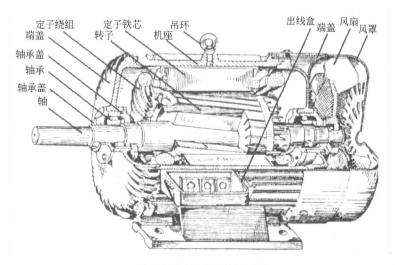

(a) 三相笼式异步电动机结构图

图 8-1

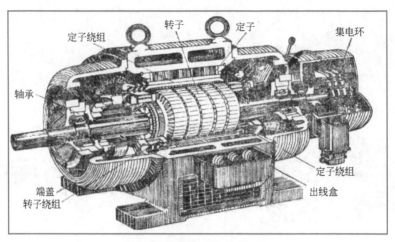

(b) 三相绕线式异步电动机结构图

图 8-1　三相异步电动机的基本结构

① 定子由机座、定子铁芯、定子绕组组成。

② 转子是电动机中的旋转部分，一般由转轴、转子铁芯、转子绕组等组成。

③ 其他部件包括出线盒、端盖、风扇、轴承等。

> **特别提醒**
>
> 　　气隙就是定子与转子之间的空隙。中小型异步电动机的气隙一般为 0.2 ～ 1.5mm。气隙的大小对电动机性能影响较大。气隙大，磁阻也大，电动机的功率因数也就越低。但气隙过小，将给装配造成困难，运行时定、转子容易发生摩擦，使电动机运行不可靠。

（2）三相异步电动机各个部件的作用

　　三相异步电动机是一个整体，各个部件彼此依赖，不可或缺；任何一个部件损坏都会影响电动机的正常工作。各个部件的作用见表 8-1。

表 8-1　异步电动机各个部件的作用

名称	实物图	作用	名称	实物图	作用
散热筋片		向外部传导热量	吊环		方便运输
机座		固定电动机	定子		通入三相交流电源时产生旋转磁场
接线盒		电动机绕组与外部电源连接	转子		在定子旋转磁场感应下产生电磁转矩，沿着旋转磁场方向转动，并输出动力带动生产机械运转
铭牌		介绍电动机的类型、主要性能、技术指标和使用条件	前、后端盖		固定

232

续表

名称	实物图	作用	名称	实物图	作用
轴承盖		固定、防尘	风罩、风叶		冷却、防尘和安全保护
轴承		保证电动机高速运转并处在中心位置的部件			

（3）三相异步电动机的型号和额定值

三相异步电动机在出厂时，机座上都固定着一块铭牌，如图8-2所示，铭牌上标注了电动机的型号和额定数据。

① 三相异步电动机的型号　主要包括产品代号、设计序号、规格代号和特殊环境代号等。

a. 产品代号表示电动机的类型，如电动机名称、规格、防护形式及转子类型等，一般采用大写印刷体的汉语拼音字母表示。

图8-2　三相异步电动机的铭牌

b. 设计序号是指电动机产品设计的顺序，用阿拉伯数字表示。

c. 规格代号是用中心高、铁芯外径、机座号、机座长度、铁芯长度、功率、转速或极数表示。

d. 特殊环境代号通常用字母表示。

Y180M2-4 的含义如图8-3所示。

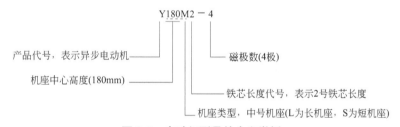

图8-3　电动机型号的含义举例

三相异步电动机的产品名称代号主要有："Y"表示三相异步电动机，"YR"表示绕线式异步电动机，"YB"表示防爆型异步电动机，"YQ"表示高启动转矩异步电动机。

② 异步电动机的额定值

a. 额定功率：指电动机轴上输出的功率，单位为 W 或 kW。

b. 额定电压：指绕组上所加的线电压，单位为 V 或 kV。

c. 额定电流：定子绕组额定运行时的线电流，单位为 A。

d. 额定转数：额定负载下运行时的转数，单位为 r/min。

e. 额定频率：我国电力网的频率为50Hz，因此除外销产品外，国内用的异步电动机的额定频率为50Hz。

8.1.2　三相异步电动机的接线

8.2　三相电机
绕组的连接

三相定子绕组按电源电压的不同和电动机铭牌上的要求，可接成星形（Y）或三角形（△）两种形式。

① 星形连接　将三相绕组的尾端 U2、V2、W2 短接在一起，首端 U1、V1、W1 分别接三相电源。

② 三角形连接　将第一相的尾端 U2 与第二相的首端 V1 短接，第二相的尾端 V2 与第三相的首端 W1 短接，第三相的尾端 W2 与第一相的首端 U1 短接；然后将 U1、V1、W1 分别接到三相电源上。

三相异步异步电动机的三相绕组接法见表 8-2。

表 8-2　三相异步电动机的三相绕组接法

连接法	接线实物图	接线示意图	接线原理图
星形（Y）接法			
三角形（△）接法			

异步电动机不管星形接法还是三角形接法，调换三相电源的任意两相（即改变通入三相绕组中的电流相序，实现旋转磁场的反向），就可以得到方向相反的转向。

为了帮助大家记忆电动机三相绕组的接线方法，我们可用下面的口诀来归纳。

三相异步电动机接线口诀

绕线尾尾（或头头）并星形，首尾串接成三角。

接线盒内六线桩，具体接法是这样，

三桩横联是星形，上下串联为三角。

厂家预定的接法，自己不能随意改。

特别提醒

三相异步电动机究竟接成 Y 或是△形，这要根据电源电压要求而定。如某电动机铭牌上标注有"220/380V，△/Y"，当电源电压为 220V 时，定子绕组为△形连接；当电源电压为 380V 时，定子绕组则为 Y 形连接。

接线时一定要按电压高低对号入座选择定子绕组的接法，千万不能接错，否则电动机不能正常运转，甚至会烧坏电动机绕组。

想一想

1. 判断正误：如图 8-4 所示是电动机绕组三角形接法。（　　）

2. 判断正误：电动机三个绕组星形接法是将三个绕组的每一端接三相电压的一相，另一端接在一起。（　　）

3. 判断正误：调换电动机任意两相绕组所接的电源接线，电动机会先反转再正转。（　　）

4. 判断正误：一台三相电动机，每个绕组的额定电压是 220V，现三相电源的线电压是 380V，则这台电动机的绕组应接成三角形。（　　）

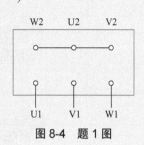

图 8-4　题 1 图

5. 电动机铭牌上标注的额定功率是指电动机的（　　）。

A. 有功功率　　　　B. 无功功率　　　　C. 视在功率　　　　D. 总功率

6. 电动机铭牌上的接法标为"380V/220V，Y/△"，当电源线电压为 220V 时，电动机就接成（　　）。

A. Y　　　　　　B. △　　　　　　C. Y/△　　　　　　D. Y/△

7. 电动机铭牌上的接法标为"380V △"，当电源线电压为 380V 时，电动机就接成（　　）。

A. Y　　　　　　B. △　　　　　　C. Y/△　　　　　　D. Y/△

8. 在电动机的铭牌上，"△"表示（　　）。

A. 三角形连接　　　　　　　　　　B. 星形连接

C. 三角形连接与星形连接　　　　　D. 任意连接

8.2　三相异步电动机的拆装维护

8.2.1　三相异步电动机的拆解

（1）准备工作

① 备齐拆装工具，特别是拉具、套筒、钢铜套等专用工具，一定要准备好，如图 8-5 所示。

② 选好电动机拆装的合适地点，并事先清洁和整理好操作现场环境。

③ 做好标记，如标出电源线在接线盒中的相序，标出联轴器或皮带轮与轴台的距离，标出端盖、轴承、轴承盖和机座的负荷端与非负荷端，标出机座在基础上的准确位置，标出绕组引出线在机座上的出口方向。

④ 切断电源，拆除电动机与外部的电气连接，如电源线和保护接地线等。

⑤ 拆下地脚螺母，将电动机拆离安装基础并运至解体现场，若机座与基础之间有垫片，应做好记录并妥善保存。

8.3　三相异步电机拆装维护

图 8-5　拆解电动机的常用工具

235

（2）拆解操作步骤

三相异步电动机的拆解操作步骤为：皮带轮或联轴器→前轴承外盖→前端盖→风罩→风扇→后轴承外盖→后端盖→抽出转子→前轴承→前轴承内盖→后轴承→后轴承内盖。其拆解操作步骤可按照如图8-6所示的数字顺序进行。

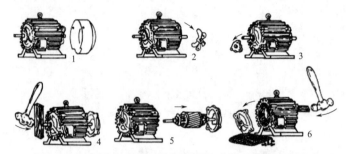

图8-6　三相异步电动机的拆解操作步骤（按数字顺序）

（3）联轴器或皮带轮的拆解

① 在皮带轮或联轴器的轴伸端做好定位标记。

② 拧松皮带轮上的定位螺钉或定位销（如果电动机使用时间较长，拆解较困难，可在皮带轮或联轴器内孔和转轴结合部加入几滴煤油或柴油）。

③ 用拉具钩住联轴器或皮带轮，缓缓拉出，如图8-7所示。

若遇到转轴与皮带轮结合处锈死或配合过紧，拉不下来时，可用加热法解决。

其方法是：先将拉具装好并扭紧到一定程度，用石棉绳包住转轴，将氧炔焰或喷灯快速而均匀地加热皮带轮或联轴器，待温度升到250℃左右时，加力旋转拉具螺杆，即可将皮带轮或联轴器拔下。

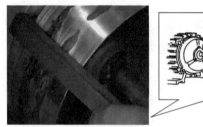

图8-7　用拉具拆解皮带轮

（4）拆解端盖，抽出转子

① 拆解风扇罩和风扇叶，如图8-8所示。小型异步电动机的风叶一般不用卸下，可随转子一起抽出来，但必须注意不能让它产生变形，更不能损坏风叶。

② 做对正记号。在拆解端盖前，应检查端盖与机座的紧固件是否齐全，端盖是否有损伤，并用记号笔在端盖与机座接合处做好对正记号，如图8-9所示。

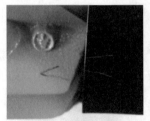

图8-8　拆解风扇叶　　　　　　图8-9　用记号笔做对正记号

③ 先取下前、后轴承外盖，再卸下前后端盖紧固螺栓，如图8-10所示。

④ 卸出端盖。如果是中型以上的电动机，端盖上备有顶松螺栓，可对顶松螺栓均匀加力，将端盖从止口中顶出。

小型异步电动机的端盖一般没有顶松螺栓，可用螺丝刀或撬棍在周围接缝中均匀加力，将端盖撬出止口；再用厚木板顶住端盖敲打，使轴退出一定的位置，如图8-11所示。

图8-10 拆解端盖紧固螺栓

若是拆解小型电动机，在轴承盖螺栓和端盖螺栓全部拆掉后，可双手抱住电动机，使其竖直，轴头长端向下，利用其自身重力，在垫有厚木板的地面上轻轻一触，就可松脱端盖。

对于较重的端盖，在拆解前，必须用起重设备将端盖吊好或垫好，以免在拆下时损坏端盖或碰伤其他机件，甚至伤及操作人员。

⑤ 抽出转子。在抽出转子前，应在转子下面气隙和绕组端部垫上厚纸板，以免抽出转子时，碰伤绕组或铁芯。对于30kg以内的转子，可直接用手抽出，如图8-12所示。

图8-11 拆解端盖的方法　　　　　　　　　　图8-12 用手抽出转子

较大的电动机，如果转子轴伸出机座部分足够长，可用起重设备吊出。起吊时，应特别注意保护轴颈、定子绕组和转子铁芯风道。如果转子轴伸出机座的部分较短，可先在转子轴的一端或两端加套钢管接长，形成所谓"假轴"。

（5）轴承的拆解

在转轴上拆解轴承常用以下三种方法。

① 用拉具拆解轴承　按照拉具拆解皮带轮的方法将轴承从轴上拉出来，如图8-13所示。

② 用铜棒敲打拆解轴承　在没有小型拉具时，也可用铜棒的端部从倾斜方向顶住轴承内圈，边用榔头敲打，边将铜棒沿轴承内圈移动，以使轴承周围均匀受力，直到卸下轴承，如图8-14所示。

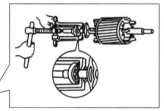

图8-13 用拉具拆解轴承　　　　　　　　　　图8-14 用铜棒敲打拆解轴承

③ 搁在圆筒或支架上拆解端盖内孔轴承　用两块厚铁板在轴承内圈下边夹住转轴，并用能容纳转子的圆筒或支架支住，在转轴上端垫上厚木板或铜板，敲打取下轴承。

在拆解端盖内孔轴承时，可采用如图8-15所示的方法，将端盖止口面向上平稳放置，在轴承外圈的下面垫上木板，但不能顶住轴承，然后用一根直径略小于轴承外沿的铜棒或其他金属管抵住轴承外圈，从上往下用锤子敲打，使轴承从下方脱出。

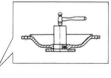

图8-15 拆解端盖内孔轴承

8.2.2 三相异步电动机的组装

电动机的装配步骤与拆解步骤相反，一般遵循"先拆后装"的原则。在装配前，要对电动机各部件进行检查和维护保养，然后按部件标记复位安装。

（1）装配前的准备

① 先备齐装配工具，将可洗的各零部件用汽油冲洗，并用棉布擦拭干净。

② 彻底清扫定子、转子内表面的尘垢、漆瘤，用灯光检查气隙、通风沟、止口处和其他空隙有无杂物；如有，必须清除干净。

③ 检查槽楔、绑扎带和绝缘材料是否到位，是否有松动、脱落，有无高出定子铁芯表面的地方；如有，应清除掉。

④ 检查各相定子绕组的冷态直流电阻是否基本相同，各相绕组对地绝缘电阻和相间绝缘电阻是否符合要求。

（2）轴承的装配

轴承的装配可分为冷套法和热套法。

① 准备工作

a. 先检查轴承滚动件是否转动灵活而又不松旷；再检查轴承内圈与轴颈，外圈与端盖轴承座孔之间的配合情况和光洁度是否符合要求。如轴承磨损严重，外圈与内圈间隙过大，造成轴承过度松动，转子下垂并摩擦铁芯，轴承滚动体破碎或滚动体与滚槽有斑痕出现，保持架有斑痕或被磨坏等，都应更换新轴承。更换的轴承应与损坏的轴承型号相符。

图 8-16　在轴承中加足润滑油

b. 在轴承中按其总容量的 1/3 ～ 2/3 的容积加足润滑油，如图 8-16 所示（若润滑油加得过多，会导致运转中轴承发热等弊病）。

特别提醒

　　清洗轴承时，应先刮去轴承和轴承盖上的废油，用煤油或汽油洗净残存油污，然后用清洁布擦拭干净。注意不能用棉纱擦拭轴承。轴承洗净擦拭后，用手旋转轴承外圈，观察其转动是否灵活，若遇卡或过松，需再仔细观察滚道间、保持器及滚珠（或滚柱）表面有无锈迹、斑痕等，根据检查情况决定轴承是否需要更换。

② 冷套法装配轴承　先将轴颈部分揩擦干净，先装入内轴承盖，再把经过清洗并加足润滑油的轴承套在轴上，如图 8-17 所示。为使轴承内圈受力均匀，可用一根内径比转轴外径大而比轴承内圈外径略小的套筒抵住轴承内圈，将其敲打到位。若找不到套筒，可用一根铜棒抵住轴内圈，沿内圈圆周均匀敲打，使其到位，如图 8-18 所示。为避免轴承歪扭，应在轴承内圈的圆周上均匀敲打，使轴承平衡地行进。

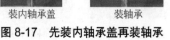
装内轴承盖　　　　装轴承

图 8-17　先装内轴承盖再装轴承

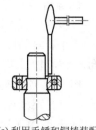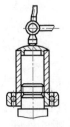

(a) 利用手锤和铜棒装配　　(b) 利用套筒装配

图 8-18　冷套法装配轴承

③ 热套法装配轴承　如果轴承与轴颈配合过紧，不易敲打到位。可将轴承放入 80 ～ 100℃变压器油中（注意：轴承不能放在槽底，应吊在槽中），30 ～ 40min 后趁热取出迅速套入轴颈中，趁热迅速套上轴颈，如图 8-19 所示。

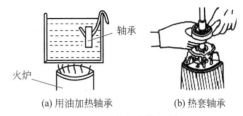

(a) 用油加热轴承　　　(b) 热套轴承

图 8-19　热套法装配轴承

安装轴承时，轴承型号标志必须向外，以便下次更换时查对轴承型号。

（3）端盖的装配

① 后端盖的装配　后端盖应装在转轴较短的一端的轴承上。

装配时，将转子竖直放置，使后端盖轴承座孔对准轴承外圈套上，然后一边使端盖在轴上缓慢转动，一边用木槌均匀敲打端盖的中央部分，如图 8-20（a）所示。

按拆解时所做的标记，将转子送入定子内腔中，合上后端盖，按对角交替的顺序拧紧后端盖紧固螺栓（不能先拧紧一个，再拧紧另一个），在拧紧螺栓的过程中，不断用木槌在端盖靠近中央部分均匀敲打直至到位，如图 8-20（b）所示。

② 前端盖的装配　将前轴承内盖与前轴承按规定加足润滑油，参照后端盖的装配方法将前端盖装配到位，如图 8-21（a）所示。在装配前，先用螺丝刀清除机座和端盖止口上的杂物和锈斑，然后装到机座上，按对角交替顺序旋紧螺栓。

(a) 用木槌敲打端盖　　　　(b) 拧螺栓　　　　　　(a) 装配前端盖　　　　(b) 装端盖螺栓

图 8-20　后端盖的装配　　　　　　　　　　**图 8-21　前端盖的装配**

在装配前轴承外盖时，由于无法观察前轴承内盖螺孔与端盖螺孔是否对齐，会影响前轴承外盖的装配进度。可用以下两种方法解决这一问题。

第一种方法是当端盖固定到位后，将前轴承外盖与端盖螺孔对齐，用一颗轴承盖螺栓伸进端盖上的一个孔，边旋动转轴，边轻轻在顺时针方向拧动螺栓，一旦前轴承内盖螺孔旋转到对准螺栓时，趁势将螺栓拧进，如图 8-21（b）所示。

第二种方法是用一颗比轴承盖螺栓更长的无头螺栓，先拧进前轴承内盖，再将端盖和前轴承外盖相应的螺孔套在这颗长螺栓上，使内外轴承盖孔与端盖螺孔始终对准。端盖到位后，先拧紧其余两颗轴承盖螺栓，再用第三颗轴承盖螺栓换出无头长螺栓。

装配完毕，必须检查转子转动是否灵活，有无停滞或偏重现象。

（4）皮带盘的装配

对于中小型电动机，在皮带盘端面垫上木块，用木槌敲打；对于较大型电动机的皮带轮安装，可用千斤顶将皮带轮顶入。

（5）电动机装配后的检验

① 检查机械部分的装配质量，包括检查所有紧固螺栓是否拧紧，转子转动是否灵活；轴承内是否有杂声；机座在基础上是否复位准确，安装牢固，与生产机械的配合是否良好。

② 检测三相绕组每相的对地绝缘电阻和相间绝缘电阻，其阻值不得小于 $0.5M\Omega$。

③ 按铭牌要求接好电源线，在机壳上接好保护接地线；接通电源，用钳形电流表检测

三相空载电流，看是否符合允许值，如图 8-22 所示。

④ 检查振动和噪声。用长柄螺丝刀头放在电动机轴承外的小油盖上，耳朵贴紧螺丝刀柄，细心听运行中有无杂音、振动，以判断轴承的运行情况。如果声音异常，可判断轴承已经损坏，如图 8-23 所示。

图 8-22　用钳形电流表检测三相空载电流　　　图 8-23　听轴承有无杂音

⑤ 通电空转半小时左右，检查电动机温升是否正常。

想一想

判断正误：

1. 轴承的拆解方法一般有木板敲击法、铜棒敲击法和拉马法。（　　　）

2. 电机拆解前，应该在端盖的启口处做标记。（　　　）

3. 对于难以取出的线圈，可以用加热法将旧线圈加热到一定温度，再取出。（　　　）

4. 绝缘电阻的合格值为小于 0.5MΩ。（　　　）

5. 轴承的常见故障有磨损严重、钢珠破碎、框架断裂。（　　　）

6. 轴承的装配方法有冷套法和热套法。（　　　）

7. 对解体了的电动机，应将所有油泥、污垢进行清理干净。并测定并记录绕组对地绝缘电阻。（　　　）

8.3　单相异步电动机的控制

8.3.1　单相异步电动机简介

（1）单相异步电动机的结构及特点

单相异步电动机是利用单相交流电源供电的一种小容量交流电动机，是一种将电能转化为机械能的装置。单相异步电动机的基本结构由定子和转子两大部分等构成，如图 8-24 所示。

8.4　电风扇电机的拆解

单相异步电动机的功率设计较小，通常在 8 ～ 750W 之间，一般不会大于 2kW。具有结构简单、成本低廉、维修方便等特点，被广泛应用于如冰箱、电扇、洗衣机等家用电器及医疗器械中。

单相异步电动机与同容量的三相异步电动机相比，其体积较大、运行性能较差、效率较低。

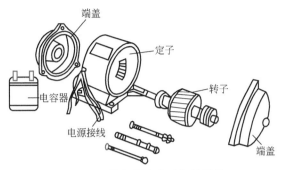

图 8-24　单相异步电动机的结构

（2）单相异步电动机的类型及结构特点

单相异步电动机种类很多，按照启动和运行方式可分为两大类六种，见表 8-3。这些电动机的结构虽有差别，但是其基本工作原理是相同的。

表 8-3　单相异步电动机的类型及结构特点

种类		实物图	结构图或原理图	结构特点
单相罩极式电动机	凸极式罩极单相电动机			单相罩极式电动机的转子仍为笼型，定子有凸极式和隐极式两种，原理完全相同。一般采用结构简单的凸极式
	隐极式罩极单相电动机			
分相式单相异步电动机	电阻启动单相异步电动机			单相分相式异步电动机在定子上除了装有单相主绕组外，还装了一个启动绕组，这两个绕组在空间成 90° 电角度，启动时两绕组虽然接到同一个单相电源上，但可设法使两绕组电流不同相，这样两个空间位置正交的交流绕组通以时间上不同相的电流，在气隙中就能产生一个合成旋转磁场。启动结束，使启动绕组断开即可
	电容启动单相异步电动机			
	电容运转式单相异步电动机			

241

种类		实物图	结构图或原理图	结构特点
分相式单相异步电动机	电容启动和运转单相异步电动机	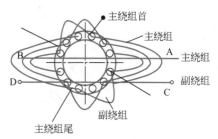		

由于单相异步电动机的输出功率不大，其转子都采用笼型转子，它的定子都有一套工作绕组，称为主绕组。主绕组在电动机的气隙中，只能产生正、负交变的脉振磁场，不能产生旋转磁场，因此，也就不能产生启动转矩。

为了使单相异步电动机气隙中能产生旋转磁场，还需要有一套辅助绕组，称为副绕组。副绕组产生的磁场与主绕组的磁场在电动机气隙中合成而产生旋转磁场，这样，电动机的转子才能够自行转动起来。

8.3.2 单相异步电动机的接线

（1）单相罩极式异步电动机的接线

单相罩极式异步电动机无论是凸极式还是隐极式，其接线规律都符合"罩极由主转向副"，如图 8-25 所示为 12 槽 2 极单相罩极式异步电动机的接线方法（属于隐极式电动机）。主绕组为 1 进 4 出，10 进 7 出。即首进尾出，尾进首出，采用了尾接尾的反串法。副绕组各自形成短路环，只有 2 匝。图中 AB 为主绕组中性线，CD 为副绕组中性线。这样接线，转向总是由主绕组中性线向副绕组中性线旋转。

图 8-25 单相罩极式异步电动机的接线

接线时要以负载的实际转向为准，选定接线端的位置，使理论转向与实际转向一致。这种接线规律是：

引出线端看转向，罩极由主转向副。

要使单相罩极式电动机由正转改为反转，只有将它的定子调头并再装配好，才能达到运转换向的目的。

（2）分相式单相异步电动机的接线

分相式单相异步电动机有 4 组（或 8 组）线，2 组（或 4 组）为主绕组，2 组（或 4 组）为副绕组，其中性线互成 90°（2 极）或 45°（4 极），接线方法有以下两种：

① 主副绕组对称，接线时主副绕组之首各引出一根线，线尾共接一根引出线，作为公共线（零线）。在进行线路接线时，将公共线接电源的任意一根导线，U1 与 Z1 之间接电容器，然后插上电源插头，将另一根导线触碰电容器的任意一端，直到转向与实际要求一致为止，然后拔下电源插头，将导线包好即可，如图 8-26 所示。

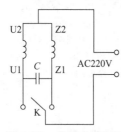

图 8-26 分相式单相异步电动机的接线

② 主副绕组不对称，这种电动机一般容量较大，从几百瓦到几千瓦不等，如水泵、砂轮机、粉碎机、压粉机、压面机等，均为电容运行式或电容启动式，主绕组线经粗，匝数少；副绕组线经细，匝

数多。比如一台型号为 YL100L-4 型电动机，它为双值电容式电动机，U1-U2 为主绕组，Z1-Z2 为副绕组，接线时，将 U2 和 Z2 相连为公共引出线（零线），那么根据口诀，它的转向为"分相由副转向主"。即从 Z1 转向 U1，转向为顺时针，U1-U2 为主绕组，Z1-Z2 为副绕组，接线时将 U2 和 Z2 相连为公共引出线（零线）。根据口诀"分相由副转向主"，则从 Z1 转向 U1，转向为逆时针。

接线时以主绕组首为中心，若副绕组首在主之右，转向为顺时针，若在左则转向为逆时针。

8.3.3　单相异步电动机的调速

单相异步电动机的调速方法较多，下面简单介绍目前较多采用调速电路。

（1）串电抗器调速电路

在电动机的电源线路中串联起分压作用的电抗器，通过调速开关选择电抗器绕组的匝数来调节电抗值，从而改变电动机两端的电压，达到调速的目的，如图 8-27 所示。

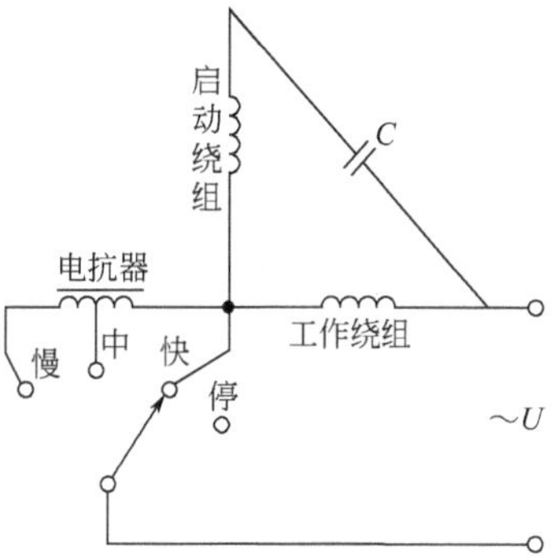

串电抗器调速，其优点是结构简单，容易调整调速比，但消耗的材料多，调速器体积大。

图 8-27　串电抗器调速电路

（2）抽头法调速电路

如果将电抗器和电动机结合在一起，在电动机定子铁芯上嵌入一个中间绕组（或称调速绕组），通过调速开关改变电动机气隙磁场的大小及椭圆度，可达到调速的目的。根据中间绕组与工作绕组和启动绕组的接线不同，常用的有 T 型接法和 L 型接法。L 型绕组的抽头法调速有 3 种方式，如图 8-28 所示。

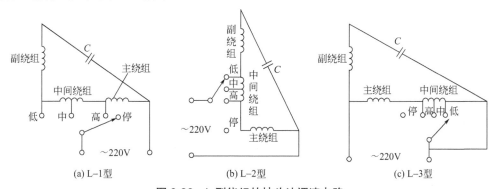

(a) L-1型　　　　(b) L-2型　　　　(c) L-3型

图 8-28　L 型绕组的抽头法调速电路

T 型绕组的抽头法调速电路如图 8-29 所示。

抽头法调速与串电抗器调速相比较，抽头法调速时用料省，耗电少，但是绕组嵌线和接线比较复杂。

（3）晶闸管调速电路

利用改变晶闸管的导通角，来实现加在单相异步电动机上的交流电压的大小，从而达到调节电动机转速的目的。如图 8-30 所示，调节电位器 RP 即可调节晶闸管的导通角，改变输出电压，从而达到无级调节电动机转速的目的。RP 阻值小，晶闸管导通角度大，输出电压高，电动机转速高；反之，RP 阻值大，电动机转速低。

晶闸管调速电路能实现无级调速，缺点是会产生一些电磁干扰。目前常用于吊式风扇的调速上。

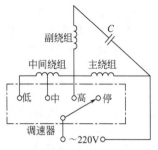

图 8-29　T 型绕组的抽头法调速电路

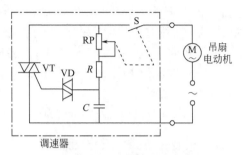

图 8-30　晶闸管调速电路

（4）PTC 调速电路

如图 8-31 为具有微风挡的电风扇调速电路。微风风扇能够在 500r/min 以下送出风，如采用一般的调速方法，电动机在这样低的转速下很难启动。电路利用常温下 PTC 电阻很小，电动机在微风挡直接启动，启动后，PTC 阻值增大，使电动机进入微风挡运行。

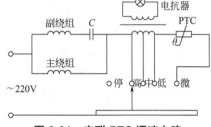

图 8-31　串联 PTC 调速电路

 想一想

1. 下列不属于单相异步电动机的是（　　　）。
A. 单相电容启动式　　　　　　　　B. 单相电容运行式
C. 单相电容启动式与运行式　　　　D. 单相电枢启动式
2. 家用洗衣机中采用的电动机为（　　　）。
A. 单相电容启动异步电动机　　　　B. 单相电容运行异步电动机
C. 单相电容启动与运行异步电动机　D. 单相电阻启动异步电动机
3. 单相电容启动式异步电动机中电容的作用是（　　　）。
A. 耦合　　　　　B. 防止电磁振荡　　　　C. 分相　　　　　D. 提高功率因数
4. 家用台扇最常用的调速方法是（　　　）。
A. 抽头调速　　　　B. 电抗器调速　　　C. 晶闸管调带　　D. 自耦变压器调速
5. 判断正误：单相异步电动机只要调换两根电源线就能改变转向。（　　　）
6. 判断正误：单相异步电动机工作绕组直流电阻小，启动绕组直流电阻大。（　　　）
7. 判断正误：单相电机抽头法调速电路常用的有 T 型接法和 L 型接法。（　　　）

8.4　三相异步电动机的接触器控制

8.4.1　三相异步电动机正转控制电路安装与调试

（1）三相异步电动机正转控制电路介绍

在实际生产中，应用最为广泛的是电动机单方向运转，也就是电动机的（正转）单向控制。为实现三相异步电动机单向运行控制所设计的控制电路，称为电动机正转控制电路，也是最简单基本控制电路。

常用的有五种三相异步电动机正转控制电路。即手动正转控制电路、点动正转控制电路、接触器自锁控制电路、具有过载保护的接触器自锁正转控制电路、连续与点动混合正转控制电路。

所谓电动机连续运转，是指在按下启动按钮后电动机启动运转，松开启动按钮后电动机继续运转，直到按下停止按钮后电动机才会停止运转。

电动机是否为连续运转控制的关键在于是否自锁。有自锁环节则为连续控制，没有自锁环节则为点动控制。

所谓点动控制是指按下按钮，电动机就得电运转；松开按钮，电动机就失电停转。点动正转控制电路是用按钮、按触器来控制电动机运行的最简单的正转控制电路。这种控制方法常用于行车的起重电动机的控制和车床拖板箱快速移动电动机的控制。

（2）电路分析

① 电动机手动正转控制电路　手动正转控制电路是通过低压开关来控制电动机的启动和停止，如电风扇和砂轮机等的控制，它是一种最简单的电动机控制电路，如图8-32所示。低压开关可选用普通的刀开关（或者组合开关）、或封闭式负荷开关、或低压断路器（空气开关）等，本电路的电流流向为：三相电源→刀开关（或者组合开关）→熔断器→电动机。

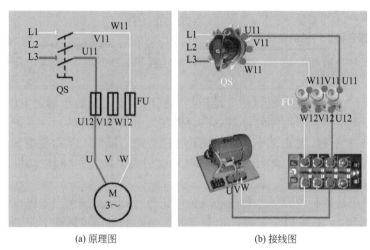

(a) 原理图　　　　　　　　(b) 接线图

图8-32　电动机手动正转控制电路

在手动正转控制电路中，只要将刀开关QS（或者组合开关）合上，电动机就开始运转；断开刀开关QS，电动机立即停止运转。本电路适用于控制不频繁启动的小容量电动机，但不能实现远距离控制和自动控制。

由于刀开关的灭弧能力差，如果电路中的电流太大，拉闸时要产生电弧，容易发生危险。

必须指出，笼式异步电动机能否直接启动，取决于下列条件。

a. 电动机自身要允许直接启动。对于惯性较大，启动时间较长或启动频繁的电动机，过大的启动电流会使电动机老化，甚至损坏。

b. 所带动的机械设备能承受直接启动时的冲击转矩。

c. 电动机直接启动时所造成的电网电压下降不致影响电网上其他设备的正常运行。具体要求是：经常启动的电动机，引起的电网电压下降不大于10%；不经常启动的电动机，引起的电网电压下降不大于15%；当能保证生产机械要求的启动转矩，且在电网中引起的电

压波动不致破坏其他电气设备工作时，电动机引起的电网电压下降允许为20%或更大；由一台变压器供电给多个不同特性负载，而有些负载要求电压变动小时，允许直接启动的异步电动机的功率要小一些。

8.5 电机单向自锁电路原理

d. 电动机启动不能过于频繁。因为启动越频繁给同一电网上其他负载带来的影响越多。

② 接触器自锁正转控制电路 接触器自锁正转控制电路，利用按钮、接触器来实现电动机正转的启动、停止控制，如图 8-33 所示。

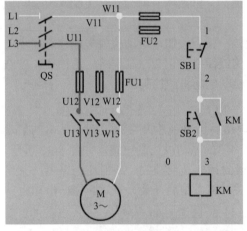

图 8-33 接触器自锁正转控制电路原理图

主电路：三相电源经 QS、FU1、KM 的主触点，连接到电动机三相定子绕组。

控制电路：用两个控制按钮 SB1 和 SB2，控制接触器 KM 线圈的通、断电，从而控制电动机（M）的启动和停止。

电路结构特点：接触器常开触点与按钮动合触点并联。KM 自锁触点（即与 SB2 并联的常开辅助触点）的作用是当按钮 SB2 闭合后又断开，KM 的通电状态保持不变，称为通电状态的自我锁定。停止按钮 SB1，用于切断 KM 线圈电流并打开自锁电路，使主回路的电动机 M 定子绕组断电并停止工作。

电路功能：本控制电路不但能使电动机连续运转，而且还有一个重要的特点，就是具有欠电压保护、失电压（或零电压）保护和过载保护等功能。

a. 欠电压保护 所谓欠电压保护，是指当电路电压下降到低于额定电压的某一数值时，电动机能自动脱离电源电压而停转，避免电动机在欠电压下运行的一种保护。因为当电路电压下降时，电动机的转矩随之减小，电动机的转速也随之降低，从而使电动机的工作电流增大，影响电动机的正常运行，电压下降严重时还会引起"堵转"（即电动机接通电源但不转动）的现象，以致损坏电动机。

接触器自锁正转控制电路可避免电动机欠电压运行，这是因为当电路电压下降到一定值（一般指低于额定电压 85% 以下）时，接触器线圈两端的电压也同样下降到一定值，从而使接触器线圈磁通减弱，产生的电磁吸力减小。当电磁吸力减小到小于反作用弹簧的拉力时，动铁芯被迫释放，带动主触点、自锁触点同时断开，自动切断主电路和控制电路，电动机失电停转，达到欠电压保护的目的。

b. 失电压（或零电压）保护 失电压保护是指电动机在正常运行中，由于外界某种原因引起突然断电时，能自动切断电动机电源。当重新供电时，保证电动机不能自行启动，避免造成设备和人身伤亡事故。采用接触器自锁控制电路，由于接触器自锁触点和主触点在电源断电时已经断开，使控制电路和主电路都不能接通。所以在电源恢复供电时，电动机就不能自行启动运转，保证了人身和设备的安全。

工作原理：

启动自锁正转过程为（先合上电源开关 QS）：

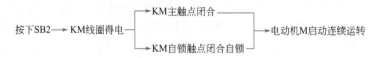

停止运转过程为：

按下SB1 → KM线圈失电 → KM主触点分断 → KM自锁触点分断 → 电动机M失电停转

c.过载保护　熔断器难以实现对电动机的长期过载保护，为此采用热继电器 FR 实现对电动机的长期过载保护。当电动机为额定电流时，电动机为额定温升，热继电器 FR 不动作；在过载电流较小时，热继电器要经过较长时间才动作；过载电流较大时，热继电器很快就会动作。串接在电动机定子电路中的双金属片因过热变形，致使其串接在控制电路中的动断触动作，切断 KM 线圈电路，电动机停止运转，实现过载保护。

（3）电路安装

8.6　工艺线的制作

① 电动机手动正转控制电路安装　最简单的手动正转控制电路安装接线如图8-34 所示，安装时，应在控制面板上的适当位置合理布置器件。

a.布线时必须确保接线正确无误，三相电源线分别用黄、绿、红导线，控制电路用黑色导线，接地线采用黄绿双色线。布线要合理、整齐，走线横平竖直，如图8-35（a）所示。如图8-35（b）所示的接线由于导线弯折位置距离端子排太近，导致走线达不到横平竖直的要求。

b.刀开关、熔断器固定牢固。

c.接线不能有松动，接线叉裸露金属不能过多，如图8-36 所示。

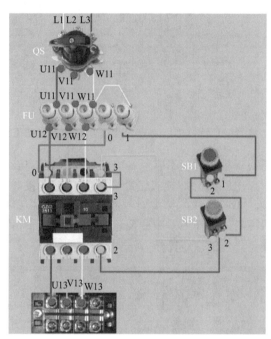

图 8-34　电动机手动正转控制电路安装接线图

(a) 布线横平竖直

(b) 导线弯折位置距离端子排太近

图 8-35　布线示例

图 8-36　接线叉裸露金属过多

② 接触器自锁正转控制电路安装　具有过载保护的接触器自锁正转控制电路如图8-37 所示。

在器件安装及接线时，要注意以下几点。

a.电动机和按钮的金属外壳，必须可靠接地。

b.电源进线接到螺旋式熔断器底座芯的接线端，出线接到与螺旋口导通的接线端。这样

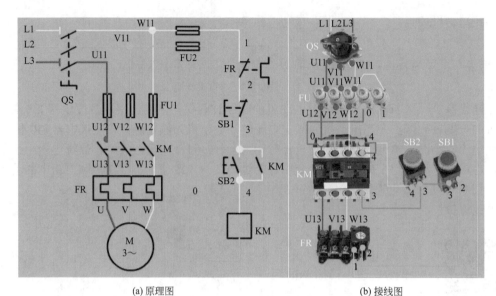

(a) 原理图　　　　　　　　(b) 接线图

图 8-37　接触器自锁正转控制电路原理图和接线图

更换保险芯时就不容易触电，和螺旋灯口接线原理一样。

电源线与螺旋式熔断器的接线桩连接时，要将螺钉与垫圈配合使用将线头压紧进行连接。单芯导线的接头要弯曲成"羊眼圈"（环形），然后再将螺钉以及垫圈插入环形孔中拧紧螺钉。制作的羊眼圈要避免环圈不足、环圈重叠、环圈过大、裸露线芯过长等不规范的操作。具体的接线操作方法如图 8-38 所示。

(a) 制作"羊眼圈"　　　　　　　　(b) 电源线与平压式接线桩连接

图 8-38　螺旋式熔断器的接线

c. 按钮内接线时，用力不能过猛，以防螺钉打滑。

d. 热继电器的热元件应串接在主电路中，其动断控制触点应串接在控制电路中，如图 8-39 所示。热继电器的整定电流必须按电动机的额定电流进行调整。一般热继电器应置于手动复位的位置上，若需要自动复位时，可将复位调节螺钉顺时针方向向里旋。热继电器因电动机过载动作后，若要再次启动电动机，必须待热元件冷却后，才能使热继电器复位。一般自动复位时间需 5min，手动复位时间需 2min。

e. 接触器的自锁动合触点 KM 必须与启动按钮开关 SB2 并联。

f. 正确的接线顺序为：先接负载端，后接电源端；先接接地线，后接三相电源线。

g. 布线应符合平直、整齐、紧贴敷设面、走线合理及触点不得松动等要求。控制电路布线的工艺要求见表 8-4。

图 8-39　热继电器与主电路的连接

表 8-4　控制电路布线的工艺要求

序号	工艺要求	图示	序号	工艺要求	图示
1	走线通道应尽可能少，同一通道中的沉底导线按主、控电路分类集中，单层平行密排，并紧贴敷设面		5	一个元件接线端子上的连接导线不得超过2根，每节接线端子板上的连接导线一般只允许连接1根	
2	同一平面的导线应高低一致或前后一致，不能交叉。当必须交叉时，该根导线应在接线端子引出时，水平架空跨越，但必须走线合理		6	严禁损伤线芯和导线绝缘。导线裸露部分应适当	
3	布线应横平竖直，变换走向应垂直		7	为方便维修，每一根导线的两端都要套上编号套管	
4	导线与接线端子或线桩连接时，应不压绝缘层、不反圈及不露铜过长。并做到同一元件、同一回路的不同触点的导线间距离保持一致				

（4）电路调试

① 电动机手动正转控制电路的调试

a. 确认安装接线无误后，先接通三相总电源，合上刀开关，电动机应能够正常启动并平稳运转。

b. 若熔断器熔断，则应断开电源，检查分析并排除故障后才可重新接通电源。

② 接触器自锁正转控制电路的调试

a. 对照原理图，从上到下、从左到右，逐一检查有无漏接、错接，导线的连接点是否良好。

b. 用万用表进行检查时，应选用电阻挡的适当倍率，并进行欧姆校零，以防错漏短路故障。检查控制电路，可将表笔分别搭接在辅助控制电路0、1线端上，读数应为∞，按下SB1时读数应为接触器线圈的电阻值。检查主电路时，可以手动来代替接触器线圈通电触点吸合的情况进行检查。

c. 用兆欧表测量三相笼型异步电动机的绝缘电阻，其阻值应不得小于 0.5MΩ。

d. 检查无误后，用手拨转一下电动机的转子，观察转子应无堵转现象，如图 8-40 所示。合上电源开关，按下启动按钮，使电动机空载运行；当运行正常时，可以带负载运行。如果发现异常情况应立即断电检查。停车时，按下停止按钮即可。

图 8-40　手检查电动机转子是否灵活

8.4.2 Y-△降压启动电路安装与调试

（1）三相异步电动机降压启动介绍

　　三相异步电动机启动时，加在电动机定子绕组上的电压为电动机的额定电压，属于全压启动，也称直接启动。三相异步电动机直接启动时，启动电流一般为额定电流的 4～7 倍。在电源变压器容量不够大而电动机功率较大的情况下，直接启动将导致电源变压器输出电压下降，不仅减小电动机本身的启动转矩，而且会影响同一供电线路中其他电气设备的正常工作。因此，较大容量的电动机需要采用降压启动。

　　降压启动是指利用启动设备将电压适当降低后加到电动机定子绕组上进行启动，待电动机启动运转后，再使其电压恢复到额定值正常运转，由于电流随电压的降低而减小，所以降压启动达到了减小启动电流之目的。因此，降压启动需要在空载或轻载下启动。

　　通常规定：电源容量在 180kV·A 以上，电动机容量在 7kW 以下的三相异步电动机可采用直接启动。凡不满足直接启动条件的，均须采用降压启动。

　　常见的降压启动方法有 4 种：定子绕组串接电阻降压启动、自耦变压器（补偿器）降压启动、Y-△降压启动和延边三角形降压启动。本书只介绍三相异步电动机 Y-△降压启动的安装与调试。

（2）电路分析

　　三相异步电动机 Y-△降压启动，是指在电动机启动时先将定子绕组接成星形接法，待转速上升接近额定转速时，再将定子绕组由星形换接为三角形接法，从而使电动机进入全压正常运行的状态。电动机 Y-△降压启动的特点：采用星形接法时，启动电流仅为三角形接法时启动电流的 1/3，启动电压仅为三角形接法时启动电压的 $1/\sqrt{3}$。这样就保证了电动机在较低电压下启动，进入正常运行之后恢复为全压运行。由时间继电器自动控制电动机 Y-△降压启动电路图如图 8-41 所示。

8.7　电动机星三角启动电路原理

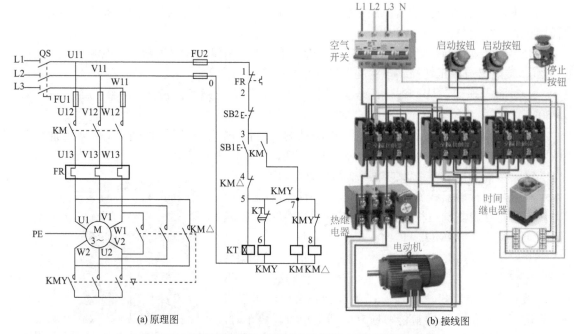

(a) 原理图　　　　　　　　　　　　(b) 接线图

图 8-41　时间继电器自动控制电动机 Y-△降压启动电路图

① 电路特点　该线路由 3 个接触器、1 个热继电器、1 个时间继电器和 2 个按钮组成。时间继电器 KT 用于控制 Y 形降压启动时间和完成 Y-△自动切换。

② 工作过程

a. Y-△降压启动（先合上电源开关 QS）

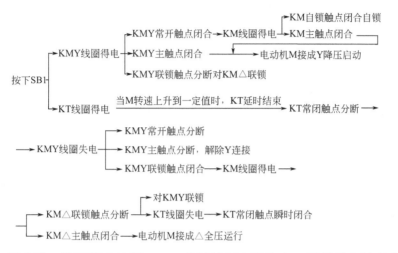

b. 停止　停止时，按下停止按钮 SB2，此时控制电路失电，接触器主触点分断，电动机 M 失电停止转动。

（3）电路安装

① 主电路的安装　主电路包括断路器 QF、熔断器 FU1、接触器 KM 的主触点、接触器 KMY 的主触点、接触器 KM △的主触点、热继电器 FR 的主触点和电动机 M。

| 8.8 交流接触器的检测 | 8.9 按钮的检测 | 8.10 热继电器的检测 |

安装电动机 Y-△降压启动控制电路线路时，注意接触器 KMY 和接触器 KM △的触点与电动机接线柱之间的连接必须正确，即必须确保星形连接和三角形连接的正确无误。可按图 8-42 所示的方法进行接线，接线步骤如下。

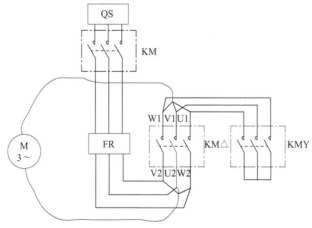

图 8-42　Y-△降压启动主电路接线图

a. 用万用表判别出电动机的三相绕组，并判断出每个绕组线圈的首尾端。每个绕组有 2 个端子，可设为：U1、U2，V1、V2 和 W1、W2。

b. 将电动机的 6 条引线分别接到 KM △ 的主触点上。

c. 从 W1、V1、U1 分别引出一条线，将这 3 条线不分相序地接到 KMY 主触点的 3 条进线处，并将 KMY 主触点的 3 条出线短接在一起。

d. 从 V2、U2、W2 分别引出一条线，将这 3 条线不分相序地接到 FR 的 3 条出线处，然后将主电路的其他线按图 8-42 进行连接。

e. 主电路接好后，用万用表 $R \times 100$ 挡分别测 KM △ 的 3 个主触点对应的进出线处的电阻。若电阻为无穷大，则正确；若其电阻不为无穷大（而为电动机绕组的电阻值），则三角形的接线有错误。

在进行电动机 Y-△ 降压启动控制电路线路接线时，要注意以下事项。

a. 用 Y-△ 降压启动控制的电动机，必须有 6 个出线端子，且定子绕组在△连接时的额定电压等于三相电源线电压。

b. 接线时要保证电动机绕组△形连接的正确性，即接触器 KMY 主触点闭合时，应保证定子绕组的 U1 与 W2、V1 与 U2、W1 与 V2 相连接。否则，会使电动机在三角形接法时造成三相绕组各接同一相电源或其中一相绕组接入同一相电源而无法工作等故障。

c. 接触器 KMY 的进线必须从三相定子绕组的末端引入，若误将其前端引入，则在接触器吸合时，会产生三相电源短路事故。

② 控制电路的安装　控制电路由熔断器 FU2、热继电器 FR 的常闭触点，按钮 SB2 的常闭触点，按钮 SB1 的常开触点，接触器 KM 的常开触点和线圈，接触器 KMY 的常闭触点和线圈，接触器 KM △ 的常开、常闭触点和线圈，时间继电器 KT 的延时断开常闭触点和线圈等组成。相对于主电路来说，控制电路的接线比较复杂。

该控制电路的安装操作步骤及方法与前面介绍的接触器自锁正转控制电路安装基本相同，这里就不再详细阐述。实物图如图 8-43 所示。

图 8-43　安装完成后的 Y-△ 降压启动控制电路实物图

8.11　星三角电路通电前检测

8.12　星三角电路通电试车

8.13　星三角启动电路故障维修

（4）电路调试

① 合上电源开关 QS，接通电源。

② 启动试验　按下启动按钮 SB1，在正常情况下电动机以星形连接进行启动，经过时间继电器延时一段时间后，电源切换为三角形接法，电动机进入正常运行状态。在启动试验时，应注意观察线路和电动机运行有无异常现象，并仔细观察时间继电器和电动机控制电器的动作情况，以及电动机的运行情况。如有异常情况，应立即切断总电源，并进行检修。

③ 功能试验　做 Y-△ 转换启动控制和保护功能的控制试验，如失压保护、过载保护和启动时间等。

④ 停止运行　按下停止按钮 SB2，电动机 M 停止运行。

在上述操作中，若发现有不正常现象，应立即断开电源开关 QS，分析排除故障后再重新通电试车。

8.4.3　三相异步电动机正反转控制电路安装与调试

（1）三相异步电动机正反转控制电路介绍

我们在日常生活和机械生产中，电动机的单向运转远不能满足生活和生产的需求，更多的场合要求运动部件能向正、反两个方向运动，如电梯门的开与关、机床工作台的前进与后退、万能铣床主轴的正转与反转、行车的前进与后退和吊钩的上升与下降等。三相异步电动机的正、反转控制就是在电动机的正向运转控制的基础上，在同一台电动机上加入反向运转控制。

8.14　三相电机正反转控制原理

根据电磁场原理，要改变电动机的运转方向，只需改变通入交流异步电动机定子绕组三相电源的相序（即把接入电动机的三相电源进线中的任意两相对调接线），就可以实现电动机反向运转。但我们不能每次需要电动机反转时，都靠人工对调电动机的接线，而要靠专用装置或控制线路实现电动机的正反转切换。

最常用的正反转控制线路为：倒顺开关正反转控制；接触器联锁正反转控制；按钮联锁正反转控制；按钮、接触器联锁正反转控制。

目前，也可采用电动机正反转控制器（模块）来作为电动机正反转控制，由于它采用单片机设计，输入与输出隔离，模块内已设置硬件软件互琐，可有效地防止在同一时间内固态继电器的正反转开关同时导通，如图 8-44 所示。

（2）电路分析

接触器联锁的电动机正反转控制电路如图 8-45 所示。

图 8-44　电动机正反转控制器

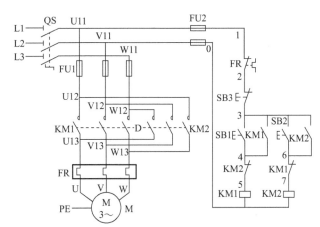

图 8-45　接触器联锁正反转控制电路

① 电路特点　电路中使用了 2 个接触器。其中，KM1 是正转接触器，KM2 为反转接触器。它们分别由正转按钮 SB1 和反转按钮 SB2 控制。从主电路图中可以看出，这 2 个接触器的主触点所接通的电源相序不同，KM1 按 L1-L2-L3 相序接线，KM2 按 L3-L2-L1 相序接线。相应的控制电路有两条，一条是由按钮 SB1 和 KM1 线圈等组成的正转控制电路；另一条是由按钮 SB2 和 KM2 线圈等组成的反转控制电路。

接触器联锁的正反转控制电路，具备了前面已经介绍过的过载保护自锁控制电路的全部功能，工作安全可靠，但缺点是操作不便。

② 联锁原理分析　由于接触器 KM1 和 KM2 的主触点绝对不允许同时闭合，否则将造成两相电源（L1 和 L2）短路事故。为避免两个接触器 KM1 和 KM2 同时得电动作，就在正、

253

反转控制电路中分别串接了对方接触器的一对常闭辅助触点，这样，当一个接触器得电动作时，通过其常闭辅助触点断开对方的接触器线圈，使另一个接触器不能得电动作，接触器间这种相互制约的作用称为接触器联锁（或互锁）。实现联锁作用的常闭辅助触点称为联锁触点（互锁触点）。

③ 工作过程

a. 正转控制

b. 反转控制

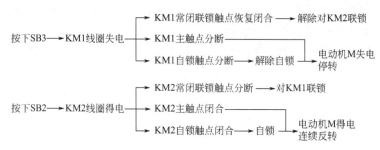

c. 停止控制

按下SB3 ⟶ 控制电路失电 ⟶ KM1(或KM2)主触点分断 ⟶ 电动机M失电停转

从以上分析可见，接触器联锁正反转控制电路的优点是工作安全可靠，缺点是操作不便。因电动机从正转变为反转时，必须先按下停止按钮后，才能按反转启动按钮，否则由于接触器联锁作用，不能实现反转。

④ 电路安装　接触器联锁正反转控制电路接线图如图8-46所示。

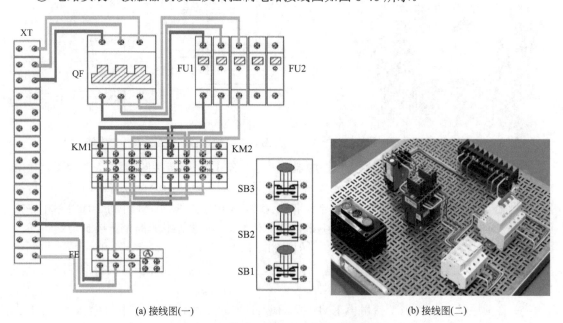

(a) 接线图(一)　　　　　　　　　　　　　　(b) 接线图(二)

图 8-46　接触器联锁正反转控制电路接线图

254

a. 器件安装及布线的工艺要求与前面介绍的方法相同。

b. 在接线时，正、反转接触器的自锁触点不得接错。否则，只能点动控制。

c. 在接线时，特别注意接触器的联锁触点不能接错。否则，将会造成主电路中两相电源短路事故。

d. 电动机和按钮的金属外壳必须可靠接地。

e. 对接线完成的电路，要根据电路图进行逐一核对，检查接线有无错误，接头是否接触良好。检查时要耐心仔细，及时处理发现的问题；检查完毕，最后进行绑扎线和剪线，如图8-47所示。

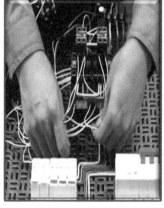

(a) 接线完毕　　　　　　　　(b) 检查接线有无错误

图 8-47　检查接线和整理线路

⑤ 电路调试

a. 外观检查

• 检查有无绝缘层压入接线端子。若有绝缘层压入接线端子，通电后会使电路无法接通。

• 检查裸露的导线线芯是否符合规定。

• 用手摇动、拉拨接线端子上的导线。检查所有导线与端子的接触情况，不允许有松脱。

b. 主电路的检查　用万用表 $R\times10$ 挡或 $R\times100$ 挡，将两表笔分别接在图8-45所示中的 U12 与 U13、V12 与 V13、W12 与 W13 两点之间。正常情况下，万用表指针此时应分别指在 ∞ 位置。然后，测量点不变，分别手动按下交流接触器 KM1、KM2 的动铁芯，如果此时万用表测得的电阻为几欧姆，说明交流接触器 KM1、KM2 动作良好且交流接触器主触点及热继电器热元件接线正确、情况正常，如图8-48所示。

8.15　电机正反转主电路检测

c. 控制电路的检查　用万用表 $R\times10$ 挡或 $R\times100$ 挡，将两表笔分别接在图8-45所示的 0、1 线端上，读数应为 ∞，分别按下按钮 SB1、SB2 时，万用表指针从无穷大位置向右偏转，此时读数应为 800Ω 左右（接触器线圈的直流电阻值），说明辅助控制电路接线正确且情况正常，如图8-49所示。

8.16　电机正反转控制电路检测

d. 通电调试

• 检查无误后，用手拨转一下电动机的转子，观察转子有无堵转现象。

• 接通电源，合上电源开关 QS。先按下正转启动按钮 SB1 进行正转实验，按下停止按钮 SB3 让电动机停止运行后，再按下反转启动按钮 SB2 进行反转实验。若操作中发现有不正常现象，应断开电源，分析排除故障后重新操作。

图 8-48 主电路检查

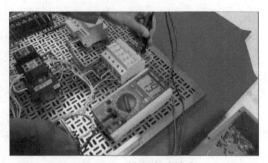

图 8-49 控制电路检查

e. 整理线路 进行绑扎线并剪去多余的线头，如图 8-50 所示。

(a) 绑扎线

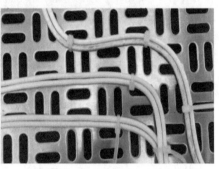

(b) 剪线头

图 8-50 绑扎线和剪线头

想一想

1. 判断正误：反接制动一般仅用 3kW 以下及制动不太频繁的异步电动机。（　　　）

2. 判断正误：对于低压电动机，接触器自锁控制电路只具欠压保护功能。（　　　）

3. 判断正误：热继电器不能为重载启动的电动机提供可靠的保护。（　　　）

4. 判断正误：把应作星形连接的电动机接成三角形，电动机将会被烧坏。（　　　）

5. 判断正误：交流接触器的辅助常开（动合）触点在电动机控制电路中主要起自锁作用。（　　　）

6. 判断正误：电动机正反转控制电路为了保证启动和运行的安全性，要采取电气上的自锁控制。（　　　）

7. 判断正误：如图 8-51 所示为电动机单向自锁控制电路原理图，图中，SB1 为启动按钮，SB2 为停止按钮。（　　　）

8. 判断正误：如图 8-52 所示可以作为三相异步电动机正反转控制电路，但不够完善。（　　　）

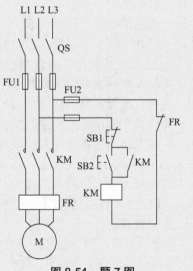

图 8-51 题 7 图

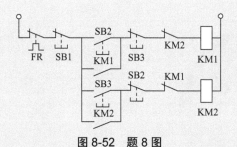

图 8-52 题 8 图

9. 判断正误：正反转控制电路中，两个接触器的主触点绝不允须同时闭合，否则将造成两相电源短路事故。为了避免这种事故，在正反转控制电路中串接了对方接触器的一对辅助常闭触点。(   )

10. 能够实现接触器联锁作用的触点为（   ）。

A. 常开主触点　　B. 常闭主触点　　C. 辅助常开触点　　D. 辅助常闭触点

11. 在电动机控制电路中，实现电动机短路保护的电器是（   ）。

A. 熔断器　　　　B. 热继电器　　　　C. 接触器　　　　D. 中间继电器

12. 在电动机控制电路中，最常用的过载保护电器是（   ）。

A. 熔断器　　　　B. 断路器　　　　C. 热继电器　　　　D. 接触器

13. 改变电动机三相电源进线中的（   ）时，电动机可以实现反转。

A. 任意一相　　　B. 任意二相　　　C. 任意三相　　　D. 规定相序

第 **9** 章

电动机的智能控制

9.1　电动机变频调速控制

9.1.1　认识变频器

9.1　认识变频器

变频器（Variable-frequency Drive，VFD）是利用电力半导体器件的通断作用，将 50/60Hz 工频交流电转换成电压、频率均可变的适合交流电动机调速的电力电子变换装置，英文简称 VVVF，如图 9-1 所示。变频器除了用于电动机调速控制之外，还具有过流、过压、过载保护等保护功能，因而得到了非常广泛的应用。

目前变频器的应用已由工厂扩展到社区酒店、商厦和写字楼。如音乐喷泉、无塔供水、中央空调都用到了变频器。

（1）变频器的作用

变频器能实现对交流异步电动机的软启动，变频调速，提高运转精度，改变功率因数，过流、过压、过载保护等功能。

变频器的作用主要是调整电动机的功率、实现电动机的变速运行，以达到省电的目的。同时，变频器还可以降低电力线路电压波动对电动机的影响。

图 9-1　变频器

（2）变频调速的优缺点

① 变频调速的优点　变频器是工控系统的重要组成设备，安装在电动机的前端以实现调速和节能。变频器的控制对象是三相交流异步电动机和三相交流同步电动机，标准适配电动机极数是 2/4 极。变频调速具有以下优点。

a. 平滑软启动，降低启动冲击电流，减少变压器占有量，确保电动机安全。

b. 在机械设备允许的情况下，可通过提高变频器的输出频率，提高工作速度。

c. 真正的无级调速，调速精度大大提高。

d. 电动机正反向不需要通过接触器切换。

e. 非常方便接入通信网络控制，实现生产自动化控制。

② 变频调速的缺点

a. 目前变频器产品的初投资较高，是推广应用的主要障碍。

b. 变频器输出的电流或电压的波形为非正弦波，容易产生高次谐波，对电动机及电源会产生一些不良影响。若采用 PWM 型变频器或采用多重化技术的电流型变频器，不良影响可以得到大大的改善。

（3）变频器的种类

按照不同的分类方法，变频器的种类见表 9-1。

表 9-1 变频器的种类

分类方法	种类	说明
按变换的环节分	交 - 交变频器	将工频交流直接变换成频率电压可调的交流，又称直接式变频器
	交 - 直 - 交变频器	先把工频交流通过整流器变成直流，然后再把直流变换成频率电压可调的交流，又称间接式变频器，是目前广泛应用的通用型变频器
按主电路工作方式分	电流型变频器	电流型变频器特点是中间直流环节采用大电感作为储能环节，缓冲无功功率，即扼制电流的变化，使电压接近正弦波，由于该直流内阻较大，故称电流源型变频器（电流型）。电流型变频器的优点是能扼制负载电流频繁而急剧的变化，常选用于负载电流变化较大的场合
	电压型变频器	电压型变频器特点是中间直流环节的储能元件采用大电容，负载的无功功率将由它来缓冲，直流电压比较平稳，直流电源内阻较小，相当于电压源，故称电压型变频器，常选用于负载电压变化较大的场合
按用途分	通用变频器、高性能专用变频器、高频变频器、单相变频器和三相变频器等	

（4）变频器的组成及基本原理

变频器由主电路和控制电路两大部分组成，如图9-2所示。主电路包括二极管整流模块、滤波器（电容器）、制动器以及 IGBT（绝缘栅双极晶体管）逆变器等。控制电路包括单片机系统、驱动保护电路、故障信号检测电路以及操作与显示电路等。

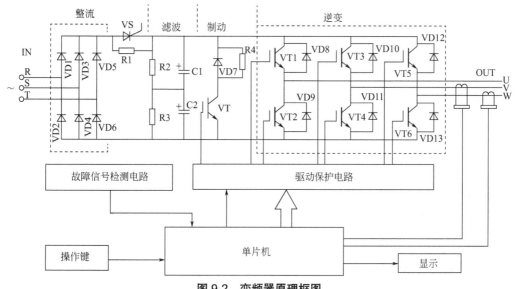

图 9-2 变频器原理框图

① 变频器主电路的基本原理　整流电路与三相交流电源相连接，先将固定的交流电整流成脉动的直流电，再将直流电逆变成频率连续可调的交流电，这就是变频器的基本工作原理。

整流电路有两种类型，由晶闸管组成的可控整流电路和由二极管组成的不可控整流电路。图9-2所示的整流电路属于不可控整流电路。

a. 交流/直流（AC/DC）变换　三相交流电从R、S、T端输入，经VD1～VD6组成的三相桥式整流电路整流后成为脉动的电信号，再经阻容滤波电路滤波后成为直流电。图中，R1为限流电阻，它在电容器充电的瞬间发挥作用，使电容器的充电电流限制在允许范围内。当滤波电容器充电到一定量时，电子开关VS导通，将R1短路，电路继续工作。

b. 直流/交流（DC/AC）变换　VT1～VT6组成三相逆变桥路，将VD1～VD6整流后的直流电再变换成频率可调的交流电（称之为逆变），这是变频器的核心所在。图中，VD8～VD13可为感性负载的无功电流返回直流电源提供通道，还可为电动机频率下降或再生制动所产生的电流进行整流并馈送给直流电路。每只逆变三极管的c、e极之间还设有缓冲电路，图中均省略。

c. 制动电路　电动机在工作频率下降的过程中，将处于再生制动状态，拖动系统的动能反馈到直流电路中，将使直流电压不断上升，甚至会到达损坏变频器的地步。为此，在电路中设置了制动电阻R4和制动单元VT。制动电阻可以消耗掉多余的能量，使得直流电压保持在许可范围内；制动单元VT为放电电流流经R4提供通路。

② 变频器控制电路的基本原理　U/f控制是在改变频率的同时控制变频器输出电压，使电动机磁通保持一定，在较宽的调速范围内，电动机的转矩、效率、功率因数不下降。因为是控制电压（U）和频率（f）的比，所以称为U/f控制。市场上把这类变频器称为VVVF，表示变压变频之意。

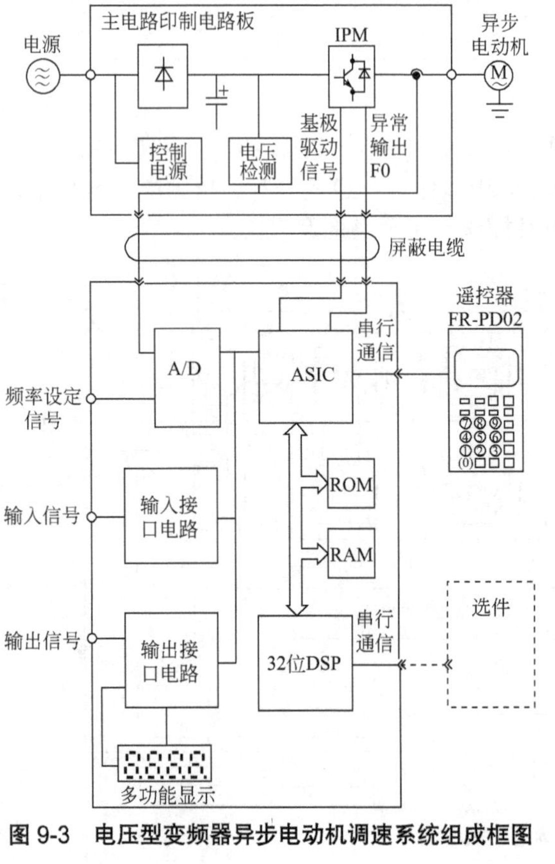

作为变频器调速控制方式，U/f控制比较简单，在进行电动机调速时，通常考虑的一个重要因素是希望保持电动机中每极的磁通量为额定值，并保持不变。

电源电路为变频器的控制电路及执行器件提供所需直流电源。近年来广泛采用开关电源技术，它首先将电源电压整流成直流电，再利用DC/DC变换技术将较高电压的直流电变成所需各种等次的直流电压，如±5V、±15V等。

如图9-3为电压型变频器异步电动机调速系统的组成框图。图中，ASIC为专用集成电路，它把控制软件和系统监控软件以及部分逻辑电路全部集成在一片芯片中，使控制电路板更为简洁，并具有保密性能。频率设定信号和系统的电压、电流检测经A/D变换送入控制电路。系统的计算由32位DSP（数字信号处理器）完成，它的计算结果和计算所需的原始数据经过数据总线和ASIC中的CPU进行变换，把程序和中间数据存放在ROM和RAM中。系统的

图9-3　电压型变频器异步电动机调速系统组成框图

设定功能可由遥控器进行远程操作，此外系统配有控制输入输出端口。

（5）变频器的端口

变频器的端口主要有控制回路端口和主回路端口，如图9-4所示为西门子G20变频器的端口。

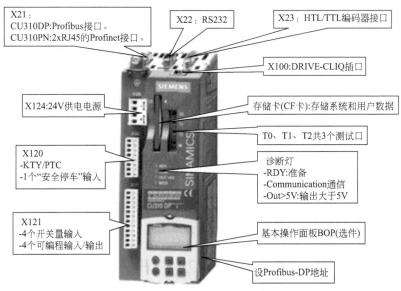

图9-4 西门子G20变频器的端口

① 主回路端口 变频器的主回路端口包括电源输入端口、电源输出端口和制动电阻端口，如图9-5所示。

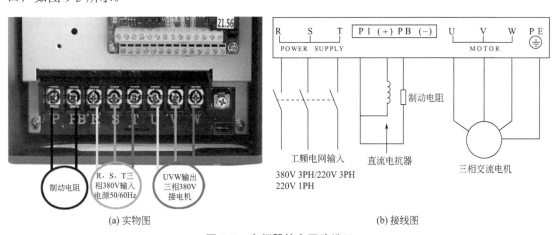

图9-5 变频器的主回路端口

> **特别提醒**
>
> 电源进线只能接到变频器输入端R、S、T接线端子上，一定不能接到变频器输出端（U、V、W）上。

② 控制回路端口 变频器的控制回路端口主要分为输入端口、输出端口。输入端口分为数字量输入端口和模拟量输入端口，输出端口也分为数字量输出端口和模拟量输出端口，如图9-6所示。数字量也称为开关量，因此。数字量输入端口又称为开关量输入端口，数字量输出端口又称为开关量输出端口。

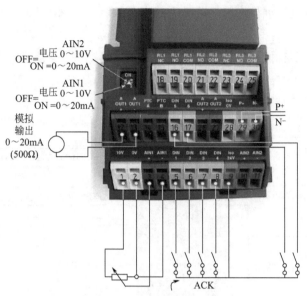

图 9-6 变频器控制回路端口

变频器控制回路端口的类型及功能见表 9-2。

表 9-2 变频器控制回路端口的类型及功能

端口类型	主要特点	主要功能
开关量输入	（1）电源：无源输入，一般由变频器内部 24V 供电。 （2）种类：① 固定功能端口（常为正转、反转、停止、点动、复位等），接入方式有继电器接入（触点、按钮、开关）和晶体管接入（接近开关、光电开关、PLC）两种。 ② 多功能端口，该端口功能不固定，也叫可编程端口，由端口相对应的参数功能设定值决定。 ③ 脉冲量接入端口，该端口既可以是固定功能端口，也可以是多功能端口。 （3）数字量的接法：Sink 和 Source 接法，即漏型和源型接法。漏型接法的数字量的公共端为负，源型接法的数字量的公共端为正	启/停变频器，接收编码器信号、多段速、外部故障等信号或指令
开关量输出	（1）继电器输出，可以接交流也可以接直流。 （2）晶体管输出，也叫集电极开路输出，只能接直流	变频器故障报警输出、状态信号输出、测量信号输出等，功能可通过端口相对应的参数设置，主要为专用输出和多功能输出
模拟量输入	输入模拟量信号（电压信号和电流信号）作为变频器的外部频率给定，并通过调节给定信号的大小，来调节变频器的输出频率 通常情况下模拟信号的取值为： 电压：$0 \sim 5V$，$0 \sim 10V$，$-5V \sim 5V$，$-10V \sim 10V$ 电流：$4 \sim 20mA$，$0 \sim 20mA$	频率给定/PID 给定、反馈，接收来自外部的给定或控制
模拟量输出	输出的主要为 $0 \sim 10V/4 \sim 20mA$ 的电压信号	报警输出、状态信号输出、测量信号输出等，功能可通过端口相对应的参数设置，主要为专用输出和多功能输出
脉冲输出	PWM 波输出，输出的是脉冲信号	功能同模拟量输出（只有个别变频器提供）
通信口	是变频器与上位机（PC、PLC、HMI、工控机和单片机）进行通信的物理接口，一般为 RS485/RS232 标准接口。上位机可以串行通信方式对变频器进行频率设定	组网控制

9.1.2 变频器及外围配件的选配

（1）变频器的合理选用

9.2 变频器与外围配件选用

变频器的合理选用，应按照被控对象的类型、调速范围、静态速度精度、启动转矩等来考虑，使之在满足工艺和生产要求的同时，既好用又经济。为减少主电源干扰，在中间电路或变频器输入电路中增加电抗器，或安装前置隔离变压器。一般当电动机与变频器距离超过 50m 时，应在它们中间串入电抗器、滤波器或采用屏蔽防护电缆。

① 根据被控制电动机选用变频器　见表 9-3。

表 9-3　根据被控制电动机选用变频器

序号	电动机选项	变频器选择
1	电动机的极数	一般电动机极数以不多于 4 极为宜，否则变频器容量就要适当加大
2	转矩特性、临界转矩、加速转矩	在同等电动机功率情况下，相对于高过载转矩模式，变频器规格可以降格选取
3	功率值	变频器功率值与电动机功率值相当最合适，以利于变频器在高的效率值下运转，在变频器的功率分级与电动机功率分级不相同时，则变频器的功率要尽可能接近电动机的功率，但应略大于电动机的功率。 当变频器与电动机功率不相同时，则必须相应调整节能程序的设置，以利于达到较高的节能效果
4	制动	当电动机属频繁启动、制动工作或处于重载启动且较频繁工作时，可选取大一级的变频器，以利于变频器长期、安全地运行。经测试，电动机实际功率确实有富余，可以考虑选用功率小于电动机功率的变频器，但要注意瞬时峰值电流是否会造成过电流保护动作

② 变频器箱体结构的选用　变频器的箱体结构要与使用条件相适应，必须考虑温度、湿度、粉尘、酸碱度、腐蚀性气体等因素。变频器箱体结构主要有敞开型和封闭型两大类，选用的一般方法见表 9-4。

表 9-4　变频器箱体结构的选用

箱体结构		适用场合
敞开型		本身无机箱，可装在电控箱内或电气室内的屏、盘、架上，尤其适于多台变频器集中使用时选用，但环境条件要求较高
封闭型	IP20 型	适于一般用途，可有少量粉尘或少许温度、湿度的场合
	IP45 型	适于工业现场条件较差的环境
	IP65 型	适于环境条件差，有水、灰尘及一定腐蚀性气体的场合

③ 变频器容量的确定　合理的选择变频器容量本身就是一项节能降耗措施。变频器容量选定过程，实际上是一个变频器与电动机的最佳匹配过程。选择变频器容量可按照以下三大步骤进行：

a. 了解负载性质和变化规律，计算出负载电流的大小或做出负载电流图。

b. 预选变频器容量。

c. 校验预选变频器。必要时进行过载能力和启动能力的校验，若都通过，则预选的变频器容量便选定了；否则从步骤 b. 开始重新进行，直到通过为止。

在满足生产机械要求的前提下，变频器的容量越小越经济。在选型前，首先要根据机械对转速（最高、最低）和转矩（启动、连续及过载）的要求，确定机械要求的最大输入功率（即电动机额定功率的最小值）。

$$P=nT/9950$$

式中，P 为机械要求的输入功率，kW；n 为机械的转速，r/min；T 为机械的最大转矩，N·m。

d. 选择电动机的极数和额定功率。电动机的极数决定了同步转速，要求电动机的同步转速尽可能地覆盖整个调速范围，使连续负载容量大一些。为了充分利用设备潜能，避免浪费，可允许电动机短时超出同步转速，但必须小于电动机允许的最高转速。转矩应取设备在启动、连续运行、过载或最高速等状态下的最大转矩。

e. 根据变频器的输出功率和额定电流稍大于电动机的功率和额定电流确定变频器的参数与型号。

根据现有资料和经验，比较简便的方法有以下 2 种。

a. 电动机实际功率确定法。首先测定电动机的实际功率，以此来选用变频器的容量。

b. 公式法。设定安全系数，通常取 1.05，则变频器的容量 P_b 为

$$P_b=1.05P_m/（P_w\cos\varphi）$$

式中，P_m 为电动机负载；P_w 为电动机功率；$\cos\varphi$ 为电动机功率因数。

计算出 P_b 后，按变频器产品目录选择具体规格。

对于轻负载类，变频器电流一般应按 $1.1I_n$（I_n 为电动机额定电流）来选择，或按厂家在产品中标明的与变频器的输出功率额定值相配套的最大电动机功率来选择。

当一台变频器用于多台电动机时，应至少要考虑一台最大电动机启动电流的影响，以避免变频器过电流保护动作。

（2）变频器的外围配置

变频器的外围配置通常包括低压断路器、接触器、熔断器、电抗器、滤波器、制动单元和制动电阻等。如图 9-7 所示为变频器外围器件的基本配置图。

① 低压断路器

功用：作为变频器供电的开关。过电流时，断路器能自动脱扣保护。低压断路器如图 9-8 所示。

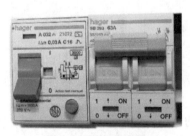

图 9-8　低压断路器

选择方法：由于低压断路器具有过电流保护功能，为了避免不必要的误动作，取

$$I_{QN} \geqslant （1.3 \sim 1.4）I_N$$

式中　I_{QN}——低压断路器的额定电流；
　　　I_N——变频器的额定电流。

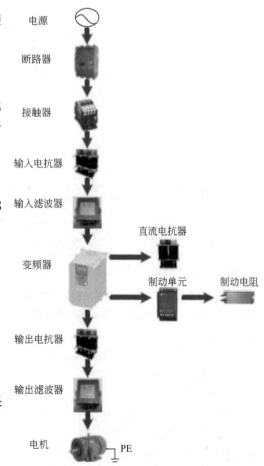

电源
断路器
接触器
输入电抗器
输入滤波器
直流电抗器
变频器
制动单元　制动电阻
输出电抗器
输出滤波器
电机　PE

图 9-7　变频器外围器件的基本配置

② 接触器

a. 输入侧接触器

功用：可通过按钮开关方便地控制变频器的通电与断电；当变频器发生故障时，可自动切断电源。接触器如图9-9所示。

选择方法：

$$I_{KN} \geqslant I_N$$

式中　I_{KN}——触点的额定电流。

b. 输出侧接触器

功用：仅用于和工频电源切换等特殊情况下，一般不用。

选择方法：因为输出电流中含有较强的谐波成分，故取

$$I_{KN} \geqslant 1.1 I_{MN}$$

式中　I_{MN}——电动机的额定电流。

③ 快速熔断器　用于在变频器内部或外部故障，而变频器不能有效进行保护时切断故障电流，目的是防止变频器的故障进一步扩大。

④ 交流电抗器　交流电抗器分输入电抗器和输出电抗器两种。输入电抗器可以有效降低电源的畸变率，保护变频器免遭电网浪涌电流的冲击，可将功率因数提高到0.85以上。输出电抗器则能有效降低变频器的输出谐波，改善输出电流的波形。

一般来说，当变频器到电动机线路超过100m，需要选用交流电抗器。在供电变压器容量大于500kV·A，或供电母线上接有相控调压装置、电容切换装置，或三相电源电压不平衡度大于3%时应接入输入交流电抗器，如图9-10（a）所示。

(a) 交流电抗器　　　　(b) 直流电抗器

图 9-9　接触器　　　　　　　　　　图 9-10　电抗器

常用交流电抗器的规格见表9-5。

表 9-5　常用交流电抗器的规格

电动机容量 /kW	30	37	45	55	75	90
允许电流 /A	60	75	90	110	150	170
电感量 /mH	0.32	0.26	0.21	0.18	0.13	0.11
电动机容量 /kW	110	132	160	200	220	
允许电流 /A	210	250	300	380	415	
电感量 /mH	0.09	0.08	0.06	0.05	0.05	

⑤ 直流电抗器　如图9-10（b）所示，直流电抗器可将功率因数提高至0.9以上。由于其体积较小，因此许多变频器已将直流电抗器直接装在变频器内。

直流电抗器除了提高功率因数外，还可削弱在电源刚接通瞬间的冲击电流。如果同时配用交流电抗器和直流电抗器，则可将变频调速系统的功率因数提高至0.95以上。

在电网品质恶劣或容量偏小的场合，例如宾馆中央空调、电动机功率大于55kW以上时，如不选用交流输入电抗器和直流电抗器，可能会造成干扰、三相电流偏差大，变频器频繁炸机。

常用直流电抗器的规格见表9-6。

表9-6　常用直流电抗器的规格

电动机容量 /kW	30	37～55	75～90	110～132	160～200	220	280
允许电流 /A	75	150	220	280	370	560	740
电感量 /μH	600	300	200	140	110	70	55

⑥ 滤波器　变频器的输入和输出电流中都含有很多高次谐波成分。这些高次谐波电流除了增加输入侧的无功功率、降低功率因数（主要是频率较低的谐波电流）外，频率较高的谐波电流将以各种方式把自己的能量传播出去，形成对其他设备的干扰信号，严重的甚至使某些设备无法正常工作，因此需要设置滤波器，如图9-11所示。

根据使用位置的不同，可以分为输入滤波器和输出滤波器。输入滤波器有线路滤波器和辐射滤波器两种。线路滤波器串联在变频器的输入侧，由电感线圈组成，增大电路的阻抗，减少频率较高的谐波电流；在需要使用外控端子控制变频器时，如果控制回路电缆较长，外部环境的干扰有可能从控制回路电缆侵入，造成变频器误动作，此时将线路滤波器串联在控制回路电缆上，可以消除干扰。

图9-11　变频器专用滤波器

辐射滤波器并联在电源与变频器的输入侧，由高频电容组成，可以吸收频率较高具有辐射能量的谐波成分，用于降低无线电噪声。线路滤波器与辐射滤波器同时使用效果较好。

⑦ 漏电保护器　由于变频器输入、输出引线和电动机内部均存在分布电容，并且变频器使用的载波频率较高，造成变频器的对地漏电电流较大，有时会导致保护电路的误操作。遇到这类问题时，除适当降低载波频率，缩短引线外，还应当安装漏电保护器。

漏电保护器应当安放在变频器的输入侧，置于低压断路器之后较为合适。

漏电保护器的动作电流应大于该线路在工频电源下不使用变频器时漏电流（包括电动机等漏电流的总和）的10倍。

⑧ 制动单元和制动电阻

a. 功用　当电动机因频率下降或重物下降（如起重机械）而处于再生制动状态时，避免在直流回路中产生过高的泵升电压。制动电阻（箱）如图9-12所示。

制动单元主要用于控制机械负载比较重的、制动速度要求非常快的场合，将电动机所产生的再生电能通过制动电阻消耗掉，或者是将再生电能反馈回电源。对于一些需要快速制动但频度较低的场合非常适用。制动单元如图9-13所示。

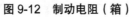

图9-12　制动电阻（箱）　　　　　　图9-13　制动单元

b. 选择　常用制动电阻的阻值与容量的参考值见表9-7。

表 9-7　常用制动电阻的阻值与容量的参考值

电动机容量 /kW	电阻值 /Ω	电阻容量 /kW	电动机容量 /kW	电阻值 /Ω	电阻容量 /kW
0.40	1000	0.14	37	20.0	8
0.75	750	0.18	45	16.0	12
1.50	350	0.40	55	13.6	12
2.20	250	0.55	75	10.0	20
3.70	150	0.90	90	10.0	20
5.50	110	1.30	110	7.0	27
7.50	75	1.80	132	7.0	27
11.0	60	2.50	160	5.0	33
15.0	50	4.00	200	4.0	40
18.5	40	4.00	220	3.5	45
22.0	30	5.00	280	2.7	64
30.O	24	8.00	315	2.7	64

由于制动电阻的容量不易准确掌握，如果容量偏小，则极易烧坏。所以，制动电阻箱内应附加热继电器 FR，如图 9-14 所示。

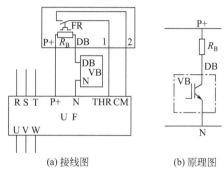

(a) 接线图　　　　(b) 原理图

图 9-14　附加热继电器 FR 的接线图和原理图

9.1.3　变频器安装与接线

（1）变频器的安装

变频器安装方式有壁挂式安装和柜式安装 2 种方式。

① 壁挂式安装　变频器的外壳设计比较牢固，一般情况下，允许直接安装在墙壁上。为了保证通风良好，所有变频器都必须垂直安装，变频器与周围物体之间的距离如图 9-15 所示，而且为了防止杂物掉进变频器的出风口阻塞风道，在变频器出风口的上方最好安装挡板。

② 柜式安装　当现场的灰尘过多，湿度比较大，或变频器外围配件比较多，需要和变频器安装在一起时，可以采用柜式安装。变频器柜式安装是目前最好的安装方式，可以防辐射干扰，同时也能防灰尘、防潮湿、防光照。

9.3　变频器的安装

（2）变频器的接线要求

① 输入端的三相电源接到端子 R、S、T 上，若接错，会损坏变频器。

② 变频器必须通过接地端子（PE）与接地线连接。其接地方式有专用接地和共同接地两种方式，如图 9-16 所示，一般采用专用接地效果最佳。

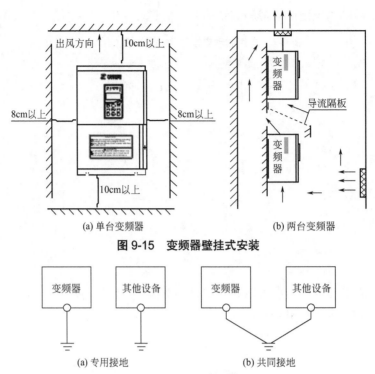

<table>
<tr><td>(a) 单台变频器</td><td>(b) 两台变频器</td></tr>
</table>

图 9-15　变频器壁挂式安装

(a) 专用接地	(b) 共同接地

图 9-16　变频器的接地

③ 端子和导线的连接，必须使用压接端子。

④ 配线完毕，应再次检查接线是否正确，有无漏接，端子和导线是否短路或接地。

⑤ 通电后，需要改接线时，即使已关断电源，主电路直流端子滤波电容器放电也需要时间，所以很危险，应等充电指示灯熄灭后，用万用表确认直流电压降到安全电压（DC36V以下）后再作业。

（3）基本接线方法

变频器的接线端子可分为强电端子和弱电端子两大类。

① 强电端子是指高电压高功率的接线端子，通常包括 R、S、T 供电电源端子，U、V、W 电机端子，P+ 和 N− 直流母线端子，PB 制动电阻端子，E 散热铝片接地端子等。变频器的能量通过这些端子传递进来，处理后传递出去给电动机。

② 弱电端子包括 +24V、COM、+10V、GND 这类弱电电源端子，FWD 正转、REV 反转、多功能定义端子、内部继电器输出端子、模拟量输出端子、RS485 通信端子等，这类也叫控制端子。

各种变频器具体的接线方法大同小异，BT12S 系列变频器基本的接线方法如图 9-17 所示。

（4）主电路端子的接线

BT12S 系列变频器端子排如图 9-18 所示，其主电路端子功能说明见表 9-8。

进行主电路连接时应注意以下几点：

① 主电路电源端子 R、S、T，经接触器和断路器与电源连接，不用考虑相序。变频器输出端子（U、V、W）最好经热继电器再接至三相电动机上，当旋转方向与设定不一致时，要调换 U、V、W 三相中的任意两相。主电路接线如图 9-19 所示。

② 变频器的保护功能动作时，继电器的常闭触点控制接触器电路，会使接触器断开，从而切断变频器的主电路电源。

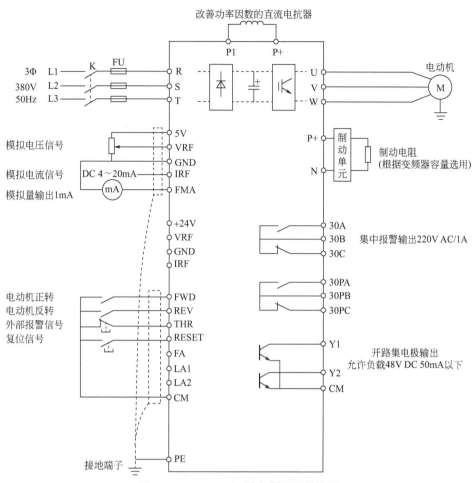

图 9-17 BT12S 系列变频器通用接线图

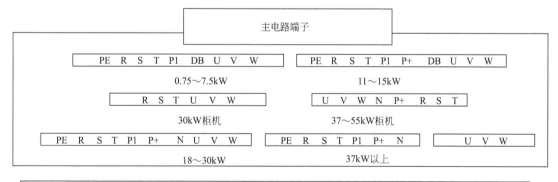

图 9-18 BT12S 系列变频器端子排

表 9-8　BT12S 变频器主电路端子功能说明

符号	端子功能说明	符号	端子功能说明
R、S、T	主电路电源端子，连接三相电源（AC380V，50/60Hz）	P+、DB	连接外部制动电阻（选用件）
U、V、W	变频器输出端子，连接三相电动机	P+、N	连接外部制动单元
P1、P+	连接改善功率因数的直流电抗器（选用件）	PE	变频器的安全接地端子

③ 不应以主电路的通断来进行变频器的运行、停止操作。需用控制面板上的运行键（RUN）和停止键（STOP）或用控制电路端子 FWD（REV）来操作。

④ 变频器的输出端子不要连接到电力电容器或浪涌吸收器上。

⑤ 从安全及降低噪声的需要出发，及防止漏电和干扰侵入或辐射出发，必须接地。根据电气设备技术标准规定，接地电阻应小于或等于国家标准规定值，且用较粗的短线接到变频器的专用接地端子 PE 上。

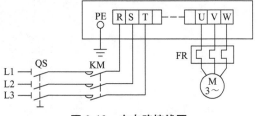

图 9-19　主电路接线图

（5）控制电路端子的接线

BT12S 变频器控制端子功能说明见表 9-9。

表 9-9　BT12S 变频器控制端子功能说明

符号	名称	端子功能说明
5V	5V 电源	作为频率设定器（可调电阻：1～5kΩ）用电源
GND	5V、24V 地	作为 VRF、IRF、VPF、IPF、FMA 的公共端
VRF	模拟电压输入	模拟电压信号输入端（DC0～5V）或（DC0～10V），输入电阻 10kΩ
IRF	模拟电流输入	模拟电流信号输入端（DC 4～20mA），输入电阻 240kΩ
VPF	传感器信号输入	传感器反馈电压信号输入
IPF	传感器信号输入	传感器反馈电流信号输入
FA	消防运转信号	接通 FA 与 CM 时，变频器以第二设定值运行
LA1	低水位信号	接通 LA1 与 CM 时，变频器启动
LA2	高水位信号	接通 LA2 与 CM 时，变频器停止
RESET	复位	短接 RESET 与 CM 一次，复位一次
THR	外部报警	断开 THR 与 CM 即产生外部报警信号，变频器将立即关断输出
REV	反转运行端	接通 REV 与 CM，反转运转，断开则减速停止。当 F02=1 或 2 时有效
FWD	正转运行端	接通 FWD 与 CM，正向运转，断开则减速停止。当触摸面板控制运行时 FWD 作控制转向用。短接 FWD 与 CM 为反转，断开为正转。当 F02=1 或 2 时有效，REV、FWD 同时接通 CM 时，变频器停止
CM	公共端	控制输入端及运行状态输出端的公共地
30A 30B 30C	故障继电器输出	30A、30B 为常开触点，30B、30C 为常闭触点 当面板故障代码为 Ouu（过压）、Lou（欠压）、OLE（外部报警）、FL（自保护）、OL（过载）时有效
30PA 30PB 30PC	压力上下限报警输出	当压力反馈信号＞F64×F48 或＜F65×F48 时有效；30PA 与 30PB 为常开触点，30PB 与 30PC 为常闭触点
Y1～Y2	多功能输出端子	集电极开路输出
+24V	传感器用电源	作为传感器控制电源
FMA	模拟信号输出	频率／电流／负载率模拟 1mA 信号输出

续表

符号	名称	端子功能说明
NKM1	多台电动机 变频控制输出	N=1～6　T=1～2 1KM1～6KM1 为多台电动机变频运行控制信号输出
NKM2	多台电动机 工频控制输出	1KM2～6KM2 为多台电动机工频运行控制信号输出
7KMT	附属电动机	7KM1 为附属电动机变频运行控制信号输出
AC220V	控制电源	7KM2 为附属电动机工频运行控制信号输出

进行变频器控制端子接线应注意以下几点：

① 控制电路端子上的连接电线用 $0.75mm^2$ 及以下规格的屏蔽线或绞合在一起的聚乙烯线。屏蔽线的接线时，把一端连接到各自的共用端子上，另一端不接，如图 9-20 所示。

② 模拟频率设定端子是连接从外部输入模拟电压、电流、频率设定器（电位器）的端子，在这种电路上设接点时，要使用微小信号的成对接点。

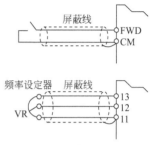

图 9-20　屏蔽线接线方法

9.1.4　变频器的使用与维保

（1）变频器试机方法

① 按电压等级要求，接上 R、S、T（或 L1、L2、L3）电源线（电动机暂不接，目的是检查变频器）。

② 合上电源，充电指示灯（CHAGER）亮，若稍后可听到机内接触器吸合声（整流部分半桥相控型除外），这说明预充电控制电路、接触器等基本完好，整流桥工作基本正常。

9.4　三菱变频器
的使用

③ 检查面板是否点亮，以判断机内开关电源是否工作，接着检查监控显示是否正常，有无故障码显示；然后操作面板键盘检查面板功能是否正常。

④ 观察机内有无异味、冒烟或异常响声，否则说明主电路或控制电路（包括开关电源）工作可能异常并伴有器件损坏。

⑤ 检查机内冷却风扇是否运转，风量、风压以及轴承声音是否正常。

> **特别提醒**　有些机型需发出运行命令后才运转；也有的是变频器一上电风扇就运转，延时若干时间后如无运行命令，则自动停转，一直等到运行命令（RUN）发出后再运转。

⑥ 对于新的变频器可将它置于面板控制，频率（或速度）先给定为 1Hz（或 1Hz 对应的速度值）左右，按下运行（RUN）命令键，若变频器不跳闸，说明变频器的逆变器模块无短路或失控现象。然后缓慢升频分别于 10Hz、20Hz、30Hz、40Hz 直至额定值（如 50Hz），其间测量变频器不同频率时输出 U-V、U-W、V-W 端之间线电压是否正常，特别应注意三相输出电压是否对称，目的是确认 CPU 信号和 6 路驱动电路是否正常（一般磁电式万用表，应接入滤波器后才能准确测量 PWM 电压值）。

⑦ 断开变频器电源，接上电动机连接线（通常情况下选用功率比变频器小的电动机即可，对于直接转矩控制的变频器应置于"标量"控制模式下，电动机接入前应检查并确认良好，最好为空载状态）。

⑧ 重新送电开机并将变频器频率设置在 1Hz 左右，因为在低速情况下最能反映变频器的性能。观察电动机运转是否有力（对 U/f 比控制的变频器转矩值与电压提升量有关）、转矩是否脉动以及是否存在转速不均匀现象，否则说明变频器的控制性能不佳。

⑨ 缓慢升频加速直至额定转速，然后缓慢降频减速。强调"缓慢"是因为变频器原始的加减速时间的设定值通常为缺省值，过快升频易致过电流动作发生；过快降频则易致过电压动作发生。在不希望去改变设定的情况下，可以通过单步操作加减键来实现"缓慢"加减速。

⑩ 加载至额定电流值（有条件时进行）。用钳型电流表分别测量电动机的三相电流值，该电流值应大小相等，最后用钳型电流表测量电动机电流的零序分量值（3 根导线一起放入钳口内），正常情况下一台几十千瓦的电动机应为零点几安以下。其间观察电动机运转过程中是否平稳顺畅，有无异常振动、有无异常声音发出、有无过电流、短路等故障报警，以进一步判断变频器控制信号和逆变器功率器件工作是否正常。经验表明，观察电动机的运转情况常常是最直接、最有效的方法，一台不能平稳运转的电动机，其供电的变频器肯定是存在问题的。

在通过了以上检查后，方可认为变频器工作基本正常。

（2）变频器空载运行

空载运行的作用主要是观察变频器配上电动机后的工作情况，并校准电动机的旋转方向。变频器空载运行调试步骤如下。

① 变频器的输出端接上电动机，但电动机与负载脱开，通上电源，观察有无异常现象。

② 先采用键盘空载模式，将频率设置于 0 位，启动变频器，微微增大工作频率，观察电动机的启转情况，以及旋转方向是否正确。如方向相反，则予以改正。

③ 将频率上升至额定频率，让电动机运行一段时间。如一切正常，再选若干个常用的工作频率，也让电动机运行一段时间。

④ 将给定频率信号突降至 0（或按停止按钮），观察电动机的制动情况。

⑤ 将外接输入控制线接好，切换到远程控制模式，逐项试验，检查各外接控制功能的执行情况，观察变频器的输出频率与远程给定值是否相符。

（3）变频器带负载运行

变频器带负载运行的作用主要是观察电动机带上负载后的工作情况。变频器负载运行时的操作顺序如下。

① 根据系统的需要，设置所需的各个参数。

② 点动运行，确认电动机的旋转方向，也可以发现系统是否存在因机械摩擦而产生的异常。

③ 逐渐加速，检查系统是否存在机械异常（振动或异常声音等）。

④ 当速度增至一半左右时，进行制动操作，确认制动功能是否正常。

⑤ 逐渐加速到额定速度，观察加速过程中机械系统是否正常。

⑥ 将指令设为额定转速，进行运行 / 停止等各种操作，如果加减速过程中出现失速现象，适当增加加速、减速时间。

⑦ 根据需要使系统以中速或高速进行磨合运行。当变频器的模拟检测端子接有电流计或频率计时，参照操作显示面板校准。

（4）变频器的日常检查

变频器日常检查，包括不停止变频器运行或不拆卸其盖板进行通电和启动试验，通过目测变频器的运行状况，确认有无异常情况，通常检查内容如下。

① 键盘面板显示是否正常，有无缺少字符。仪表指示是否正确，是否有振动、振荡等现象。

② 冷却风扇部分是否运转正常，是否有异常声音等。

③ 变频器及引出电缆是否有过热、变色、变形、异味、噪声、振动等异常情况。

④ 变频器周围环境是否符合标准规范，温度与湿度是否正常。

⑤ 变频器的散热器温度是否正常，电动机是否有过热、异味、噪声、振动等异常情况。

⑥ 变频器控制系统是否有集聚尘埃的情况。

⑦ 变频器控制系统的各连接线及外围电气元件是否有松动等异常现象。

⑧ 检查变频器的进线电源是否异常，电源开关是否有电火花、缺相，引线压接螺栓是否松动，电压是否正常等。

（5）变频器的定期检查

根据用户的使用情况，每3个月或1年对变频器进行一次定期检查。定期检查须在变频器停止运行，切断电源，再打开机壳后进行。变频器在运行期间定期停机检查的项目见表9-10。

表9-10 变频器定期检查的项目

序号	定期检查项目	异常对策
1	输入、输出端子及铜排是否过热变色，变形。输入R、S、T与输出U、V、W端子座是否有损伤	更换端子
2	R、S、T和U、V、W与铜排连接是否牢固	用螺钉旋具拧紧
3	主回路和控制回路端子绝缘是否满足要求	处理绝缘，使其达到要求
4	电力电缆和控制电缆有无损伤或老化变色	更换电缆
5	功率元器件、印制电路板、散热片等表面有无粉尘、油雾吸附，有无腐蚀及锈蚀现象	如有污损，用抹布蘸上中性化学剂擦拭。如有粉尘，可用吸尘器吸去粉尘
6	检查滤波电容和印制板上电解电容有无鼓肚变形现象，有条件时可测定实际电容值	更换电容器
7	对长期不使用的变频器，应进行充电试验，使变频器主回路电解电容器的充放电特性得以恢复。充电时，应使用调压器慢慢升高变频器的输入电压直至额定电压，通电时间应在2h以上，可以不带负载。充电试验至少每年一次	定期充电试验
8	散热风机和滤波电容器属于变频器的损耗件，有定期强制更换的要求	定期更换
9	冷却风扇是否有异常声音、异常振动	更换冷却风扇

特别提醒 变频器即使切断了电源，主电路直流部分滤波电容器放电也需要时间，须待充电指示灯熄灭后，用万用表等确认直流电压已降到安全电压（DC25V以下），然后再进行检查。

（6）易损零部件的更换

变频器某些零部件经长期使用后性能降低、劣化，这是发生故障的主要原因。为了使变频器长期正常工作，必须针对变频器内部电子元器件的使用寿命，定期进行保养和维护。变频器电子元器件的使用寿命又因其使用环境和使用条件的不同而不同。

① 冷却风扇 变频器主回路中的半导体器件靠冷却风扇强制散热，以保证其工作在允许的温度范围内。冷却风扇的使用寿命受限于轴承，一般为10～35kh。当变频器连续工作时，需要2～3年更换一次风扇或轴承。

由于各种型号变频器的外形结构不同，冷却风扇所安装的位置也有所不同。更换冷却风扇时，根据情况应尽量不拆下变频器；安装风扇时，保证中间插件可靠连接，并使风扇风向正确。如图9-21所示为KVFC变频器冷却风扇拆卸图。

② 滤波电解电容器 在直流回路中使用的是大容量电解电容器。由于脉动电流等因素的影响，其性能劣化程度受周围温度及使用条件的影响很大。在一般情况下，使用周期大约

为 5 年。电解电容器具有下列情形之一的，必须进行更换。

　　a.外壳明显出现鼓胀（俗称"胀肚"），底面出现膨胀。

　　b.电容器的封口板有明显的弯曲，两极端出现裂痕。

　　c.电容器的防爆阀（俗称"保险阀"）有膨胀的痕迹，则认为防爆阀已动作，不可再使用，必须更换。

　　d.其他，如包装有裂痕、变色、漏液。测量电容器的容量到达标称值的 85% 以下，就应该进行更换，可用电容器容量表测量。

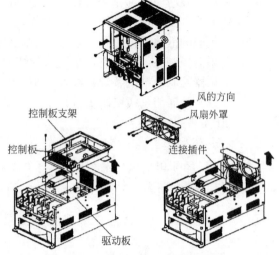

图 9-21　KVFC 变频器冷却风扇拆卸图

（7）变频器常见故障及原因

　　变频器控制系统常见的故障类型主要有过电流、短路、接地、过电压、欠电压、电源缺相、变频器内部过热、变频器过载、电动机过载、CPU 异常、通信异常等。当发生这些故障时，变频器保护会立即动作，停机，并显示故障代码或故障类型，大多数情况下可以根据显示的故障代码，迅速找到故障原因并排除故障。但也有一些故障的原因是多方面的，并不是由单一原因引起的，因此需要从多个方面查找，逐一排除才能找到故障点并进行维修。变频器常见故障现象和故障原因见表 9-11。

表 9-11　变频器常见故障现象和故障原因

故障现象		故障原因
过电流跳闸	启动时过电流跳闸	（1）负载侧短路 （2）工作机械卡住 （3）逆变管损坏 （4）电动机的启动转矩过小，拖动系统转不起来
	运行过程中过电流跳闸	（1）升速时间设定太短 （2）降速时间设定太短 （3）转矩补偿设定较大，引起低频时空载电流过大 （4）电子热继电器整定不当，动作电流太小，引起误动作
过电压跳闸		（1）电源电压过高 （2）降速时间设定太短 （3）降速过程中，再生制动的放电单元工作不正常
欠电压跳闸		（1）电源电压过低 （2）电源缺相 （3）整流桥故障
散热片过热		（1）冷却风扇故障 （2）周围环境温度过高 （3）过滤网堵塞
制动电阻过热		（1）频繁启动、停止，造成制动时间太长 （2）制动电阻功率太小，没有使用附加制动电阻或制动单元
电动机不转		（1）功能预置不当 （2）使用外接给定方式时，无"启动"信号 （3）电动机的启动转矩不足 （4）变频器发生电路故障

想一想

1. 变频器是将_____频率的交流电变换为频率连续可调的交流电的装置。
2. 交 - 直 - 交变频器根据直流环节储能方式的不同，又分为电压型和_____。
3. 变频器的滤波电路有电容滤波和_____。
4. 变频器与外部连接的端子分为主电路端子和_____。
5. 加速时间是指工作频率从 0Hz 上升到_____所需要的时间。
6. 变频器的主电路，通常用 R、S、T 表示交流电源的输入端，用_____表示输出端。
7. 变频器的控制对象是_____。
8. 目前常用的变频器采用的控制方式有哪些？
9. 变频器的保护功能有哪些？
10. 变频器有哪几种安装方式？应各注意哪些问题？

9.2　电动机 PLC 控制

9.2.1　认识 PLC

9.5　认识PLC

可编程控制器（Programmable Controller），简称为 PLC，它是专为在工业环境应用而设计的一种数字运算操作的电子系统。它采用可编程的存储器，用于其内部存储程序、执行逻辑运算、顺序控制、定时、计数与算术操作等面向用户的指令，并通过数字或模拟式输入 / 输出控制各种类型的机械或生产过程。

（1）PLC 和 PC 比较

作为通用工业控制计算机，可编程控制器从无到有，实现了工业控制领域接线逻辑到存储逻辑的飞跃；其功能从弱到强，实现了逻辑控制到数字控制的进步；其应用领域从小到大，实现了单体设备简单控制到胜任运动控制、过程控制及集散控制等各种任务的跨越。今天的可编程控制器正在成为工业控制领域的主流控制设备，在世界工业控制中发挥着越来越大的作用。

PLC 实质是一种专用于工业控制的计算机，和 PC（普通计算机）一样，PLC 由硬件及软件构成。

① 硬件方面　PLC 和普通计算机在硬件方面的主要差别在于 PLC 的输入 / 输出口是为方便与工业控制系统端口专门设计的。

② 软件方面　PLC 和普通计算机在软件方面的主要差别在于 PLC 的应用软件是由使用者编制，用梯形图或指令表表达的专用软件。PLC 工作时采用应用软件的逐行扫描执行方式，这和普通计算机等待命令工作方式也有所不同。

（2）常用的 PLC 控制器

世界上的 PLC 产品按地域分为 3 大流派，美国、欧洲和日本产品。美国和欧洲以大中型 PLC 而闻名，而日本则以小型 PLC 著称。目前国产 PLC 厂商众多，主要集中在台湾、深圳以

及江浙一带。

① 美国的 PLC 产品　美国是 PLC 生产大国，著名的生产商有 AB 公司、通用电气（GE）公司、莫迪康（MODICON）公司、德州仪器（TI）公司、西屋公司等。其中，AB 公司是美国最大的 PLC 制造商。美国的 PLC 产品如图 9-22 所示。

图 9-22　美国的 PLC 产品举例

② 欧洲的 PLC 产品　德国的西门子（SIEMENS）公司、AEG 公司、法国的 TE 公司是欧洲著名的 PLC 制造商。德国的西门子公司在中、大型 PLC 产品领域与美国的 AB 公司齐名。欧洲的 PLC 产品如图 9-23 所示。

(a) 西门子 S7-300　　　　　　　　(b) 西门子 S7-400

图 9-23　欧洲的 PLC 产品举例

③ 日本的 PLC 产品　日本有许多 PLC 制造商，如三菱、欧姆龙、松下、富士、日立、东芝等，在世界小型 PLC 市场上，日本产品约占有 70% 左右的份额。日本的 PLC 产品如图 9-24 所示。

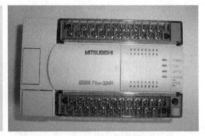

(a) FX1N 系列　　　　　　　　　(b) FX2N 系列

图 9-24　日本的 PLC 产品举例

④ 国产 PLC 产品　台湾品牌：台达、永宏、盟立、士林、丰炜、智国、台安。

大陆品牌：上海正航、深圳合信、厦门海为、南大傲拓、德维深、和利时、KDN、浙大中控、浙大中自、爱默生、兰州全志、科威、科赛恩、南京冠德、智达、海杰、中山智达、江苏信捷、洛阳易达等。

（3）PLC 的特点

可编程逻辑控制器（PLC）具有鲜明的特点，见表 9-12。

表 9-12　　PLC 的特点

序号	特点	说明
1	可靠性高，抗干扰能力强	高可靠性是电气控制设备的关键性能。PLC 由于采用现代大规模集成电路技术，采用严格的生产工艺制造，内部电路采取了先进的抗干扰技术，具有很高的可靠性。从 PLC 的机外电路来说，使用 PLC 构成控制系统，和同等规模的继电接触器系统相比，电气接线及开关接点已减少到数百甚至数千分之一，故障也就大大降低。此外，PLC 带有硬件故障自我检测功能，出现故障时可及时发出警报信息。在应用软件中，应用者还可以编入外围器件的故障自诊断程序，使系统中除 PLC 以外的电路及设备也获得故障自诊断保护

序号	特点	说明
2	功能完善，适用性强	目前，PLC 已经形成了大、中、小各种规模的系列化产品，可以用于各种规模的工业控制场合。除了逻辑处理功能以外，现代 PLC 大多具有完善的数据运算能力，可用于各种数字控制领域。近年来 PLC 的功能单元大量涌现，使 PLC 渗透到了位置控制、温度控制、CNC 等各种工业控制中。加上 PLC 通信能力的增强及人机界面技术的发展，使用 PLC 组成各种控制系统变得非常容易
3	对系统控制方便	PLC 控制逻辑的建立是程序，用程序代替硬件接线。编程序比接线、更改程序比更改接线当然要方便得多。对软件来讲，它的程序可编，也不难编；对硬件来讲，它的配置可变，而且也易于变。 PLC 的硬件是高度集成化的，已集成为种种小型化的模块。且这些模块是配套的，已实现了系列化与规格化。种种控制系统所需的模块，PLC 厂家多有现货供应，市场上即可购得。所以，硬件系统配置与建造也非常方便。 PLC 的编程语言梯形图语言的图形符号与表达方式和继电器电路图相当接近，只用 PLC 的少量开关量逻辑控制指令就可以方便地实现继电器电路的功能，易于为工程技术人员接受
4	能耗低，性价比高	超小型 PLC 的底部尺寸小于 100mm，质量小于 150g，功耗仅数瓦。由于体积小很容易装入机械内部，是实现机电一体化的理想控制设备。 使用 PLC 的投资虽大，但它的体积小、所占空间小，辅助设施的投入少；使用时省电，运行费少；工作可靠，停工损失少；维修简单，维修费少；还可再次使用以及能带来附加价值等，从中可得更大的回报。所以，PLC 的性价比高

（4）PLC 的应用领域

目前，PLC 在国内外已广泛应用于钢铁、石油、化工、电力、建材、机械制造、汽车、轻纺、交通运输、环保及文化娱乐等各个行业，使用情况大致可归纳为开关量控制、模拟量控制、运动控制、过程控制、数据处理和通信及联网几大类，见表 9-13。

表 9-13　PLC 的应用

应用种类	应用情况说明
开关量控制	这是 PLC 最基本、最广泛的应用领域，它取代传统的继电器电路，实现逻辑控制、顺序控制，既可用于单台设备的控制，也可用于多机群控及自动化流水线。如组合机床、磨床、包装生产线、电镀流水线等
模拟量控制	在工业生产过程当中，有许多连续变化的量，如温度、压力、流量、液位和速度等都是模拟量。为了使可编程控制器处理模拟量，必须实现模拟量（Analog）和数字量（Digital）之间的 A/D 转换及 D/A 转换。PLC 厂家都生产配套的 A/D 和 D/A 转换模块，使可编程控制器用于模拟量控制
运动控制	PLC 可以用于圆周运动或直线运动的控制。从控制机构配置来说，早期直接用于开关量 I/O 模块连接位置传感器和执行机构，现在一般使用专用的运动控制模块。如可驱动步进电机或伺服电机的单轴或多轴位置控制模块。世界上各主要 PLC 厂家的产品几乎都有运动控制功能，广泛用于各种机械、机床、机器人、电梯等场合
过程控制	过程控制是指对温度、压力、流量等模拟量的闭环控制。作为工业控制计算机，PLC 能编制各种各样的控制算法程序，完成闭环控制。PID 调节是一般闭环控制系统中用得较多的调节方法。大中型 PLC 都有 PID 模块，目前许多小型 PLC 也具有此功能模块。PID 处理一般是运行专用的 PID 子程序。过程控制在冶金、化工、热处理、锅炉控制等场合有非常广泛的应用
数据处理	现代 PLC 具有数学运算（含矩阵运算、函数运算、逻辑运算）、数据传送、数据转换、排序、查表、位操作等功能，可以完成数据的采集、分析及处理。这些数据可以与存储在存储器中的参考值比较，完成一定的控制操作，也可以利用通信功能传送到别的智能装置，或将它们打印制表。数据处理一般用于大型控制系统，如无人控制的柔性制造系统；也可用于过程控制系统，如造纸、冶金、食品工业中的一些大型控制系统
通信及联网	PLC 通信含 PLC 间的通信及 PLC 与其他智能设备间的通信。近年来生产的 PLC 都具有通信端口，通信非常方便。 PLC 可与个人计算机相连接进行通信，可用计算机参与编程及对 PLC 进行控制的管理，使 PLC 用起来更方便。为了充分发挥计算机的作用，可实行一台计算机控制与管理多台 PLC，多的可达 32 台。也可一台 PLC 与两台或更多的计算机通信，交换信息，以实现多地对 PLC 控制系统的监控。 PLC 与 PLC 也可通信。可一对一 PLC 通信。可多到几十、几百个 PLC 通信。 PLC 与智能仪表、智能执行装置（如变频器）；也可联网通信，交换数据，相互操作；可连接成远程控制系统，系统范围面可大到 10km 或更大。 可组成局部网，不仅 PLC，而且高档计算机、各种智能装置也都可进网。可用总线网，也可用环形网。网还可套网。网与网还可桥接。联网可把成千上万的 PLC、计算机、智能装置组织在一个网中

（5）PLC 控制与继电器－接触器控制的区别

PLC 控制与继电器－接触器控制的区别见表 9-14。

表 9-14　PLC 控制与继电器－接触器控制的区别

区别	PLC 控制	继电器－接触器控制
控制逻辑不同	PLC 控制为"软接"技术，同一个器件的线圈和它的各个触点动作不同时发生	继电器－接触器控制为硬接线技术，同一个继电器的所有触点与线圈通电或断电同时发生
控制速度不同	PLC 控制速度极快	继电器－接触器控制速度慢
定时/计数不同	PLC 控制定时精度高，范围大，有计数功能	继电器－接触器控制定时精度不高，范围小，无计数功能
设计与施工不同	PLC 现场施工与程序设计同步进行，周期短，调试及维修方便	继电器－接触器控制设计、现场施工、调试必须依次进行，周期长，且修改困难
可靠性和维护性不同	PLC 连线少，使用方便，并具有自诊断功能	继电器－接触器连线多，使用不方便，没有具有自诊断功能
价格不同	PLC 价格贵（具有长远利益）	继电器－接触器价格便宜（具有短期利益）

（6）PLC 的主要缺点

PLC 的主要缺点是软、硬件体系结构是封闭而不是开放的，如专用总线、专家通信网络及协议，I/O 模板不通用，甚至连机柜、电源模板也各不相同。

编程语言虽多数是梯形图，但组态、寻址、语言结构均不一致，因此各公司的 PLC 互不兼容。

（7）PLC 的分类

PLC 产品种类繁多，其规格和性能也各不相同。对 PLC 的分类，通常根据其结构形式的不同、功能的差异和 I/O 点数的多少等进行大致分类。

① 按硬件的结构形式分类　见表 9-15。

表 9-15　PLC 按硬件的结构形式分类

种类	结构	特点	缺点	使用场合
单元式结构	把 CPU、RAM、ROM、输入/输出端子及其他 I/O 端口、电源、指示灯甚至编程器等都装配在一起的整体装置，一个箱体就是一个完整的 PLC，如图 9-25 所示	结构紧凑，体积小、成本低、安装方便	输入输出端口数是固定的，不一定适合具体的控制现场的需要	一般用于规模较小，输入输出点数固定，以后也少有扩展的场合
模块式结构	把 PLC 的每个工作单元都制成独立的模块，机器上有一块带有插槽的母板，如图 9-26 所示	系统构成非常灵活，安装、扩展、维修都很方便	体积比较大	一般用于规模较大，输入输出点数较多，输入输出点数比例比较灵活的场合
叠装式结构	是单元式和模块式相结合的产物。把某一系列 PLC 工作单元的外形都做成外观尺寸一致的，CPU、I/O 口及电源也可做成独立的，不使用模块式 PLC 中的母板，采用电缆连接各个单元，在控制设备中安装时可以一层层地叠装，如图 9-27 所示	具有单元式结构和模块式结构的优点	成本较高	从近年来市场上看，单元式及模块式有结合为叠装式的趋势

② 按 I/O 点数的多少分类　按照机器 I/O 点数（一般将一路信号叫做一个点，将输入点和输出点数的总和称为机器的点数）的多少，可将 PLC 分为超小（微）、小、中、大、超大五种类型，见表 9-16。

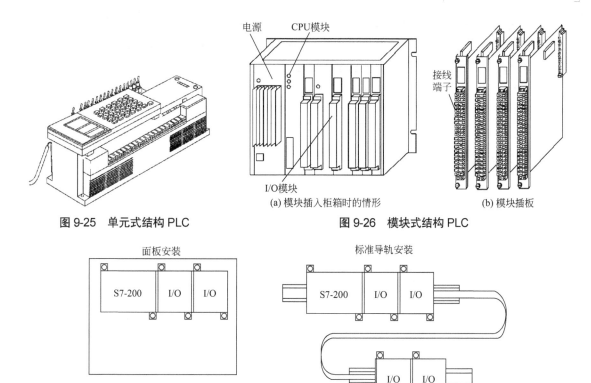

图 9-25 单元式结构 PLC

(a) 模块插入柜箱时的情形
图 9-26 模块式结构 PLC
(b) 模块插板

图 9-27 叠装式结构 PLC

表 9-16 PLC 按 I/O 点数规模分类

类型	超小型	小型	中型	大型	超大型
机器点数	64 点以下	64～128 点	128～512 点	512～8192 点	8192 点以上

③ 按功能分类 PLC 按功能不同，可为低档机、中档机及高档机，见表9-17。

表 9-17 PLC 按功能分类

序号	类型	功能简介	应用场合
1	低档 PLC	具有逻辑运算、定时、计数、移位以及自诊断、监控等基本功能，还可有少量模拟量输入/输出、算术运算、数据传送和比较、通信等功能	主要用于逻辑控制、顺序控制或少量模拟量控制的单机控制系统
2	中档 PLC	除具有低档 PLC 的功能外，还具有较强的模拟量输入/输出、算术运算、数据传送和比较、数制转换、远程 I/O、子程序、通信联网等功能。有些还可增设中断控制、PID 控制等功能	适用于比较复杂控制系统
3	高档 PLC	除具有中档机的功能外，还增加了带符号算术运算、矩阵运算、位逻辑运算、平方根运算及其他特殊功能	适用于复杂控制系统

9.2.2 PLC 的硬件

PLC 的硬件主要由中央处理器（CPU）、存储器、输入单元、输出单元、通信端口、扩展端口电源等部分组成。其中，CPU 是 PLC 的核心，输入单元与输出单元是连接现场输入/输出设备与 CPU 之间的端口电路，通信端口用于与编程器、上位计算机等外设连接。

9.6 PLC内部
主要部件

279

对于整体式 PLC，所有部件都装在同一机壳内，其组成框图如图 9-28 所示；对于模块式 PLC，各部件独立封装成模块，各模块通过总线连接，安装在机架或导轨上。无论是哪种结构类型的 PLC，都可根据用户需要进行配置与组合。

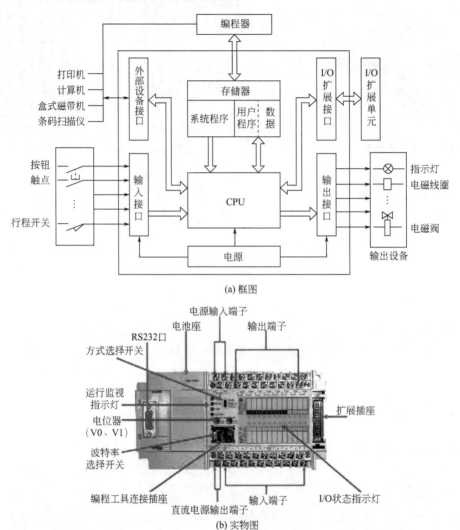

图 9-28　PLC 的结构

尽管整体式与模块式 PLC 的结构不太一样，但各部分的功能作用是相同的，下面对 PLC 主要组成各部分进行简单介绍。

（1）电源

可编程序控制器的电源一般采用开关式电源，其特点是输入电压范围宽、体积小、重量轻、效率高、抗干扰性能好。

PLC 的电源在整个系统中起着十分重要的作用。把外部供应的电源变换成系统内部各单元所需的电源。有的电源单元还向外提供 24V 隔离直流电源，可供开关量输入单元连接的现场无源开关等使用。

（2）中央处理单元（CPU）

PLC 中所配置的 CPU 随机型不同而不同，常用有三类：通用微处理器（如 Z80、8086、80286 等）、单片微处理器（如 8031、8096 等）和位片式微处理器（如 AMD29W 等）。小型

PLC 大多采用 8 位通用微处理器和单片微处理器；中型 PLC 大多采用 16 位通用微处理器或单片微处理器；大型 PLC 大多采用高速位片式微处理器。

中央处理单元（CPU）是 PLC 的控制中枢，它的作用如下。

① 从程序存储器读取程序指令，编译、执行指令。

② 将各种输入信号取入。

③ 把运算结果送到输出端。

④ 响应各种外部设备的请求。

为了进一步提高 PLC 的可靠性，近年来对大型 PLC 还采用双 CPU 构成冗余系统，或采用三 CPU 的表决式系统。这样，即使某个 CPU 出现故障，整个系统仍能正常运行。

（3）存储器

在 PLC 中，存储器主要用于存放系统程序、用户程序及工作数据。当 PLC 提供的用户存储器容量不够用，许多 PLC 还提供有存储器扩展功能。

PLC 的存储器有两种，一种是可进行读 / 写操作的随机存取的存储器 RAM；另一种是只能读出不能写入的只读存储器 ROM，包括 PROM、EPROM、EEPROM。

RAM：存储各种暂存数据、中间结果、用户正调试的程序。

ROM：存放监控程序和用户已调试好的程序。

（4）输入 / 输出端口电路

输入 / 输出端口（也称 I/O 单元或 I/O 模块，包括输入端口、输出端口、外部设备端口、扩展端口等）是 PLC 与工业现场控制或检测元件和执行元件连接的端口电路。PLC 提供了多种操作电平和驱动能力的 I/O 端口，有各种各样功能的 I/O 端口供用户选用。I/O 端口的主要类型有：数字量（开关量）输入、数字量（开关量）输出、模拟量输入、模拟量输出等。

PLC 的输入端口有直流输入、交流输入、交直流输入等类型；输出端口有晶体管输出、晶闸管输出和继电器输出等类型。晶体管和晶闸管输出为无触点输出型电路，晶体管输出型用于高频小功率负载、晶闸管输出型用于高频大功率负载；继电器输出为有触点输出型电路，用于低频负载。

现场控制或检测元件输入给 PLC 各种控制信号，如限位开关、操作按钮、选择开关以及其他一些传感器输出的开关量或模拟量等，通过输入端口电路将这些信号转换成 CPU 能够接收和处理的信号。输出端口电路将 CPU 送出的弱电控制信号转换成现场需要的强电信号输出，以驱动电磁阀、接触器等被控设备的执行元件。

（5）功能模块和通信端口

功能模块如计数、定位等功能模块。

通信端口有以太网、RS485、Profibus-DP 等，PLC 通过这些通信端口可与监视器、打印机、其他 PLC、计算机等设备实现通信。

（6）编程装置

编程装置的作用是编辑、调试、输入用户程序，也可在线监控 PLC 内部状态和参数，与 PLC 进行人机对话。它是开发、应用、维护 PLC 不可缺少的工具。编程装置可以是专用编程器，也可以是配有专用编程软件包的通用计算机系统。

专用编程器是由 PLC 厂家生产，专供该厂家生产的某些 PLC 产品使用，它主要由键盘、显示器和外存储器接插口等部件组成。专用编程器有简易编程器和智能编程器两类，如图 9-29 所示。

(a) 简易编程器　　　　　　(b) 智能编程器

图 9-29　PLC 专用编程器

简易编程器体积小，携带方便，但只能用语句形式进行联机编程，适合小型 PLC 的编程及现场调试。智能编程器又称图形编程器，它既可用语句形式编程，又可用梯形图编程，同时还能进行脱机编程。如三菱的 GP-80FX-E 智能型编程器，它既可联机编程，又可脱机编程。

目前 PLC 制造厂家大都开发了计算机辅助 PLC 编程支持软件，当个人计算机安装了 PLC 编程支持软件后，可用作图形编程器，进行用户程序的编辑、修改，并通过个人计算机和 PLC 之间的通信端口实现用户程序的双向传送、监控 PLC 运行状态等。

用户可以通过编程器的键盘输入和调试程序；在运行时，编程器还可以对整个控制过程进行监控。

（7）其他外部设备

除了以上所述的部件和设备外，PLC 还有许多外部设备，如 EPROM 写入器、外存储器、人 / 机端口装置等。

9.7　梯形图编程语言

9.2.3　PLC 的软件系统

（1）PLC 的软件类型

PLC 常用的软件有系统软件和应用软件，见表 9-18。

表 9-18　PLC 常用的软件

软件种类		功能	说明
系统软件	系统管理程序	用来完成机内运行相关时间分配、存储空间分配管理、系统自检等工作	系统软件在用户使用 PLC 之前就已装入机内，并永久保存，在各种控制工作中不需要做更改
	用户指令的解释程序	用来完成用户指令变换为机器码的工作	
	供系统调用的专用标准程序块	—	
应用软件	用户软件或用户程序	是由用户根据控制要求，采用 PLC 专用的程序语言编制的应用程序，以实现所需的控制目的	

（2）常用的 PLC 编程语言

常用的 PLC 编程语言有梯形图、指令语句表、控制流程图等几种。

① 梯形图　梯形图语言是一种以图形符号及图形符号在图中的相互关系表示控制关系的编程语言，是从继电器电路图演变过来的。

梯形图与继电器－接触器控制系统的电路图很相似（梯形图中用了继电器－接触器线路的一些图形符号，这些图形符号被称为编程组件，每一个编程组件对应有一个编号），具有直观易懂的优点，很容易被电气人员掌握，特别适用于开关量逻辑控制。

不同厂家的 PLC 的编程组件的多少及编号方法不尽相同，但基本的组件及功能相差不大。例如，对图 9-30（a）所示的继电器－接触器控制电路，如果用 PLC 完成其控制动作，则梯形图如图 9-30（b）所示。

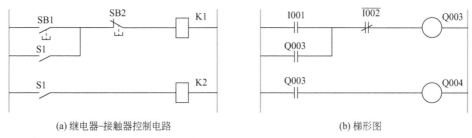

(a) 继电器-接触器控制电路　　　　　　　　　　　(b) 梯形图

图 9-30　继电器－接触器控制电路和梯形图

PLC 梯形图具有以下特点。

a. 梯形图按自上而下、从左到右的顺序排列。每一个继电器线圈为一个逻辑行，称为一个梯形。每一个逻辑行起始于左母线，然后是触点的各种连接，最后是线圈与右母线相连，整个图形呈阶梯形。

b. 梯形图中的继电器不是继电器控制线路中的物理继电器，它实质上是变量存储器中的位触发器，因此称为"软继电器"。梯形图中继电器的线圈又是广义的，除了输出继电器、内部继电器线圈，还包括定时器、计数器、移位寄存器以及各种比较运算的结果。

c. 在梯形图中，一般情况下（除有跳转指令和步进指令的程序段外）某个编号的继电器线圈只能出现一次，而继电器触点则可无限引用，既可是常开触点又可是常闭触点。

d. 其左右两侧母线不接任何电源，图中各支路没有真实的电流流过。但为了方便，常用"有电流"或"得电"等来形象地描述用户程序运算中满足输出线圈的动作条件，所以仅仅是概念上的电流，而且认为它只能由左向右流动，层次的改变也只能先上后下。

e. 输入继电器用于接收 PLC 的外部输入信号，而不能由内部其他继电器的触点驱动。因此，梯形图中只出现输入继电器的触点而不出现输入继电器的线圈。输入继电器的触点表示相应的外电路输入信号的状态。

f. 输出继电器供 PLC 作输出控制，但它只是输出状态寄存器的相应位，不能直接驱动现场执行部件，而是通过开关量输出模块相应的功率开关去驱动现场执行部件。当梯形图中的输出继电器得电接通时，则相应模块上的功率开关闭合。

g. PLC 的内部继电器不能作输出控制用，它们只是一些逻辑运算用中间存储单元的状态，其触点可供 PLC 内部使用。

h. PLC 在运算用户逻辑时就是按梯形图从上到下、从左到右的先后顺序逐行进行处理，即按扫描方式顺序执行程序，因此存在几条并列支路的同时动作，这在设计梯形图时可以减少许多有约束关系的联锁电路，从而使电路设计大大简化。

下面简要介绍梯形图的画法。

a. 触点的画法　垂直分支不能包含触点，触点只能画在水平线上。

如图 9-31（a）所示，触点 C 被画在垂直路径上，难以识别它与其他触点的关系，也难以确定通过 C 触点的能流方向，因此无法编程。可按梯形图设计规则将 C 触点改画于水平分支，如图 9-31（b）所示。

b. 分支线的画法　水平分支必须包含触点，不包含触点的分支应置于垂直方向，以便于识别节点的组合和对输出线圈的控制路径，如图 9-32 所示。

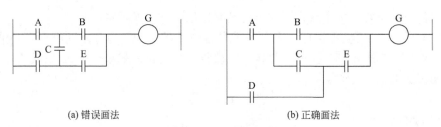

(a) 错误画法　　　　　　　　　　　　(b) 正确画法

图 9-31　触点的画法

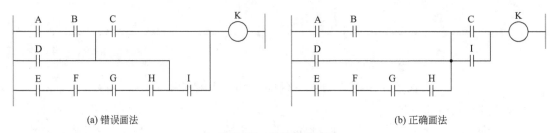

(a) 错误画法　　　　　　　　　　　　(b) 正确画法

图 9-32　分支线的画法

c. 梯形图中分支的安排　每个"梯级"中的并行支路（水平分支）的最上一条并联支路与输出线圈或其他线圈平齐绘制，如图 9-33 所示。

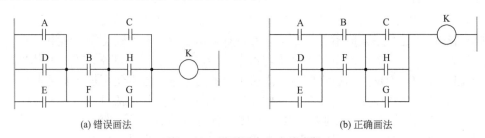

(a) 错误画法　　　　　　　　　　　　(b) 正确画法

图 9-33　梯形图中分支的安排

d. 梯形图的优化　因 PLC 内部继电器的触点数量不受限制，也无触点的接触损耗问题，因此在程序设计时，以编程方便为主，不一定要求触点数量为最少。例如图 9-34（a）和图 9-34（b）在不改变原梯形图功能的情况下，两个图之间就可以相互转换，这大大简化了编程。显然，图 9-34（a）中的梯形图所用语句比图 9-34（b）中的要多。

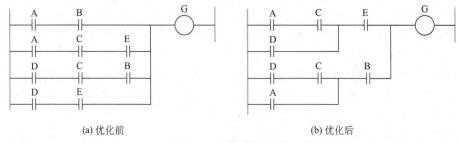

(a) 优化前　　　　　　　　　　　　(b) 优化后

图 9-34　梯形图的优化

② 指令语句表　指令表也叫做语句表，它和单片机程序中的汇编语言有点类似，由语句指令依一定的顺序排列而成。但 PLC 的语句表比计算机汇编语言更通俗易懂，一般的 PLC 可以使用梯形图编程也可以使用语句表编程，并且梯形图和语句表可以相互转化，因此也是一种应用较多的编程语言。

一条指令一般可分为助记符和操作数两个部分。也有只有助记符的，称为无操作数指令。

对指令表运用不熟悉的人可先画出梯形图，再转换为语句表。程序编制完毕装入机内运行时，简易编程设备都不具备直接读取图形的功能，梯形图程序只有改写为指令表才有可能送入可编程控制器运行。

图 9-30（a）所示的继电器 – 接触器控制电路，用 PLC 完成其控制动作，则语句表程序如下：

```
LD        I001
OR        Q003
ANDN      I002
OUT       Q003
LD        Q003
OUT       Q004
END
```

③ 控制流程图　PLC 控制流程图又称为顺序功能图。所谓顺序控制，就是按照生产工艺预先规定的顺序，在各个输入信号的作用下，根据内部状态和时间的顺序，在生产过程中各个执行机构自动地有秩序地进行操作。

PLC 控制流程图主要由过程与动作、有向连线、转换条件组成，见表 9-19。

表 9-19　PLC 控制流程图的组成

组成部分	说明
过程与动作	顺序控制设计法最基本的思想是将系统的一个工作周期划分为若干个相连的阶段，这些阶段称为过程。过程是根据输出量的状态变化来划分的，在任何一个过程之内，各输出量的 ON/OFF 状态不变。但是相邻两过程输出量的状态是不同的。过程的这种划分使代表各过程的编程组件的状态与各输出量之间的逻辑关系极为简单。当系统正处于某一过程所在的阶段时，该过程处于活动状态，称该过程为"活动"过程。当处于活动状态时，相应的动作被执行，处于不活动状态时，相应的非存储型动作被停止执行
有向连线	在顺序功能图中，随着时间的推移和转换条件的实现，进展按有向连线规定的路线和方向进行，在画顺序功能图时，将代表各过程的方框按它们成为活动过程的先后次序顺序排列，并用有向连线将它们连接起来
转换条件	使系统由当前过程进入下一过程的信号称为转换条件，顺序控制设计法用转换条件控制代表各过程的编程组件。转换条件可以是外部的输入信号，如按钮、指令开关、限位开关的接通 / 断开等，也可以是可编程控制器内部产生的信号，如定时器、动合触点的接通等，转换条件也可能是若干个信号的与、或、非逻辑组合

　　一个控制系统的整体功能可以分解成许多相对独立的功能块，每一块又是由几个条件、几个动作按照相应的逻辑关系、动作顺序连接组合而成，块与块之间可以顺序执行，也可以按条件判断分别执行或者循环转移执行。这样把一个系统的各个动作功能按动作顺序以及逻辑关系用一个图来描述出来，就是 PLC 控制流程图。PLC 流程图类似"与""或""非"等逻辑图，也比较直观易懂。例如图 9-30（a）所示的继电器 – 接触器控制电路，其 PLC 控制流程图如图 9-35 所示。

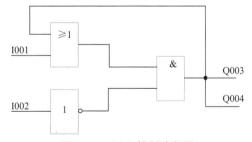

图 9-35　PLC 控制流程图

9.2.4　PLC 的简明工作原理

　　PLC 作为一种专用的工业控制计算机，它是从继电器 – 接触器系统发展而来的，采用了周期性循环扫描的工作方式，即 PLC 从 00000 号存储地址开始执行程序，直到遇到 END 指令的程序运行结束，然后再从头执行，这样周而复始重复，一直到停机或切换到停止

（STOP）状态为止。每一个扫描周期分为输入采样、程序执行、输出刷新三个阶段，如图9-36所示。

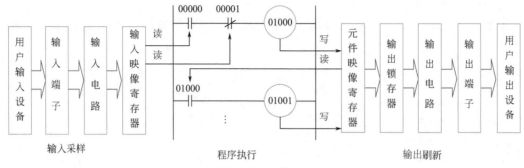

图9-36　PLC扫描工作过程

（1）输入采样

在程序执行前把PLC全部输入端子的通断状态读入输入映像寄存器，当程序执行时，输入映像寄存器的内容不会因为输入端状态的变化而发生改变。输入信号变化的状态只有经过一个周期进入下一个输入采样阶段才能被刷新。

（2）程序执行

PLC在完成输入采样工作后，在没有接到跳转指令时，根据用户程序存储器中的指令将有关软件的通、断状态从输入映像寄存器或其他软元件的映像寄存器读出，然后按照从上到下、先左后右的步序进行顺序运算或逻辑运算（即从第一条指令开始逐条顺序执行用户程序），并将运算结果写入有关的映像寄存器保存。也就是说，各软元件的映像寄存器中所寄存的内容是随着程序的执行而不断变化的，这个结果在全部程序没有执行完毕之前是不会送到输出端子的。

（3）输出刷新

输出刷新也称为输出处理，在程序执行完毕后，将输出映像寄存器中的内容送到输出锁存器中进行输出，并通过隔离电路、功率放大电路驱动外部负载。

（4）PLC对I/O处理的原则

根据PLC机工作过程的特点，可知PLC对I/O处理的原则为：输入映像寄存器的数据取决于输入端子板上各输入点在上一个刷新周期的接通/断开状态；程序如何执行取决于用户所编程序和输入/输出映像寄存器的内容及其他各元件映像寄存器的内容；输出映像寄存器的数据取决于输出指令的执行结果；输出锁存器中的数据由上一次输出刷新期间输出映像寄存器中的数据决定；输出端子的接通/断开状态由输出锁存器决定。

PLC采取这种集中采样、集中输出（刷新）的工作方式可以减少外界干扰的影响，提高PLC的抗干扰能力。

（5）PLC的扫描过程示例

如图9-37（a）所示为PLC控制电动机正反转的接线图。SB1为正转启动按钮，SB2为反转启动按钮，SB3为停止按钮，它们的常开触点分别接在编号为X0、X1和X2的PLC的输入端。正转接触器KM1、反转接触器KM2的线圈分别接在编号为Y0、Y1的PLC的输出端。如图9-37（b）所示为这5个输入/输出变量对应的I/O映像寄存器。如图9-37（c）所示为PLC的梯形图程序，图中的X0等是梯形图中的编程元件，X0～X2是输入继电器，Y0～Y1是输出继电器。输入/输出端子的编号与存放其信息的映像寄存器的编号一致。

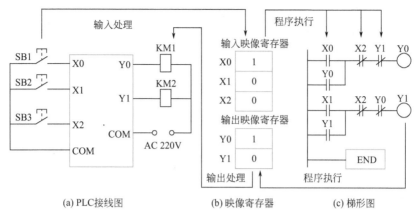

图 9-37　PLC 外部接线图和梯形图

梯形图以指令的形式存储在 PLC 的用户程序存储器中。图 9-37（c）中的梯形图与下面的指令表相对应。

序号	助记符	操作数
0	LD	X0
1	OR	Y0
2	ANI	X2
3	ANI	Y1
4	OUT	Y0
5	LD	X1
6	OR	Y1
7	ANI	X2
8	ANI	Y0
9	OUT	Y1
10	END	

在输入采样阶段，CPU 将 SB1、SB2、SB3 的常开触点的状态（ON、OFF）读入相应的输入映像寄存器中，外部触点接通时存入寄存器的是二进制数 1，反之存入 0。

输入采样结束后进入程序执行阶段，执行第一条指令时，从输入映像寄存器 X0 中取出二进制数 "1" 或 "0" 并存入操作器中。执行第二条指令时，从输出映像寄存器 Y0 中取出二进制数 "1" 或 "0"，并与操作器中的内容相 "或"，结果存入操作器中……在程序执行过程中产生的输出 Y0、Y1 并没有立即送到输出端子进行输出，而是存放在输出映像寄存器 Y0、Y1 中。当执行到第 11 条指令时，程序执行结束，进入输出刷新阶段，CPU 将各输出映像寄存器的内容传送给输出锁存器并锁存，送到输出端子驱动外部对象，输出刷新结束。PLC 又重复上述过程，循环往复，直到停机或由运行（RUN）状态切换到停止（STOP）状态为止。

9.2.5　PLC 的选用

PLC 机型选择的基本原则是在满足功能要求及保证可靠、维护方便的前提下，力争最佳的性能价格比。

（1）结构形式的选择

PLC 主要有整体式和模块式两种结构形式。

287

整体式 PLC 的每一个 I/O 点的平均价格比模块式的便宜，且体积相对较小，一般用于系统工艺过程较为固定的小型控制系统中。

模块式 PLC 的功能扩展灵活方便，在 I/O 点数、输入点数与输出点数的比例、I/O 模块的种类等方面选择余地大，且维修方便，一般于较复杂的控制系统。

（2）安装方式的选择

PLC 系统的安装方式分为集中式、远程 I/O 式以及多台 PLC 联网的分布式。

集中式不需要设置驱动远程 I/O 硬件，系统反应快、成本低；远程 I/O 式适用于大型系统，系统的装置分布范围很广，远程 I/O 可以分散安装在现场装置附近，连线短，但需要增设驱动器和远程 I/O 电源；多台 PLC 联网的分布式适用于多台设备分别独立控制，又要相互联系的场合，可以选用小型 PLC，但必须要附加通信模块。

（3）PLC 相应功能的选择

一般小型（低档）PLC 具有逻辑运算、定时、计数等功能，对于只需要开关量控制的设备都可满足。

对于以开关量控制为主，带少量模拟量控制的系统，可选用能带 A/D 和 D/A 转换单元，具有加减算术运算、数据传送功能的增强型低档 PLC。

对于控制较复杂，要求实现 PID 运算、闭环控制、通信联网等功能，可视控制规模大小及复杂程度，选用中档或高档 PLC。但是中、高档 PLC 价格较贵，一般用于大规模过程控制和集散控制系统等场合。

（4）PLC 响应速度的选择

不同档次 PLC 的响应速度一般都能满足其应用范围内的需要。如果要跨范围使用 PLC，或者某些功能或信号有特殊的速度要求时，则应该慎重考虑 PLC 的响应速度，可选用具有高速 I/O 处理功能的 PLC，或选用具有快速响应模块和中断输入模块的 PLC 等。

（5）I/O 总点数的选择

盲目选择点数多的机型会造成一定浪费。要先弄清楚控制系统的 I/O 总点数，再按实际所需总点数的15% ~ 20%留出备用量（为系统的改造等留有余地）后确定所需 PLC 的点数。

另外要注意，一些高密度输入点的模块对同时接通的输入点数有限制，一般同时接通的输入点不得超过总输入点的 60%；PLC 每个输出点的驱动能力也是有限的，有的 PLC 其每点输出电流的大小还随所加负载电压的不同而异；一般 PLC 的允许输出电流随环境温度的升高而有所降低等。在选型时要考虑这些问题。

PLC 的输出点可分为共点式、分组式和隔离式三种接法。隔离式的各组输出点之间可以采用不同的电压种类和电压等级，但这种 PLC 平均每点的价格较高。如果输出信号之间不需要隔离，则应选择前两种输出方式的 PLC。

（6）存储容量的选择

对用户存储容量只能做粗略的估算。在仅对开关量进行控制的系统中，可以用输入总点数乘 10 字 / 点 + 输出总点数乘 5 字 / 点来估算；计数器 / 定时器按（3 ~ 5）字 / 个估算；有运算处理时按（5 ~ 10）字 / 量估算；在有模拟量输入 / 输出的系统中，可以按每输入（或输出）一路模拟量约需（80 ~ 100）字左右的存储容量来估算；有通信处理时按每个端口 200 字以上的数量粗略估算。

对于仅有开关量输入 / 输出信号的电气控制系统，将所需的输入与输出点数之和乘以 8，就是所需 PLC 存储器的存储容量（单位为 bit）。

我们一般可以按估算容量的 50% ～ 100% 留有裕量。对缺乏经验的设计者，选择容量时留有裕量要大些。

（7）I/O 响应时间的选择

PLC 的 I/O 响应时间包括输入电路延迟、输出电路延迟和扫描工作方式引起的时间延迟（一般在 2、3 个扫描周期）等。对开关量控制的系统，PLC 的 I/O 响应时间一般都能满足实际工程的要求，可不必考虑 I/O 响应问题。但对模拟量控制的系统，特别是闭环控制系统就要考虑这个问题。

（8）根据输出负载的特点选择

不同的负载对 PLC 的输出方式有相应的要求。例如，频繁通断的感性负载，应选择晶体管或晶闸管输出型的，而不应选用继电器输出型的。但继电器输出型的 PLC 有许多优点，如导通压降小，有隔离作用，价格相对较便宜，承受瞬时过电压和过电流的能力较强，其负载电压灵活（可交流、可直流）且电压等级范围大等。所以动作不频繁的交、直流负载可以选择继电器输出型的 PLC。

（9）在线或离线编程的选择

离线编程是指主机和编程器共用一个 CPU，通过编程器的方式选择开关来选择 PLC 的编程、监控和运行工作状态。编程状态时，CPU 只为编程器服务，而不对现场进行控制。专用编程器编程属于这种情况。

在线编程是指主机和编程器各有一个 CPU，主机的 CPU 完成对现场的控制，在每一个扫描周期末尾与编程器通信，编程器把修改的程序发给主机，在下一个扫描周期主机将按新的程序对现场进行控制。

计算机辅助编程既能实现离线编程，也能实现在线编程。在线编程需购置计算机，并配置编程软件。采用哪种编程方法应根据需要决定。一般来说，对产品定型、工艺过程不变动的系统可以选择离线编程，以降低设备的投资费用。

9.2.6　PLC 与外围设备的连接

（1）PLC 与输入元件的连接

PLC 的外部设备主要是指控制系统中的输入 / 输出设备，其中输入设备是对系统发出各种控制信号的主令电器，在编写控制程序时必须注意外部输入设备使用的是常开触点还是常闭触点，并以此为基础进行程序编制，否则易出现控制错误。

输入元器件是 PLC 信号输入部分，主要由按钮、行程开关、继电器触点、光电开关、霍尔开关、接近开关、数字开关、旋转编码器等。

① PLC 与按钮、行程开关等输入元件的连接　下面以 CPM1A-40CDR 为例，介绍 PLC 与输入设备接线方法，如图 9-38 所示。图中只画出了 000 通道的部分输入点与按钮的连接，001 通道的接线方法与其相似。电源 U 可接在主机 24V 直流电源的正极，COM 接电源的负极。

PLC 的输入点大部分是共点式的，即所有输入点具有一个公共端 COM，图 9-38 就是共点式输入点的接法。

② PLC 与拨码器的连接　如果 PLC 控制系统中的某些数据需要经常修改，可使用多位拨码开关与 PLC 连接，在 PLC 外部进行数据设定。如图 9-39（a）所示是 1 位拨码开关的示意图，1 位拨码开关能输入 1 位十进制数的 0 ～ 9，或 1 位十六进制数的 0 ～ F。

在图 9-39（b）中，4 位拨码开关组装在一起构成拨码器，把各位拨码开关的 COM 端连

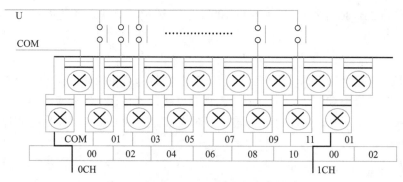

图 9-38　PLC 与输入元件的接线示例

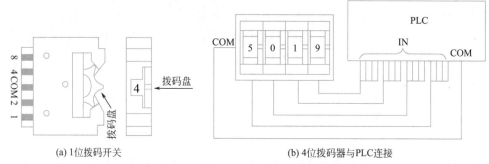

(a) 1位拨码开关　　　　　　　　　　　(b) 4位拨码器与PLC连接

图 9-39　拨码开关、拨码器与 PLC 连接

在一起后，接在 PLC 输入侧的 COM 端子上。每位拨码开关的 4 条数据线按一定顺序接在 PLC 的 4 个输入点上。由图可见，使用拨码器要占用许多 PLC 的输入点，因此，不是十分必要的场合，一般不要采用这种方法。

如图 9-40 所示是拨码器与 PLC 的接线示意图。图中 4 个虚线框是 4 个拨码器的等效电路，4 个拨码器分别用来设定千、百、十、个位数，利用每个拨码开关的拨码盘调整各位拨码开关的值。例如，要设定数据为 5019 时，把千位拨码器拨为 5，此时千位中对应 8、2 的开关断开、对应 4、1 的开关闭合，则该位数字输入为 0101；把百位拨码器拨为 0，此时百位中所有开关均断开，则该位数字输入为 0000；把十位拨码器拨为 1，此时十位中对应 8、4、2 的开关均断开，对应 1 的开关闭合，则该位数字输入为 0001；把个位拨码器拨为 9，此时个位中对应 8 和 1 的开关闭合，对应 2、1 的开关断开，则该位数字输入为 1001。

使用拨码器时，为了提高 PLC 输入点的利用率，应采用分组控制法输入拨码器的数据。否则，在输入 4 位数字时拨码器占用的一个通道是不能作他用的。图 9-40 就是采用分组控制法向 PLC 输入拨码器数据的。图中当转换开关 S 扳到 1 号位时，拨码器的数据输入到通道 001 中，SB1、SB2；S1（这里只画了这几个）的信息输入到通道 000 中，PLC 按自动运行方式执行程序；当转换开关 S 扳到 2 号位时，拨码器与 PLC 脱离，利用 SB5、SB6 等按钮可以进行手动操作。显然，自动方式下通道 001 输入的是拨码器的数据，而手动方式时通道 001 又可以接收手动控制信息。

如果 PLC 的输入通道不足 16 位，例如只有 12 位，在用拨码器进行大于 3 个数字的数据设定时须占用 2 个输入通道。这时用一个通道接收低 3 位数字，用另一个通道的 4 个位接收最高位数字。在编程时可用 MOV 指令将低 3 位数字传送到目的通道的 00 ～ 11 位中，而用位传送指令 MOVB 或数字传送指令 MOVD 将最高位数字传送到目的通道的 12 ～ 15 位中。这样，接收最高位数字的输入通道中，没使用的其他位可以安排别的用途。

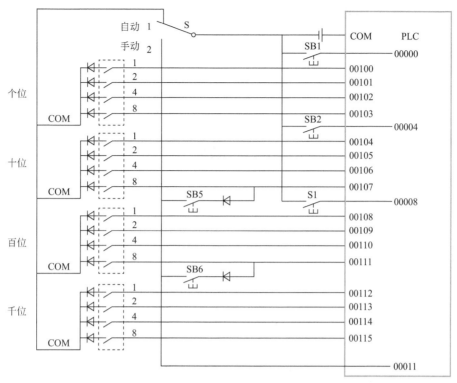

图 9-40 拨码器与 PLC 的接线示意图

③ PLC 与旋转编码器的连接　旋转编码器是一种光电式旋转测量装置，它将被测的角位移直接转换成数字信号（高速脉冲信号）。因此可将旋转编码器的输出脉冲信号直接输入给 PLC，利用 PLC 的高速计数器对其脉冲信号进行计数，以获得测量结果。不同型号的旋转编码器，其输出脉冲的相数也不同，有的旋转编码器输出 A、B、Z 三相脉冲，有的只有 A、B 相两相，最简单的只有 A 相。

如图 9-41 所示是输出三相脉冲的 E6A2-C 系列旋转编码器与 PLC 的连接示意图。编码器有 5 条引线，其中 3 条是脉冲输出线，一条是 COM 端线，一条是电源线。编码器的电源可以是外接电源，也可直接使用 PLC 的 DC24V 电源。电源"－"极要与编码器的 COM 端连接，"＋"极与编辑器的电源端连接。编码器的 COM 端与 PLC 输入 COM 端连接，A、B 两相脉冲输出线直接与 PLC 的输入端连接，连接时要注意 PLC 输入的响应时间。有的旋转编码器还有一条屏蔽线，使用时要将屏蔽线接地。

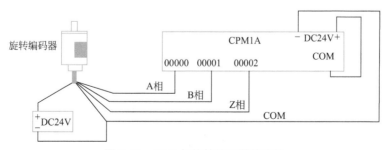

图 9-41 PLC 与旋转编码器的连接

④ PLC 与传感器的连接　传感器的种类很多，其输出方式也各不相同。当接近开关、光电开关等两线式传感器的漏电流较大时，可能出现错误的输入信号而导致 PLC 的误动作。

电工基础

当漏电流不足 1.0mA（00000～00002 不足 2.5mA）时可以不考虑其影响，当超过 1.0mA（00000～00002 超过 2.5mA）时，要在 PLC 的输入端并联一个电阻 R，如图 9-42 所示。R 的估算方法为：

$$R < \frac{L_C \times 5.0}{IL_C - 5.0} \text{ (k}\Omega)$$

$$R > \frac{2.3}{R} \text{ (W)}$$

图 9-42　输入设备有漏电流时的接线

式中，I 为漏电流，mA；L_C 是 PLC 的输入阻抗，kΩ，L_C 的值根据输入点的不同而存在差异；P 是 R 的功率，5.0V 是 PLC 的 off 电压。

（2）PLC 与输出设备的连接

PLC 与输出设备连接时，不同组（不同公共端）的输出点，其对应输出设备（负载）的电压类型、等级可以不同，但同组（相同公共端）的输出点，其电压类型和等级应该相同。要根据输出设备电压的类型和等级来决定是否分组连接。如图 9-43 所示以 FX2N 为例说明 PLC 与输出设备的连接方法。图中接法是输出设备具有相同电源的情况，所以各组的公共端连在一起，否则要分组连接。图中只画出 Y0～Y7 输出点与输出设备的连接，其他输出点的连接方法相似。

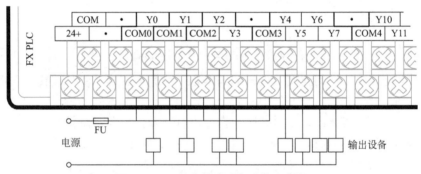

图 9-43　PLC 与输出设备连接示意图

PLC 的输出端经常连接的是感性输出设备（感性负载），为了抑制感性电路断开时产生的电压使 PLC 内部输出元件造成损坏。因此当 PLC 与感性输出设备连接时，如果是直流感性负载，应在其两端并联续流二极管（可选择 1A 的二极管）；如果是交流感性负载，应在其两端并联阻容吸收电路，阻容吸收电路的电阻可取 50～120Ω，电容值可取 0.1～0.47μF，电容的耐压应大于电源的峰值电压。感性负载时的接线如图 9-44 所示。

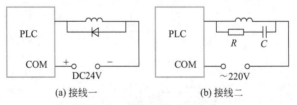

图 9-44　感性负载时的接线

PLC 可直接用开关量输出与七段 LED 显示器的连接，但如果 PLC 控制的是多位 LED 七段显示器，所需的输出点是很多的。如图 9-45 所示电路中，采用具有锁存、译码、驱动功能的芯片 CD4513 驱动共阴极 LED 七段显示器，两只 CD4513 的数据输入端 A～D 共用 PLC 的 4 个输出端，其中 A 为最低位，D 为最高位。LE 是锁存使能输入端，在 LE 信号的上升沿将数据输入端输入的 BCD 数锁存在片内的寄存器中，并将该数译码后显示出来。如果输入的不是十进制数，显示器熄灭。LE 为高电平时，显示的数不受数据输入信号的影响。显然，N 个显示器占用的输出点数为 $P=4+N$。

> **特别提醒**　如果 PLC 使用继电器输出模块，应在与 CD4513 相连的 PLC 各输出端接一下拉电阻，以避免在输出继电器的触点断开时 CD4513 的输入端悬空。PLC 输出继电器的状态变化时，其触点可能抖动，因此应先送数据输出信号，待该信号稳定后再用。

（3）PLC 电源的连接

PLC 的电源包括 CPU 单元及 I/O 扩展单元的电源、输入设备及输出设备的电源。输入 / 输出设备、CPU 单元及 I/O 扩展单元最好分别采用独立的电源供电。如图 9-46 所示是 CPU 单元、I/O 扩展单元及输入 / 输出设备电源的接线示意图。

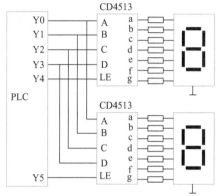

图 9-45　PLC 与多位 LED 七段显示器的连接

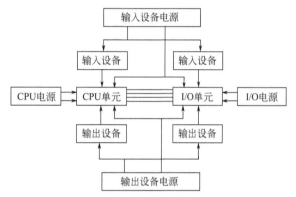

图 9-46　PLC 电源的连接

9.2.7　使用 PLC 的注意事项

PLC 是一种用于工业生产自动化控制的设备，一般不需要采取什么措施，就可以直接在工业环境中使用。但当生产环境过于恶劣，电磁干扰特别强烈，或安装使用不当，就可能造成程序错误或运算错误，从而产生误输入并引起误输出，这将会造成设备的失控和误动作，从而不能保证 PLC 的正常运行。

要提高 PLC 控制系统可靠性，一方面要求 PLC 生产厂家提高设备的抗干扰能力；另一方面，要求设计、安装和使用维护中引起高度重视，多方配合才能完善解决问题，有效地增强系统的抗干扰性能。

（1）PLC 安装与布线应注意的问题

① 远离高压电器和高压电源线　PLC 不能在高压电器和高压电源线附近安装，更不能与高压电器安装在同一个电器柜中。PLC 与高压电器或高压电源线之间至少应有 200mm 的距离。与 PLC 装在同一个柜子内的电感性负载，如功率较大的继电器、接触器的线圈，应并联 RC 消弧电路。

② PLC 的电源及输入 / 输出回路的配线　电源是外部干扰侵入 PLC 的重要途径，应经过隔离变压器后再接入 PLC，最好加滤波器先进行高频滤波，以滤除高频干扰。

PLC 的电源和输入 / 输出回路的配线，必须使用压接端子或单股线，不能用多股绞合线直接与 PLC 的接线端子连接，否则容易出现火花。

③ 正确布线　输入 / 输出线、PLC 的电源线、动力线最好放在各自的电缆槽或电缆管中，线中心距要保持至少大于 300mm 的距离。输入 / 输出线绝对不准与动力线捆在一起敷设。

模拟量输入 / 输出最好加屏蔽，且屏蔽层应一端接地。

PLC 的基本单元与扩展单元之间的电缆传送的信号电压低、频率高，很容易受到高频干扰，因此不能将它同别的线敷设在一起。

（2）PLC 正确接地

良好的接地是保证 PLC 可靠工作的重要条件，可以避免偶然发生的电压冲击危害。接地的目的通常有两个，其一为了安全，其二是为了抑制干扰。完善的接地系统是 PLC 控制系统抗电磁干扰的重要措施之一。为此，PLC 应设有独立的、良好的接地装置，如图 9-47（a）所示。接地电阻要小于 100Ω，接地线的截面积应大于 $2mm^2$。PLC 应尽量靠近接地点，其接地线不能超过 20m。PLC 不要与其他设备共用一个接地体，像图 9-47（b）那样 PLC 与别的设备共用接地体的接法是错误的。

PLC 控制系统的地线包括系统地、屏蔽地、交流地和保护地等。接地系统混乱对 PLC 系统的干扰主要是各个接地点电位分布不均，不同接地点间存在地电位差，引起地环路电流，影响系统正常工作。例如电缆屏蔽层必须一点接地，如果电缆屏蔽层两端 A、B 都接地，就存在地电位差，有电流流过屏蔽层，当发生异常状态如雷击时，地线电流将更大。

主机面板上有一个噪声滤波的中性端子（有的 PLC 标 LG），通常不要求接地，但是当电气干扰严重时，这个端子必须与保护接地端子（有的 PLC 标 GR）短接在一起之后接地。

CPU 单元必须接地。若使用了 I/O 扩展单元等，则 CPU 单元应与它们具有共同的接地体，而且从任一单元的保护接地端到地的电阻都不能大于 100Ω。其接线如图 9-48 所示。

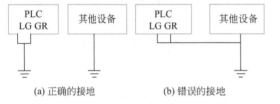

(a) 正确的接地　　　　(b) 错误的接地

图 9-47　PLC 的接地　　　　　　　　　　　**图 9-48　各种单元的接地**

（3）PLC 对工作环境的要求

PLC 对工作环境的要求见表 9-20。

表 9-20　PLC 对工作环境的要求

工作环境	要求
温度	环境温度应控制在 0 ～ 55℃，安装时不能放在发热量大的元件下面，四周通风散热的空间应足够大
湿度	为了保证 PLC 的绝缘性能，空气的相对湿度应小于 85%（无凝露）
振动	应使 PLC 远离强烈的振动源，防止振动频率为 10 ～ 55Hz 的频繁或连续振动。当使用环境不可避免振动时，必须采取减振措施，如采用减振胶等
空气	应避免有腐蚀和易燃的气体，例如氯化氢、硫化氢等。对于空气中有较多粉尘或腐蚀性气体的环境，可将 PLC 安装在封闭性较好的控制室或控制柜中
干扰源	PLC 应远离干扰源，例如大功率晶闸管装置、高频电焊机、大型动力设备。对于电源引入的电网干扰可以安装一台带屏蔽层的变比为 1：1 的隔离变压器，以减少设备与地之间的干扰，还可以在电源输入端串接 LC 滤波电路，如图 9-49 所示。一般 PLC 都有直流 24V 输出提供给输入端，当输入端使用外接直流电源时，应选用直流稳压电源。因为普通的整流滤波电源，由于纹波的影响，容易使 PLC 接收到错误信息
电磁场	PLC 应远离强电磁场，否则不能安装 PLC

9.2.8 PLC 常见故障处理

（1）查找故障的设备

编程器是主要的诊断工具，它能方便地插到 PLC 上面。在编程器上可以观察整个控制系统的状态，当我们去查找 PLC 为核心的控制系统的故障时，作为一个习惯，应带一个编程器。

以下以无锡华光电子工业有限公司生产的 SR 系列 PLC 为例进行介绍，其余各型 PLC 的故障查找方法与此大同小异。

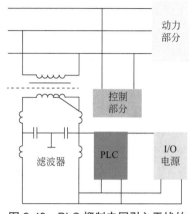

图 9-49　PLC 抑制电网引入干扰的措施

（2）查找故障的步骤

① 查找故障的基本步骤　提出下列问题，并根据发现的合理动作逐个否定。一步一步地更换 SR 中的各种模块，直到故障全部排除。所有主要的修正动作都能通过更换模块来完成。除了一把螺丝刀和一个万用电表外，并不需要特殊的工具，不需示波器、高级精密电压表或特殊的测试程序。

a. PWR（电源）灯亮否？如果不亮，在采用交流电源的框架的电压输入端（98 ～ 162VAC 或 195 ～ 252VAC）检查电源电压；对于需要直流电压的框架，测量 +24VDC 和 0VDC 端之间的直流电压，如果不是合适的 AC 或 DC 电源，则问题发生在 SR PLC 之外。如 AC 或 DC 电源电压正常，但 PWR 灯不亮，检查保险丝，如必要的话，就更换 CPU 框架。

b. PWR（电源）灯亮否？如果亮，检查显示出错的代码，对照出错代码表的代码定义，做相应的修正。

c. RUN（运行）灯亮否？如果不亮，检查编程器是不是处于 PRG 或 LOAD 位置，或者是不是程序出错。如 RUN 灯不亮，而编程器并没插上，或者编程器处于 RUN 方式且没有显示出错的代码，则需要更换 CPU 模块。

d. BATT（电池）灯亮否？如果亮，则需要更换锂电池。由于 BATT 灯只是报警信号，即使电池电压过低，程序也可能尚没改变。更换电池以后，检查程序或让 PLC 试运行。如果程序已有错，在完成系统编程初始化后，将录在磁带上的程序重新装入 PLC。

e. 在多框架系统中，如果 CPU 是工作的，可用 RUN` 继电器来检查其他几个电源的工作。如果 RUN 继电器未闭合（高阻态），按上面讲的第一步检查 AC 或 DC 电源如 AC 或 DC 电源正常而继电器是断开的，则需要更换框架。

② 查找故障的一般步骤　首先，插上编程器，并将开关打到 RUN 位置，然后按下列步骤进行。

a. 如果 PLC 停止在某些输出被激励的地方，一般是处于中间状态，则查找引起下一步操作发生的信号（输入、定时器、鼓轮控制器等）。编程器会显示那个信号的 ON/OFF 状态。

b. 如果输入信号，将编程器显示的状态与输入模块的 LED 指示作比较，结果不一致，则更换输入模块。如发现在扩展框架上有多个模块要更换，那么，在更换模块之前，应先检查 I/O 扩展电缆和它的连接情况。

c. 如果输入状态与输入模块的 LED 指示一致，就要比较 LED 与输入装置（按钮、限位开关等）的状态。如果二者不同，应测量输入模块，如发现有问题，需要更换 I/O 装置，现场接线或电源；否则，要更换输入模块。

d. 如没有输出信号，就得用编程器检查输出的驱动逻辑，并检查程序清单。检查应按从右到左进行，找出第一个不接通的触点，如没有通的那个是输入，就按第二和第三步检查该

输入点，以此类推，就按第四步和第五步检查。要确认使主控继电器不影响逻辑操作。

e. 如果信号是定时器，而且停在小于 999.9 的非零值上，则要更换 CPU 模块。

f. 如果该信号控制一个计数器，首先检查控制复位的逻辑，然后是计数器信号。按上述第二到第五步骤进行。

（3）西门子 PLC 典型故障的判断与处理

通过软件 PC 程序可以判断 PLC 是否是软件故障，如果是硬件故障，则需要专用的芯片级电路板维修工程师才可对其进行修复工作。PLC 采用模块结构，较为简单的处理方式就是更换故障板卡。

① PLC 软故障的判断和处理　西门子 PLC 都留有通信 PC 端口，通过专用伺服编程器即可以解决几乎所有的软件问题。PLC 具有自诊断能力，发生模块功能错误时，通过故障指示灯就可判断。当电源正常，各指示灯也指示正常，特别是输入信号正常，但系统功能不正常（输出无或乱）时，本着先易后难、先软后硬的检修原则，首先检查用户程序是否出现问题。

西门子 PLC S5 的用户程序储存在 RAM 中，是掉电易失性的，当后备电池故障系统电源发生故障时，程序丢失或紊乱的可能性就很大，强烈的电磁干扰也会引起程序出错。有 EPROM 存储卡及插槽的 PLC 恢复程序就相当简单，将 EPROM 卡上的程序拷回 PLC 后一般都能解决问题；没有 EPROM 子卡的用户就要利用 PC 的联机功能将正确的程序发送到 PLC 上。

需要特别说明的是，如果简单的程序覆盖不能解决问题，这时要在重新拷贝程序前清理 RAM 中的用户程序。方法是将 PLC 上的 "RUN""ST" 开关按照 "RUN → ST → RUN → ST → RUN" 的顺序拨打一遍，或在 PG 上执行 "Object → Blocks → Delete → inPLCa → llblocks → overall → Reset" 功能。另外，保存在 EPROM 中的程序并不是万无一失的，经常检查核对 EPROM 中的程序，特别是 PC 中的备份程序就显得尤为重要。

② PLC 硬件故障的判断和处理　PLC 的硬件故障较为直观，维修的基本方法就是更换模块。根据故障指示灯和故障现象判断故障模块是检修的关键，盲目的更换会带来不必要的损失。

a. 电源模块故障　工作正常的电源模块，其上面的工作指示灯如 "AC""24VDC""5VDC" "BATT" 等应该是绿色长亮的。哪一个灯的颜色发生了变化或闪烁或熄灭，就表示哪一部分的电源有问题。

"AC" 灯表示 PLC 的交流总电源，"AC" 灯不亮时，可能是无工作电源，整个 PLC 停止工作。这时就应该检查电源熔断器是否熔断，若熔断器熔断，要用同规格同型号的熔断器更换。无同型号的进口熔断器时，要用电流相同的快速熔断器代换。如重复烧熔断器，说明电路板短路或损坏，要更换整个电源。

"5VDC""24VDC" 灯熄灭表示无相应的直流电源输出。当电源偏差超出正常值 5% 时指示灯闪烁，此时虽然 PLC 仍能工作，但应引起重视，必要时停机检修。

"BATT" 变色灯是后备电源指示灯，绿色正常，黄色电量低，红色故障。黄灯亮时就应该更换后备电池。维修手册规定两到三年更换锂电池一次。

当红灯亮时表示后备电源系统故障，需要更换整个模块。

b. I/O 模块故障　输入模块一般由光电耦合电路组成；输出模块根据型号不同有继电输出、晶体管输出、光电输出等。每一点输入输出都有相应的 LED 指示。有输入信号但该点不亮或确定有输出但输出灯不亮时就应该怀疑 I/O 模块有故障。输入和输出模块有 6 到 24

个点，如果只是因为一个点的损坏就更换整个模块在经济上不合算。通常的做法是找备用点替代，然后在程序中更改相应的地址。但要注意，程序较大时查找具体地址有困难。特别强调的是，无论是更换输入模块还是更换输出模块，都要在 PLC 断电的情况下进行，带电插拔模块是绝对不允许的。

c. CPU 模块故障　通用型 PLC 的 CPU 模块上往往包括有通信端口、EPROM 插槽、运行开关等，故障的隐蔽性更大，因为更换 CPU 模块的费用很大，所以对它的故障分析、判断要尤为仔细。例如，一台 PLC 合上电源时无法将开关拨到 RUN 状态，错误指示灯先闪烁后常亮，断电复位后故障依旧，更换 CPU 模块后运行正常。在进行芯片级维修时更换了CPU 但故障灯仍然不停闪烁，直到更换了通信接口板后功能才恢复正常。

③ 外围线路故障　据有关文献报道，在 PLC 控制系统中出现的故障率为：CPU 及存储器占 5%，I/O 模块占 15%，传感器及开关占 45%，执行器占 30%，接线等其他方面占 5%。由此可见，80% 以上的故障出现在外围线路。

外围线路由现场输入信号（如按钮开关、选择开关、接近开关及一些传感器输出的开关量、继电器输出触点或模数转换器转换的模拟量等）和现场输出信号（电磁阀、继电器、接触器、电机等），以及导线和接线端子等组成。接线松动、元器件损坏、机械故障、干扰等均可引起外围电路故障，排查时要仔细，替换的元器件要选用性能可靠安全系数高的优质器件。一些功能强大的控制系统采用故障代码表表示故障，对故障的分析排除带来极大便利，应好好利用。

想一想

1. 判断正误：PLC 等效的输出继电器由程序内部指令驱动。（　　　）

2. 判断正误：可编程序控制器一般由 CPU、储存器、输入/输出接口、电源及编程器五部分组成。（　　　）

3. 判断正误：逻辑功能图不是 PLC 语言。（　　　）

4. 判断正误：在梯形图中两个或两个以上的线圈不可以并联输出。（　　）

5. 判断正误：输出继电器是 PLC 的输出信号，用来控制外部负载。（　　　）

6. 下面哪种不是 PLC 的编程语言表达方式（　　　）。

A. 梯形图　　　　　　B. C 语言　　　　　　C. 指令语句表　　　　D. 逻辑功能图

7. PLC 的工作方式是（　　　）。

A. 等待工作方式　　B. 中断工作方式　　C. 扫描工作方式　　D. 循环扫描工作方式

8. 在 PLC 梯形图中，（　　　）软继电器的线圈不能出现。

A. 输入继电器　　　B. 辅助继电器　　　C. 输出继电器　　　D. 变量存储器

9. 三菱 FX 系列的 PLC 中控制计数器用（　　　）表示。

A. T　　　　　　　　B. X　　　　　　　　C. D　　　　　　　　D. Y

10. PLC 程序梯形图执行原则是（　　　）。

A. 从下到上，从左到右　　　　　　　B. 从下到上，从右到左

C. 从上到下，从左到右　　　　　　　D. 从上到下，从右到左

11. PLC 对工作环境的要求有哪些？

9.3 电动机软启动控制

所谓"软启动"，实际上就是按照预先设定的控制模式进行的电动机降压启动过程。电动机软启动器是一种集软停车、轻载节能和多种保护功能于一体的电动机控制装置（国外称为 Soft Starter），实现在整个启动过程中无冲击而平滑的启动电动机，而且可根据电动机负载的特性来调节启动过程中的各种参数等。软启动器有很高的"智商"，能实现人机"对话"。软启动器的液晶显示屏可显示电流、电压、功率、功率因数、电动机温度、运行时间。在通信方面，提供了标准的串行通信口，可通过键盘和 LED 以菜单形式设置参数，软启动器如图 9-50 所示。

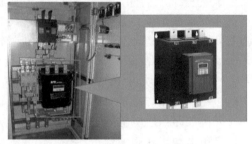

图 9-50 电动机软启动器

软启动器和变频器是两种完全不同用途的产品。变频器是用于需要调速的地方，其输出不但改变电压而且同时改变频率；软启动器实际上是个调压器，用于电动机启动时，输出只改变电压并没有改变频率。

9.3.1 认识电动机软启动器

（1）软启动器的基本结构

几乎所有的智能化软启动器的结构组成原理均大同小异，包括一个控制模块和一个电源组件，其结构组成如图 9-51 所示。同一系列不同功率之间的控制模块可以互换，电源组件带有保护电路。

9.8 电动机软启动器及应用

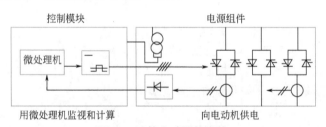

图 9-51 软启动器的结构

（2）软启动器的工作原理

软启器采用三相反向并联的晶闸管作为调压器，将其接入电源和电动机定子之间。使用软启动器启动电动机时，晶闸管的输出电压逐渐增加，电动机逐渐加速，直到晶闸管全导通，电动机工作在额定电压的机械特性上，实现平滑启动，降低启动电流，避免启动过流跳闸。待电动机达到额定转数时，启动过程结束，软启动器自动用旁路接触器取代已完成任务的晶闸管，为电动机正常运转提供额定电压，以降低晶闸管的热损耗，延长软启动器的使用寿命，提高其工作效率，又使电网避免了谐波污染。

软停车与软启动的过程相反。晶闸管在得到停机指令后，从全导通逐渐地减小导通角，经过一定时间过渡到全关闭的过程。电压逐渐降低，转数逐渐下降到零，从而避免了电动机自由停车引起的转矩冲击。电动机停车的时间根据实际需要可在 0 ～ 120s 调整。

下面介绍 WJR 系列软启动器的工作原理。

WJR 节电型软启动器基于单片机控制技术，通过其内置的专用优化控制软件，动态调整电动机运行过程中的电压和电流。在不改变电动机转速的条件下，保证电动机的输出转矩与负荷需求匹配，其空载有功节电率高达 50% 以上。它不仅具备完善的软启动和软停车功能，可保证电动机连续平滑启动，避免电动机启动时所产生的电流和机械冲击；还具有断相、过流、过载、三相不平衡、晶闸管过热、电源逆相等多项保护功能，并有故障状态输出（BK）、运行状态输出（TR）可以用来控制其他联锁的设备。

WJR 节电型软启动器可智能地检测到电动机运行过程中出现的故障，运行状态及故障状态均由面板上的 LED 显示。其原理框图如图 9-52 所示。

WJR 旁路型软启动器具有电源逆相、晶闸管过热、电动机过载、三相不平衡、断相等保护功能，并有故障状态输出（ERROR），可用来控制（保护）其他联锁的设备（输出继电器触点容量为 250V/5A）。内部线路板上有容易识别的故障诊断指示灯，可智能检测到运行过程中出现的故障。当软启动完成后，旁路接触器投入正常运行。旁路接触器在闭合和断开时，触点无电弧产生，这是采用了电子灭弧器技术而达到的特殊效果。WJR 旁路型软启动器原理框图如图 9-53 所示。

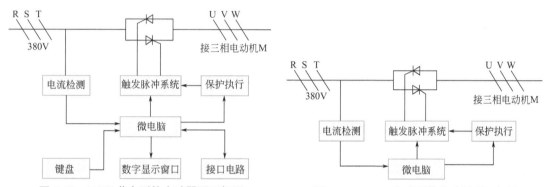

图 9-52　WJR 节电型软启动器原理框图　　　　图 9-53　WJR 旁路型软启动器原理框图

WJR 系列软启动单元是三相交流异步电动机专用控制产品，启动采用电压时间斜坡方式，并兼有启动电流限制模式。该单元具有软启动、软停止和启动电流限制功能。启动和运行时，具有故障诊断和故障保护功能，可通过外接无源触点开关进行远距离操作（异地控制）。该单元不需另配电动机保护器或热继电器，运行时需用交流接触器旁路。旁路接触器在吸合和分断时无电弧产生。WJR 系列软启动单元工作原理图如图 9-54 所示。

当停止端悬空（按钮 SB1 不接）时，按下启动按钮（SB2）后电动机开始启动并运行。抬起启动按钮（SB2），则进入软停状态（若软停时间设置为零则电动机自由停车）。此方式可用于点动或继电器控制。主电路三只电流互感器（TA1、TA2、TA3）的二次电流（0～5A）输出端，分别接到软启动单元的"互感器 1""互感器 2""互感器 3"的端子上，无相序及相位要求。电流互感器二次线的公共端应可靠接地。

当外接电源、外接电动机及软启动单元出现故障时，自动停机，故障继电器动作，其"故障信号输出"端子输出无源开关闭合信号，可用此信号控制外部联锁设备。

（3）软启动器的启动方式

运用串接于电源与被控电动机之间的软启动器，控制其内部晶闸管的导通角，使电动机输入电压从零以预设函数关系逐渐上升，直至启动结束，赋予电动机全电压，即为软启动。在软启动过程中，电动机启动转矩逐渐增加，转速也逐渐增加。电动机软启动的几种启动方式见表 9-21。

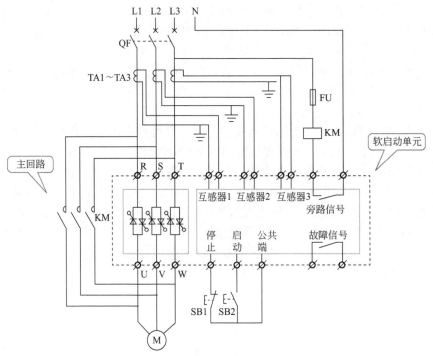

图 9-54　WJR 系列软启动单元工作原理图

表 9-21　常用的电动机软启动方式

启动方式	说明
斜坡电压启动	电压由小到大斜坡线性上升，它是将传统的降压启动从有级变成了无级，主要用在重载启动。这种启动方式的缺点是初始转矩小，转矩特性抛物线型上升对拖动系统不利，且启动时间长有损于电动机
转矩控制启动	将电动机的启动转矩由小到大线性上升，它的优点是启动平滑，柔性好，对拖动系统有更好的保护，同时降低了电动机启动时对电网的冲击，是最优的重载启动方式，它的缺点是启动时间较长
转矩加突跳控制启动	与转矩控制启动相仿也是用于重载启动，不同的是在启动的瞬间用突跳转矩克服电动机静转矩，然后转矩平滑上升，缩短启动时间。它的缺点突跳时会给电网发送尖脉冲，干扰其他负荷，应用时要特别注意
电压控制启动	用于轻载启动的场合，在保证启动压降下发挥电动机的最大启动转矩，尽可能地缩短了启动时间，是最优的轻载软启动方式

　　从表 9-21 中不难看出，最适用最先进的启动方式是电压控制启动和转矩控制启动及转矩加突跳控制启动。

9.3.2　软启动器的应用

（1）WJR 节电型软启动器的电气连接

　　① 主回路端子接线　如图 9-55 所示为 WJR 节电型软启动器主回路端子接线图。在安装时，注意输入电源 R、S、T 有相序区别，不可将交流电源连接至输出端子 U、V、W。同时，接地线越短越好。

　　② 控制回路端子接线　控制回路接线端子如图 9-56 所示。图中的 380V 是指交流输入电源。端子功能说明见表 9-22。

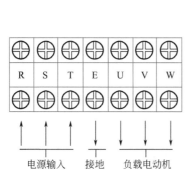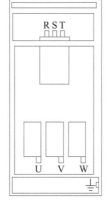

(a) 22～132kW主回路端子接线图　　　(b) 150～315kW主回路端子接线图

图 9-55　WJR 节电型软启动器主回路端子接线图

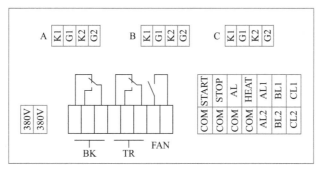

图 9-56　WJR 节电型软启动器控制回路接线端子图

表 9-22　端子功能说明

端子号	功能说明
AK1、AG1、AK2、AG2	A 相晶闸管触发
BK1、BG1、BK2、BG2	B 相晶闸管触发
CK1、CG1、CK2、CG2	C 相晶闸管触发
A11、A12	A 相互感器二次信号输入
B11、B12	B 相互感器二次信号输入
C11、C12	C 相互感器二次信号输入
AL	外部设备故障输入点（闭合时有效）
HEAT	温度开关 70℃（动合型闭合时有效）
START、STOP	外接启动、停止按钮接线端子，不用时将 STOP 与 COM 短接，否则面板启／停控制无效。如同时运用面板启／停和外接控制启／停功能，应将 STOP 接停止按钮动断点，START 接启动按钮动合点
FAN	无源动合点输出（AC 250V/5A），用于控制冷却风扇，按下启动按钮时动合点闭合
BK	故障状态输出（AC 250V/5A），整机出现故障时继电器动作
TR	运行状态输出（AC 250V/5A），启动完成后继电器动作

（2）软启动器在电动机控制中心（MCC）的应用

将断路器、软启动器、旁路接触器和控制电路组成电动机控制中心（MCC），这是目前最流行的做法，其原理如图9-57所示。其特点：在启动和停车阶段，晶闸管投入工作，实现软启动、停车。启动结束，旁路接触器合闸，将晶闸管短接，电动机接受全电压，投入正常运行。

这种组合的优点是：在运行期间，电动机直接与电网相连，无谐波；旁路接触器还可以作为一种备用手段，紧急关头或晶闸管故障时，使电动机投入直接启动，增加了运行的可靠性和应用场合，可满足绝大多数工况使用。

（3）软启动器在泵类负载软停车的应用

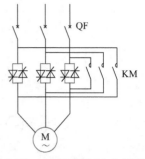

图9-57　电动机控制中心原理图

软停车在泵类负载系统中，例如，高扬程水泵、大型泵站、污水泵站，电动机直接停车时，在有压管路中，由于流体的运动速度发生急剧变化，动量急剧变化，管路中出现水击现象，对管道、阀门与泵产生很大的冲击力，这就是所谓"水锤"效应。严重时，会对住宅楼产生很大的振动与巨响，甚至造成管道与阀门损坏。采用软停车，停车时软启动器由大到小逐渐减小晶闸管的导通角，使被控电动机的端电压缓缓下降，电动机转速有一个逐渐降低的过程，这样就避免了管路里流体动量的急剧变化，抑制了"水锤"效应。

（4）软启动器与PC结合组成复合功能的应用

以一台PC程控器与两台或多台软启动器组合，可完成一用一备或两用一备，甚至多用多备的方案。与PC结合，可同时实现软启动、软停车，一用一备，与中央控制室组成遥控监视系统。

在许多大型排水系统中，平时排水量不大，仅要求少量排水泵投入运行，有时则要求根据水位，逐级增加投入的水泵，直至全部水泵投入运行；反之，则要求逐级减少运行的水泵数量。

其结合方案有两种。

① 采用一台PC控制一台软启动器，软启动器始终与一台电动机相连，如图9-58所示。当需要时，PC控制首先启动电动机M1，启动结束，合上旁路接触器KM10，使电动机直接与电网相连，然后通过接触器KM11，使软启动器与该电动机分离，与下一电动机相连，由PC控制启动下一台电动机。此方法可以根据上下水位逐一启动各台电动机，停机时，除与软启动器相连的电动机可以实现软停车外，其余电动机都是直接停车。

该方案优点是一次投资省，控制柜结构紧凑。缺点是一旦软启动器故障，会影响到全部电动机的启动与运行。

② 每一台电动机均配一台软启动器，由PC程控器根据水位或其他控制量依次逐一启动各台电动机，直至全部投入运行；反之，则逐一关闭各台电动机，如图9-59所示。

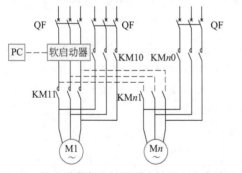

图9-58　软启动器与程控器联合控制多台电动机

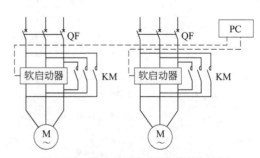

图9-59　软启动器与程控器联合控制

该方案优点：可靠性比前一方案高，即使有一台软启动器故障，也不会影响其他电动机的运行，如果PC程控器发生故障，不能进入自控状态，那么采用柜前手动操作的方式，照样可使各台电动机投入工作。

9.3.3　软启动器的使用与维护

（1）软启动器使用须知

① 软启动器没有反转控制功能，为保证设备的软启动，可将软启动器的可编程标准硬件接点接入接触器控制回路。同时，在软启动器控制回路中也可引入接触器的辅助触点，其控制原理如图 9-60 所示。

图 9-60　软启动器控制原理

② 软启动器有多种内置的保护功能，如失速、堵转测试、相间平衡、欠压保护、欠载保护和过压保护等。设计线路时应根据具体情况通过编程来选择保护功能，或使某些功能失效，以确保设备安全运行可靠。LV2000 系列软启动器典型应用接线如图 9-61 所示。

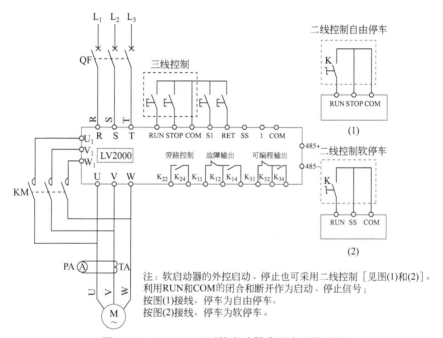

图 9-61　LV2000 系列软启动器典型应用接线图

③ 软启动器本身没有短路保护，为保护其中的晶闸管等电子元件，在外部电路中应该采用快速熔断器。

④ 当软启动器使电动机制动停机时，只是晶闸管不导通，在电动机和电源之间并没有形成电气隔离。如果此时检修软启动器之后的线路和电动机，那是不安全的，所以在电动机一次控制回路中，应在软启动器之前增加断路器。

⑤ 软启动器在通过电流时将会产生热耗散，安装时应注意在其上下方预留 100mm 及左右方预留 50mm 的空间。

⑥ 软启动器一般应垂直安装。避免将软启动器靠近产生热量的场所安装。

（2）软启动器的日常检查与维护项目

在进行软启动器的日常检查与维护操作时，应首先断开软启动器柜内电源断路器，确保主回路和控制回路无电。

① 打开软启动器前面板，线路板用毛刷刷后再用风机除尘，注意不能风压过大，以免

② 拆下软启动器输出端和电动机处电缆，用 500V 摇表摇测电缆、电动机对地和相间绝缘，正常时绝缘电阻均不低于 0.5MΩ。

③ 检查项目。

a. 主回路端子应接触良好，铜排连接处无过热痕迹，控制回路各插件不松动，连接可靠。

b. 电力电缆、控制电缆绝缘外护套无划伤痕迹或烧焦现象。

c. 操作面板与主板连接排线无损伤，无断线，显示信息清晰、完整。

d. 消弧罩内部触点无烧焦、损坏，灭弧罩完好。

 想一想

1. 软启器采用三相反并联晶闸管作为_____，将其接入电源和电动机定子之间。

2. 电动机软启动器接线时，三相输入电源要接在_____端子上，连接电动机的输出线接在_____端子上，否则会造成电动机软启动器严重损坏。

3. 为了确保电动机软启动器的安全使用，主回路必须安装_____。

4. 电动机启动过程结束，软启动器自动用_____取代已完成任务的晶闸管，赋予电动机全电压正常运转。

5. 软启动器进行_____时，电压逐渐降低，转数逐渐下降到零，避免引起转矩冲击。

6. 判断正误：如果软启动器使用环境较潮湿或易结露，可以用红外灯泡或电吹风烘干，驱除潮气，以避免漏电或短路事故的发生。（　　　）

7. 判断正误：电机软启动器对电动机的运行过程有多种保护，如过流、过载、缺相、过热等。（　　　）

9.4　新型电机的控制

9.4.1　直线电机

直线电机是一种将电能直接转换成直线运动机械能，而不需要任何中间转换机构的传动装置。

（1）直线电机的结构

9.9　直线电机原理及应用

直线电机的基本结构如图 9-62 所示，主要由两个部分，像旋转电机一样，定子和动子。直线电机的两个部分称为初级和次级。简单来说，一部分是磁极，另一部分是线圈。

磁极，通常是用高能量的稀土磁铁固定在钢上。可以理解为用一块块永磁体 N/S 交替排列成为磁轨。直线电机需要直线导轨来保持子在磁轨产生的磁场中的位置。

线圈，一般使用环氧树脂包裹成型，包括线圈绕组、霍尔元件电路板、电热调节器（温度传感器监控温度）和电子接口等。线圈的典型组成是三相，由霍尔元件实现无刷换相。

直线编码器是用来反馈直线电机直线位置的反馈装置，它可以直接测量负载的位置，从而提高负载的位置精度，如图 9-63 所示。

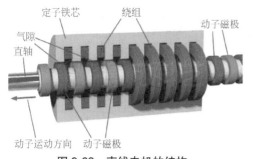

图 9-62　直线电机的结构

图 9-63　直线电机编码电缆

（2）直线电机基本原理

我们可以把直线电机简单描述为旋转电机被展平，而工作原理相同，如图 9-64 所示。由定子演变而来的一侧称为初级，由转子演变而来的一侧称为次级。在实际应用时，将初级和次级制造成不同的长度，以保证在所需行程范围内初级与次级之间的耦合保持不变。直线电机可以是短初级长次级，也可以是长初级短次级。

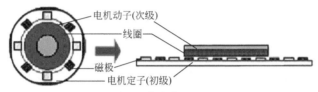

图 9-64　直线电机原理图

当初级绕组通入交流电源时，便在气隙中产生行波磁场，次级在行波磁场切割下，将感应出电动势并产生电流，该电流与气隙中的磁场相作用就产生电磁推力。如果初级固定，则次级在推力作用下做直线运动；反之，则初级做直线运动。

（3）直线电机的类型

① 根据有无铁芯，直线电机可分为无铁芯直线电机和有铁芯直线电机。

无铁芯直线电机的线圈内部不存在铁芯，线圈继续在双磁路中间运行，如图 9-65 所示。

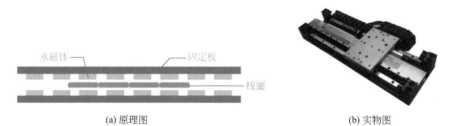

(a) 原理图　　　　　　　　　　　(b) 实物图

图 9-65　无铁芯直线电机

有铁芯直线电机的线圈缠绕在铁芯上，可以产生更大的推力，如图 9-66 所示。

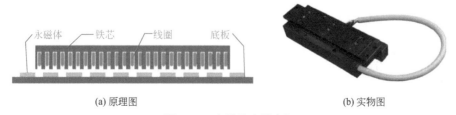

(a) 原理图　　　　　　　　　　　(b) 实物图

图 9-66　有铁芯直线电机

② 根据形状不同，直线电机分为 U 形直线电机、平板式直线电机、圆筒直线电机。圆筒状直线电机采用两端支撑机构，能简洁地替换丝杆机构，如图 9-67 所示。

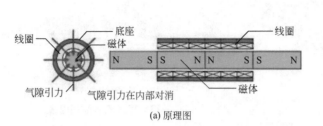

(a) 原理图　　　　　　　　　　(b) 实物图

图 9-67　圆筒状直线电机

（4）直线电机的特点

① 结构简单。由于直线电机不需要把旋转运动变成直线运动的附加装置，因而使得系统本身的结构大为简化，重量和体积大大地下降。

② 定位精度高。在需要直线运动的地方，直线电机可以实现直接传动，因而可以消除中间环节所带来的各种定位误差，故定位精度高，如采用微机控制，则还可以大大地提高整个系统的定位精度。

③ 反应速度快，灵敏度高，随动性好。直线电机其动子用磁悬浮支撑，因而使得动子和定子之间始终保持一定的空气隙而不接触，这就消除了定子、动子间的接触摩擦阻力，因而大大地提高了系统的灵敏度、快速性和随动性。

④ 适合高速直线运动。因为不存在离心力的约束，普通材料亦可以达到较高的速度。而且如果初、次级间用气垫或磁垫保存间隙，运动时无机械接触，因而运动部分也就无摩擦和噪声。这样，传动零部件没有磨损，可大大减小机械损耗，避免拖缆、钢索、齿轮与皮带轮等所造成的噪声，从而提高整体效率。

⑤ 工作安全可靠、寿命长。直线电机可以实现无接触传递力，机械摩擦损耗几乎为零，所以故障少，免维修，因而工作安全可靠、寿命长。

（5）直线电机的应用

① 应用于自动控制系统，这类应用场合比较多。

② 作为长期连续运行的驱动电机。

③ 应用在需要短时间、短距离内提供巨大的直线运动能的装置中。

此外，磁悬浮列车是直线电机实际应用的最典型的例子，美、英、日、法、德、加拿大等国都在研制直线悬浮列车，其中日本进展最快。

9.4.2　无滑环绕线转子感应电机

9.10　无滑环电
机原理及应用

在工业生产过程中，有一些被拖动的重型设备负荷基本上是恒定不变的，这时对电机而言，解决的主要矛盾是重负荷启动问题。为此普遍采用绕线转子感应电机，其结构特点是在电机转子回路中通过滑环碳刷电缆而串接电阻器，在电机启动时，该启动装置既可以提供大启动转矩，又可以把启动电流抑制到允许的范围内。但是电机一旦启动完毕，这一套启动装置又成了电机的累赘，存在额外的很大的电能消耗。

无滑环绕线转子感应电机采用一种全新的定子、转子绕组结构，其定子绕组利用"全绕组启动"的概念构造，转子绕组则利用"无感"的概念和复合线圈技术，采用圆铜线构成"软绕组"。无滑环绕线转子感应电机由于去掉了滑环，则电机长度减少了近30%，最多可节省10%左右的用铜量，这既节约了材料又减少了制造成本。

如图9-68所示，无滑环绕线转子感应电机具有启动转矩大、启动电流小、过载能力强等优点。

图9-68 无滑环绕线转子感应电动机

（1）工作原理

无滑环绕线转子感应电机采用特殊的启动绕组，转子采用复合绕组，定子绕组接成常规叠绕组。启动时，定子绕组产生的旋转磁场使转子感应产生环流，此时转子绕组等效于大电阻，降低启动电流，增大启动转矩，启动完成自动转换为正常运行状态。

（2）技术性能优势

① 启动和运行分开设计，启动电流小于3.7倍，启动力矩大于1.37倍，最高启动力矩可设计到2.3倍以上，同时电机效率设计可以不考虑启动因素，将效率设计到最高，功率因数高，可达0.9以上，不用无功补偿，转差率小，6～8极型电机效率可达到95.4%～96.5%。

② 根据运行系统使用工况，电机可定向设计制造，使之满足和适合工况需要，使电机和各种成套设备同时长期在高效、高功率因数区域内运行，达到最佳组合。

③ 转子回路中不再含有滑环碳刷，启动时转子回路中不串入电阻，其外形同笼型电机，它与传统绕线转子电机一样能够做到低启动电流、高启动转矩，同时更具有高过载能力、高效率、高功率因数、高可靠性等突出特点，而且控制也极为简便，如图9-69所示为两种绕线转子感应电机控制电路比较。

（3）应用前景

无滑环绕线转子感应电机适用机械、水利、矿山行业，球磨机等重载机械，风机、水泵等普通机械，可替代Y或YR系列低压、高压电机，取代传统绕线电机，节能约5%～10%，取代传统笼型电机，节能约3%～8%，节电效果非常显著。如图9-70所示为无滑环绕线转子感应电机在泵站的应用实例。

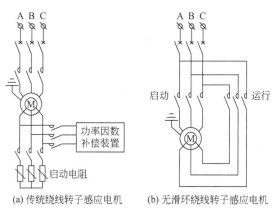

图9-69 两种绕线转子感应电机控制电路比较

图9-70 无滑环绕线转子感应电机在泵站的应用

9.4.3 开关磁阻电机

开关磁阻电机（SRM）是一种新型调速电机，调速系统兼具直流、交流两类调速系统的优点，是继变频调速系统、无刷直流电机调速系统的最新一代无极调速系统。它的结构简单

坚固，调速范围宽，调速性能优异，且在整个调速范围内都具有较高效率，系统可靠性高。主要有开关磁阻电机、功率变换器、控制器与位置检测器四部分组成。控制器内包含控制电路与功率变换器，而转子位置检测器则安装在电机的一端。

9.11　磁阻电机原理及应用

（1）基本结构及工作原理

如图 9-71（a）所示，开关磁阻电机的定子上有一一相对的磁极：AA′、BB′、CC′、DD′，将对应磁极安装上绕组。以图中的 AA′ 为例，如果依次对 AA′、BB′、CC′、DD′ 通电，磁场就会运动。如果再按顺序变换绕组正负极就完成了磁场旋转，也是一个完整的相位变换。采用如图 9-71（b）所示的开关变换电路就可以实现。

在转子上没有线圈，这是开关磁阻电机的主要特点。转子设计了"若干"个无限接近定子磁极的齿极，通电极对产生的磁通会寻找到最近的磁导体闭合磁通，由于磁通总是沿磁阻最小的路径闭合，产生力矩将转子由通电 0° 旋转到 10°，实现最小磁阻。此时结合旋转的磁场进行磁极换相，完成了电机转子的连续旋转。开关磁阻电机的主要特点是转子用硅钢片制作，没有绕组、笼、永磁体，所以该电机有着极佳的高速性能、高温性能，如图 9-71（c）所示。

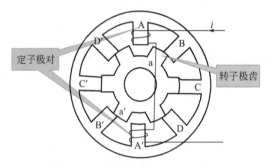

(a) 定子与转子配合情况

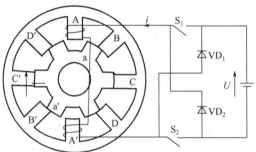

(b) 开关变换电路的连接

(c) 转子结构

(d) 电机整体结构

图 9-71　开关磁阻电机

图 9-71 中的开关磁阻电机有四个相位，这个特点使得电机不受三相交流电的限制，可以采用多相的旋转磁场。解决了三相异步电机极对数越少转速越高、极对数越多扭矩越大的问题，实现了扭矩和转速同步，而且实现了在规定范围内按需求提供转速，而不受制于负载。

开关磁阻电机可以设计成多种不同相数结构，且定子、转子的极数有多种不同的搭配。相数多、步距角小，有利于减少转矩脉动，但结构复杂，且主开关器件多，成本高，现今应用较多的是四相（8/6）结构和三相（12/8）结构。

特别提醒 简单的开关电路是基于复杂的控制系统，多相位变换是需要转子位置信息才能完成。

（2）开关磁阻电机的特点

① 结构简单，成本低，可用于高速运转。它的结构比笼式感应电机还要简单，转子上没有任何形式的绕组，因此不会有笼式感应电机制造过程中铸造不良和使用过程中的断条等问题。

② 电路简单可靠。因为电机转矩方向与绕组电流方向无关，即只需单方向绕组电流，故功率电路可以做到每相一个功率开关。对比异步电机绕组需流过双向电流，向其供电的PWM变频器功率电路每相需两个功率器件。因此，开关磁阻电机调速系统较PWM变频器功率电路中所需的功率元件少，电路结构简单。

③ 系统可靠性高。从电机的电磁结构上看，各相绕组和磁路相互独立，各自在一定轴角范围内产生电磁转矩。而不像在一般电机中必须在各相绕组和磁路共同作用下产生一个旋转磁场，电机才能正常运转。

④ 调速范围宽，控制灵活，易于实现各种再生制动能力。可频繁启动（1000次/小时），适用于正向、反向运转的特殊场合使用。

（3）开关磁阻电机的应用

近年来，开关磁阻电机的应用和发展取得了明显的进步，已成功地应用于电动车驱动、通用工业、家用电器和纺织机械等各个领域，功率范围从10W到5MW，最大速度高达100000r/min。

① 开关磁阻电机在电动车上的应用　目前电动摩托车和电动自行车的驱动电机主要有永磁无刷及永磁有刷两种，如果把高能量密度和系统效率作为关键指标时，开关磁阻电机变为首选对象（如图9-72所示），具有以下优势。

a. 开关磁阻电机不仅效率高，而且在很宽的功率和转速范围内都能保持高效率，这是其他类型驱动系统难以达到的。这种特性对电动车的运行情况尤为适合，有利于提高电动车的续驶里程。

b. 开关磁阻电机很容易通过采用适当的控制策略和系统设计满足电动车四象限运行的要求，并且还能在高速运行区域保持强有力的制动能力。

c. 开关磁阻电机有很好的散热特性，从而能以小的体积取得较大的输出功率，减小电机体积和重量。

图9-72　电动车用开关磁阻电机

d. 通过调整晶闸管的开通角和关断角，开关磁阻电机完全可以达到他励直流电机驱动系统良好的控制特性，而且这是一种纯逻辑的控制方式，很容易智能化，从而能通过重新编程或替换电路元件，方便地满足不同运行特性的要求。

e. 开关磁阻电机无论电机还是功率变换器都十分坚固可靠，无需或很少需要维护，适用于各种恶劣、高温环境，具有良好的适应性。

② 开关磁阻电机在风电行业的应用　普通的发电机（如异步发电机、感应发电机、永磁发电机）要输出稳定电压，其转子的转速也必须是固定。但是风速是时刻变化的，风轮机的转速也会时刻变化，由此可见使用普通发电机是不能满足输出稳定电压的发电要求。如果

使用变速发电机就能适应风速变化，提高风能利用效率，而开关磁阻电机正满足了这样的要求，如图 9-73 所示。开关磁阻发电机用于风力发电有如下优势。

图 9-73　开关磁阻电机用于风力发电

a. 可方便的发出电压恒定的直流电，尤其对于他励方式，输出电压直接由励磁电压决定，而与转速无关。在自励方式下，也可以通过自身的控制器实现电压恒定。

b. 开关磁阻发电机结构简单，因此成本低廉；不存在铜耗，发电效率高；同时转子的转动惯量小，启动转矩低，动态响应好。低频时不会出现像变频供电的感应电机在低频时出现的不稳定和振荡问题。因此即使在风速较低的情况下，通过合理的设计，也可以在风力直接驱动下实现较高的发电效率。

c. 开关磁阻发电机具有优良的高速性能，能够在宽广的速度范围内稳定运行，因而可以适应不同风速的要求。

d. 开关磁阻发电机可控参数多，如开通角、关断角、直流斩波限、励磁电压等，可方便地实现比较复杂的控制策略。

e. 开关磁阻发电机具有自励能力，只需要小容量的直流起励电源，就可以自动建立电压。若与蓄电池构成互补系统，可以体现分时励磁和发电的优势。

f. 开关磁阻发电机各相在物理和电磁上相互独立，即使缺相的情况下，仍可维持工作，具有很强的容错能力。

③ 开关磁阻电机在滚筒洗衣机的应用　开关磁阻电机由于高性能、智能化，已开始应用于洗衣机，在高档滚筒洗衣机中采用，如图 9-74 所示为洗衣机开关磁阻电机控制系统框图，图中的 SRM 就是开关磁阻电机。常用开关磁阻电机的滚筒洗衣机具有以下优点。

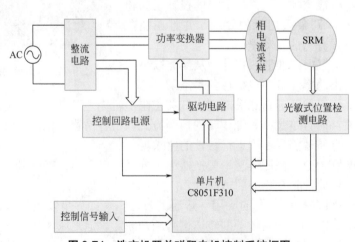

图 9-74　洗衣机开关磁阻电机控制系统框图

a. 很低的洗涤速度。滚筒洗衣机的"标准洗"，滚筒的转速为 57r/min；而"轻柔洗""丝绒洗"滚筒转速则为 25r/min。

b. 软启动，最大速度高，低速转矩大。"脱水"时滚筒转速可在 400 ～ 1200r/min 任意设定选取。

c. 系统还为洗衣机的各种动作设计了专用程序。如为正转、反转洗涤，设计了特定的启动、加速、减速程序，可有效提高衣物的洗净率。为漂洗和脱水分别设计了特定的启动、均布升速程序，有效避免在脱水时由于衣物在滚筒上分布不均而造成的振动和噪声；而对于根本不可能均匀分布的洗涤物，则可智能地为其选择较低的脱水转速。

d. 对水温、水流等易于智能控制。

（4）开关磁阻调速电机控制器

如图 9-75 所示，控制器通过电子电路控制功率开关器件的导通与关断，功率开关器件又控制电机各相绕组的导通与关断，从而使电机旋转，旋转方向与电流方向无关。通过控制绕组导通与关断的顺序，可以控制电机的旋转方向，通过控制绕组的电流及开通与关断角度可以控制电机的转速。

图 9-75　开关磁阻调速电机控制器

9.4.4　超声波电机

9.12　超声波电机原理及应用

（1）超声波电机的结构及原理

超声波电机是以超声频域的机械振动为驱动源的驱动器，它是利用逆压电效应进行工作的。由于激振元件为压电陶瓷，所以超声波电机也称为压电马达。超声波电机是一个典型的机电一体化产品，由电机本体和控制驱动电路两部分组成。

与传统的电机不同，超声波电机无绕组和磁极，无需通过电磁作用产生运动力。一般由振动体（相当于传统电机中的定子，由压电陶瓷和金属弹性材料制成）和移动体（相当于传统电机中的转子，由弹性体和摩擦材料及塑料等制成）组成，如图 9-76 所示。在振动体的压电陶瓷振子上加高频交流电压时，利用逆压电效应或电致伸缩效应使定子在超声频段（频率为 20kHz 以上）产生微观机械振动。并将这种振动通过共振放大和摩擦耦合变换成旋转或直线型运动。

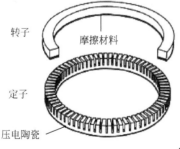

转子
摩擦材料
定子
压电陶瓷

图 9-76　超声波电机的结构

超声电机正常工作离不开两个能量转换作用：机电转换作用和摩擦转换作用。机电转换作用是指压电陶瓷的逆压电效应，即对压电陶瓷振子加高频振荡电流，使它以超声波的频率振动。摩擦转换作用是指弹性体（定子与压电陶瓷的合称）的振动经过定子与转子工作面间

的摩擦作用转化成转子的直线运动或旋转运动。要保证大力矩输出、止动性好，必须满足的条件就是有效足够的机电转换作用和有效稳定的摩擦转换作用。

（2）超声波电机的特点

一般而言，超声波电机的工作特性与电磁式直流伺服电机类似，电机的转速随着转矩的增大而下降，并且呈现一定的非线性。而超声波电机的效率则与电磁式电机不同，最大效率出现在低速、大转矩区域，因此超声波电机非常适合低速运行。

① 超声波电机弹性振动体的振动速度和依靠摩擦传递能量的方式决定了它是一种低速电机，同时其能量密度是电磁电机的 5～10 倍，使得它不需要减速机构就能低速时获得大转矩，可直接带动执行机构。

② 超声波电机的构成不需要线圈与磁铁，本身不产生电磁波，所以外部磁场对其影响较小。

③ 超声波电机断电时，定子与转子之间的静摩擦力使电机具有较大的静态保持力矩，从而实现自锁，省去了制动闸，简化了定位控制，其动态响应时间也较短。

④ 超声波电机依靠定子的超声振动来驱动转子运动，超声振动的振幅一般在微米数量级，在直接反馈系统中，位置分辨率高，容易实现较高的定位控制精度。

超声波电机也有自己的缺点，如：功率小；寿命短、效率较低等，目前环形行波型超声波电机的效率一般不超过 50%。

（3）超声波电机的应用

① 超声波电机可用于照相机的自动聚焦系统的驱动器；航空航天领域的自动驾驶仪伺服驱动器；机器人或微型器械自动控制系统的驱动器；高级轿车门窗和座椅靠头调节的驱动装置；窗帘或百叶窗自动启闭装置。

② 医学领域的人造心脏驱动器、人工关节驱动器；强磁场环境下设备的驱动装置，如磁悬浮列车的控制系统；不希望驱动装置产生磁场的场合，如磁通门的自动测试转台等。

超声波电机定位精度高，直线分辨率可达纳米级，旋转分辨率可达角秒级，也正是因为其误差小，机器人"医生"才能下手精准，成为妙手回春的"医生"，如图 9-77 所示。

(a) 机器人"医生"　　　　　　(b) 单反镜头　　　　　　(c) 焊接机器人

图 9-77　超声波电机应用实例

 想一想

判断正误：

1. 直线电机可以看成是一台旋转电机按径向剖开，并展成平面而成。（　　　）

2. 在需要短时间、短距离内提供巨大的直线运动能的装置中，可以选用开关磁阻电机。（　　　）

3.无滑环绕线转子感应电机的定子绕组利用了"全绕组启动"的概念构造而成。（　　　）

4.无滑环绕线转子感应电机具有低启动电流、高启动转矩，同时它还具有高过载能力，高效率，高功率因数，高可靠性等特点。（　　　）

5.在定子上没有线圈，不会有笼式感应电机制造过程中铸造不良和使用过程中的断条等问题，这是开关磁阻电机的主要特点。（　　　）

6.开关磁阻调速电机系统除了具有变频调速系统的一系列优点，它具有比变频调速系统更高的机械能转换效率，特别是在中、低转速运行时，这一优势就更加明显。（　　　）

7.超声波电机是一种高速电机，位置分辨率高，容易实现较高的定位控制精度。（　　　）

8.与传统的电机不同，超声波电机无绕组和磁极，无需通过电磁作用产生运动力。（　　　）

附 录

习题参考答案

第1章 直流电路及应用

1.1 电路及电路图

1. 答：最简单电路由电源、负载、控制与保护装置、连接导线4部分组成。

2. 答：电路断路时，处于断电状态，没有电流通过。

3. 答：保护元件（熔断器）。

4. 答：电路图是人们为研究、工程规划的需要，用国家规定标准化的符号绘制的一种表示各元器件组成及器件关系的原理布局图。由电路图可以得知组件间的工作原理，为分析性能、安装电子、电器产品提供规划方案。在设计电路中，工程师可轻松地在纸上或电脑上绘图，确认完善后再进行实际安装。通过调试改进、修复错误直至成功。

1.2 电路的基本物理量及应用

1. 答：电场力把单位正电荷从电场中的某点转移到参考点所做的功，称为该点的电位。电压是电场中两点之间的电位差，也称为电势差，是一个相对的概念。电位表示的是某一点的电势，是一个绝对的概念。

2. 答：电路中某点的电位值随参考点位置的改变而改变。电位差具有绝对性，任意两点之间的电位差值与电路中参考点的位置选取无关。电位有正电位与负电位之分，当某点的电位大于参考点电位时称其为正电位，反之称之为负电位。

3. 答：单位时间内电场力所做的功称为电功率，简称为功率，它是描述传送电能速率的一个物理量，以符号 P 表示。功率的单位为瓦特（W），简称为"瓦"。

电能是指使用电以各种形式做功（即产生能量）的能力。数值上等于电场力所做的功，是表示电流做多少功的物理量，单位是焦耳（J）。工程上，直接用千瓦小时（kW•h）作单位，俗称"度"。

4. A　5. B　6. √　7. ×

1.3 电阻器及其应用

1. B　2. C　3. A　4. C　5. A　6. ×　7. √　8. √　9. ×　10. ×

1.4 欧姆定律

1. A　2. C　3. A　4. ×　5. ×

1.5 电池组及其应用

1. B　2. A　3. D　4. √　5. √　6. ×　7. ×

8. 答：电池用旧了，由于一系列化学原因，电动势会稍有下降，内阻会明显增加。旧电池的端电压比较低而新电池的端电压比较高，接在电路中不但会消耗新电池的电力造成不必要的浪费，而且还容易造成漏液损坏用电器。

第2章 交流电路及应用

2.1 单相正弦交流电

1. × 2. √ 3. × 4. √ 5. √ 6. × 7. B 8. C 9. A 10. C

2.2 三相交流电路及应用

1. × 2. √ 3. √ 4. × 5. √ 6. × 7. D 8. A 9. B 10. B 11. C 12. A

13. D 14. B 15. A

第3章 电与磁及应用

3.1 电场与磁场

1. × 2. × 3. √ 4. √ 5. × 6. B 7. C 8. B 9. A 10. B

3.2 电磁感应

1. √ 2. × 3. × 4. D

3.3 电感线圈和变压器

1. C 2. A 3. B 4. A 5. D 6. √ 7. × 8. ×

第4章 常用元器件及应用

4.1 电容器及应用

1. × 2. √ 3. √ 4. √ 5. × 6. √ 7. B 8. C 9. B 10. D

4.2 晶体二极管及应用

1. × 2. √ 3. √ 4. √ 5. × 6. A 7. D 8. C 9.B

4.3 晶体三极管及应用

1. √ 2. × 3. √ 4. × 5. √ 6. C 7. B 8. C 9. A 10. B

第5章 电工工具及材料与测量

5.1 电工工具及使用

1. × 2. × 3. √ 4. √ 5. × 6. √ 7. × 8. √ 9. C 10. C 11. A 12. D

5.2 电工绝缘材料及选用

1. × 2. × 3. √ 4. × 5. × 6. D 7. A 8. B

9. 答：绝缘材料的主要作用是用来隔离带电体或不同电位的导体，以保证用电安全，如用绝缘筒隔离变压器绕组与铁芯，用外塑套隔离导线，保证人身安全。此外在各类电工产品中，由于技术要求不同，绝缘材料还往往起着支撑、固定、灭弧、储能、改善电位梯度、防潮、防霉、防虫、防辐射、耐化学腐蚀等作用。

5.3 常用导电材料及选用

1. × 2. √ 3. × 4. D 5. D 6.A 7.C

5.4 磁性材料及选用

1. C 2. A 3. A

5.5 电工测量

1. × 2. √ 3. √ 4. × 5. √ 6. √ 7. D 8. B 9. D 10. B 11. B

12. C 13. B 14. B

第6章 供配电与用电安全

6.1 供配电基础知识

1. √ 2. √ 3. √ 4. × 5. √ 6. √ 7. × 8. × 9. A 10. C

11. 答：（1）中性线（N 线）的功能：一是用来接驳相电压 220V 的单相用电设备；二电是用来传导三相系统中的不平衡电流和单相电流；三是减小负载中性点的电位偏移。

315

（2）保护线（PE 线）的功能：它是用来保障人身安全、防止发生触电事故用的接地线。

（3）保护中性线（PEN 线）的功能：它兼有中性线（N 线）和保护线（PE 线）的功能。这种保护中性我国通称为"零线"，俗称"地线"。

12. 答：在三相交流电力系统中，作为供电电源的发电机和变压器的中性点有三种运行方式：电源中性点不接地、中性点直接接地和中性点经消弧线圈接地。

6.2　用电安全

1. D　2. A　3. D　4. A　5. ×　6. √　7. √　8. √　9. √　10. √　11. √　12. ×　13. √　14. √

6.3　人体触电与急救

1. A　2. D　3. D　4. A　5. A　6. √　7. ×　8. ×

9. 答：帮助触电者脱离低压电源的方法可用"拉""切""挑""拽""垫"五字来概括，见下表。

触电者脱离低压电源的方法

方法	操作方法及注意事项
拉	就近拉开电源开关。但应注意，普通的电灯开关只能断开一根电线，有时由于安装不符合标准，可能只断开零线，而不能断开电源，人身触及的电线仍然带电，不能认为已切断电源
切	当电源开关距触电现场较远，或断开电源有困难，可用带有绝缘柄的工具切断电源线。切断时应防止带电电线断落触及其他人
挑	当电线搭落在触电者身上或压在身下时，可用干燥的木棒、竹竿等挑开电线，或用干燥的绝缘绳套拉电线或触电者，使触电者脱离电源
拽	救护人员可戴上手套或在手上包缠干燥的衣物等绝缘物品拖拽触电者，使之脱离电源。如果触电者的衣物是干燥的，又没有紧缠在身上，不至于使救护人直接触及触电者的身体时，救护人才可用一只手抓住触电者的衣物，将其拉脱离电源
垫	如果触电者由于痉挛，手指紧握电线，或电线缠在身上，可先用干燥的木板塞进触电者的身下，使其与地绝缘，然后再采取其他办法切断电源

第7章　电气照明线路安装

7.1　照明线路识图基础

1. D　2. A　3. A　4. A

5. 答：单极开关　暗装的带保护接点插座　壁灯　花灯　防水防尘灯　分配器　电流互感器　双管荧光灯　照明配电箱　高压避雷器

6. 答：

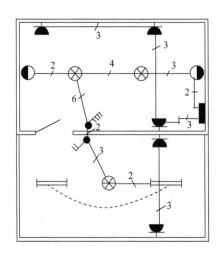

7.2 住宅照明线路设计与安装

1. B 2. C 3. C 4. C 5. C 6. √ 7. √ 8. ×

7.3 配电箱和电能表的安装

1. × 2. √ 3. √ 4. × 5. A 6. A 7. C

第 8 章 交流电动机的维护与接触器控制

8.1 三相异步电动机的维护与接线

1. × 2. √ 3. × 4. × 5. A 6. B 7. B 8. A

8.2 三相异步电动机的拆装维护

1. √ 2. √ 3. √ 4. × 5. √ 6. √ 7. ×

8.3 单相异步电动机的控制

1. D 2. A 3. C 4. A 5. × 6. × 7. √

8.4 三相异步电动机的接触器控制

1. √ 2. × 3. √ 4. √ 5. √ 6. × 7. × 8. × 9. √ 10. D 11. A 12. C 13. B

第 9 章 电动机的智能控制

9.1 电动机变频调速控制

1. 固定 2. 电流型 3. 电感滤波 4. 控制电路端子 5. 基本频率

6. W、U、V 7. 电动机

8. 答：U/f 控制、转差频率控制、矢量控制、直接转矩控制和单片机控制。

9. 答：过电流保护、电动机过载保护、过电压保护、欠电压保护和瞬间停电的处理。

10. 答：常见的安装方式有壁挂式安装和柜式安装。

壁挂式安装方式：为保证通风良好，应垂直安装；在变频器出风口的上方最好安装挡板。

柜式安装方式：单台变频器柜式安装采用柜内冷却方式时，变频柜顶端应加装抽风式冷却风机。多台变频器采用柜式安装时，应尽量采用横向并列安装。必须采用纵向安装时，应在两台变频器之间加装隔板。

9.2 电动机 PLC 控制

1. √ 2. √ 3. × 4. × 5. √ 6. B 7. D 8. A 9. A 10. C

11. 答：PLC 是一种用于工业生产自动化控制的设备，一般不需要采取什么措施，就可以直接在工业环境中使用。但当生产环境过于恶劣，电磁干扰特别强烈，或安装使用不当，就可能造成程序错误或运算错误，从而产生误输入并引起误输出，这将会造成设备的失控和误动作，从而不能保证 PLC 的正常运行。PLC 工作时对温度、湿度、振动、空气、干扰源、电磁场等方面有一定要求，具体见表 9-20。

9.3 电动机软启动控制

1. 调压器 2. R、S、T，U、V、W 3. 快速熔断器 4. 旁路接触器 5. 软停车

6. √ 7. ×

9.4 新型电机的控制

1. √ 2. × 3. √ 4. √ 5. × 6. √ 7. × 8. √

参考文献

［1］杨清德．电工基础．北京：化学工业出版社，2015．

［2］杨清德，李小琼．电工技能现场全能通．北京：化学工业出版社，2017．

［3］杨清德，杨明权．电工技能一本通．北京：化学工业出版社，2016．

［4］杨清德，辜小兵．电工技能要诀．北京：化学工业出版社，2014．

［5］杨清德，柯世民．学电工技能就这么简单．北京：科学出版社，2015．

［6］杨清德．电工师傅的秘密之电工入门．北京：电子工业出版社，2014．

［7］杨清德，周永平，胡萍．电工技术基础与技能题库．北京：电子工业出版社，2016．

［8］聂广林，赵争召．电工技术基础与技能．重庆：重庆大学出版社，2010．

［9］韩雪涛．电气安装上岗应试必读．北京：电子工业出版社，2011．

［10］王兰君．电工基础自学入门．北京：电子工业出版社，2017．

［11］黄海平．电工应该这样学电工基础．北京：科学出版社，2010．